普通高等教育"十二五"规划教材

土木工程安全管理教程

主　编　李慧民
副主编　钟兴润　赵向东
主　审　赛云秀

北　京
冶金工业出版社
2013

内 容 提 要

　　本书主要介绍了土木工程安全管理的基础理论、安全管理的基本要素、地下以及地上工程的施工安全管理措施、土木工程安全评价等内容。本书内容丰富，由浅入深，紧密结合工程实际，具有较强的实用性。

　　本书可作为高等院校土木工程、安全工程、工程管理、建筑环境与设备工程等专业的教科书，也可供建设单位、施工单位、监理单位及建设行业主管部门等工程技术人员和管理人员参考。

图书在版编目（CIP）数据

土木工程安全管理教程/李慧民主编 . —北京：冶金工业
出版社，2013.11
普通高等教育"十二五"规划教材
ISBN 978-7-5024-6411-0

Ⅰ.①土…　Ⅱ.①李…　Ⅲ.①土木工程—安全管理—
高等学校—教材　Ⅳ.①TU714

中国版本图书馆 CIP 数据核字（2013）第 241615 号

出 版 人　谭学余
地　　址　北京北河沿大街嵩祝院北巷 39 号，邮编 100009
电　　话　(010)64027926　电子信箱　yjcbs@ cnmip. com. cn
责任编辑　杨　敏　美术编辑　吕欣童　版式设计　孙跃红
责任校对　李　娜　责任印制　李玉山
ISBN 978-7-5024-6411-0
冶金工业出版社出版发行；各地新华书店经销；北京百善印刷厂印刷
2013 年 11 月第 1 版，2013 年 11 月第 1 次印刷
787mm×1092mm　1/16；16.25 印张；392 千字；250 页
33.00 元
冶金工业出版社投稿电话：(010)64027932　投稿信箱：tougao@cnmip. com. cn
冶金工业出版社发行部　电话：(010)64044283　传真：(010)64027893
冶金书店　地址：北京东四西大街 46 号(100010)　电话：(010)65289081(兼传真)
　　　　　　（本书如有印装质量问题，本社发行部负责退换）

前　言

"土木工程安全管理"是高等院校土木工程、安全工程等专业的主要专业基础课之一。本书较全面地阐述了土木工程安全管理的基本理论与方法。第1章主要介绍了土木工程安全管理的概念、内涵、目标与发展；第2章针对土木工程安全管理要素，主要论述了人员安全、环境安全、机械安全、方案安全等；第3章主要研究了基础工程、地铁工程、隧道工程、地下管道工程、人防工程等地下工程的施工安全管理措施；第4章主要研究了高层建筑、大型公共建筑、特种构筑物、道路工程、桥梁工程、改造工程等地上工程的施工安全管理措施；第5章主要探讨了土木工程安全评价的意义、程序、方法等内容。

本书由李慧民任主编，钟兴润、赵向东任副主编，赛云秀任主审。各章编写分工为：第1章由李慧民、钟兴润、苏亚锋编写；第2章由钟兴润、赵向东、陈曦虎、苏亚锋编写；第3章由李慧民、钟兴润、裴兴旺、万婷婷、赵向东、孟海编写；第4章由钟兴润、孟海、裴兴旺、李勤、陈曦虎编写；第5章由李慧民、李杨、万婷婷、李勤编写。

在编写过程中，得到了西安建筑科技大学、中天西北建设投资集团有限公司、北京建筑大学、中冶集团建筑研究总院、西安市住房保障和房屋管理局、西安工业大学等单位的教师和工程技术人员的大力支持与帮助，并参考了许多专家学者的有关研究成果及文献资料，在此一并向他们表示衷心的感谢。

由于编者水平有限，书中不足之处，敬请广大读者批评指正。

编　者

2013 年 10 月

目　　录

1 导　论

土木工程安全管理水平是反映企业管理水平高低的窗口，企业要通过严格的岗位责任和健全的规章制度来约束现场管理人员和操作人员，严肃工作纪律，堵塞管理漏洞；要不断改进施工机具和作业手段，重视现场职工生活，改善现场作业环境；要从现场文明施工抓起，对"脏、乱、差"的施工现场要认真整顿；要对每一个工程项目进行检查，使现场管理达到"环境整洁、纪律严明、物流有序、设备完好"，不断使土木工程安全管理水平登上新台阶，以实现对所实施的工程项目进行全过程、全方位的规划、组织、控制与协调。

1.1　土木工程安全管理的基础理论

土木工程安全管理是以安全为目的，通过管理的职能，进行有关安全方面的决策、计划、组织、指挥、协调、控制等工作，从而有效地发现、分析生产过程中的各种不安全因素，预防各种意外事故，避免各种损失，保障员工的安全健康，推动企业安全生产的顺利发展，为提高经济效益和社会效益服务。安全管理的基本原理是对管理学基本原理的继承和发展，主要包括系统原理、人本原理、弹性原理、预防原理、强制原理和责任原理。

1.1.1　系统原理

1.1.1.1　系统原理的概念

系统是指由两个或两个以上相互联系、相互作用的要素所组成的具有特定结构和功能的整体。

在进行系统分析时，应特别注意抓住管理系统的三个主要特性：

（1）目的性。每个系统的存在和运动都应有其明确的目的，目的不明确，或者目的发生了混淆，都必然要导致管理的混乱，土木工程安全管理系统也是如此。

（2）整体性。系统原理强调整体效应，认为企业不是若干要素的堆砌，而是具有一定功能的整体。管理必须有全局的观点，统筹规划，实现整体最优。

（3）层次性。任何复杂系统都有一定的层次结构，各层次具有相对的独立性，有自己的目的和责任。要在结构上分清层次，更重要的是要确定目标，明确责任。

1.1.1.2　系统原理的基本原则

系统原理是指人们在从事管理工作时，运用系统的观点、理论和方法对管理活动进行充分的系统分析，以达到安全管理的优化目标，即从系统论的角度来认识和处理企业管理中出现的问题。

（1）整分合原则。现代高效率的管理必须在整体规划下明确分工，在分工基础上进行有效的综合，这就是整分合原理。

整体把握，科学分解，组织综合，这就是整分合原则的主要含义。

（2）反馈原则。成功的高效管理，离不开灵敏、准确、有力、迅速的反馈，这就是反馈原则。

（3）封闭原则。任何一个系统的管理手段、管理过程等必须构成一个连续封闭的回路，才能形成有效的管理运动，这就是封闭原则。

（4）动态相关性原则。构成系统的各个要素是运动和发展的，而且是相互关联的，它们之间相互联系又相互制约，这就是动态相关性原则。

1.1.2　人本原理

所谓以人为本，一是指一切管理活动均是以人为本体展开的。人即是管理的主体（管理者），也是管理的客体（被管理者），每个人都处在一定的管理层次上。离开人，就无所谓管理。因此，人是管理活动的主要对象和重要资源。二是在管理活动中，作为管理对象的诸要素和管理过程的诸环节（组织机构、规章制度等），都是需要人去掌管、动作、推动和实施的。因此，应该根据人的思想和行为规律，运用各种激励手段，充分发挥人的积极性和创造性，挖掘人的内在潜力。

（1）能级原则。一个稳定而高效的管理系统必须是由若干分别具有不同能级的不同层次有规律地组合而成的，这就是能级原则。

（2）动力原则。所谓动力原则，是指管理必须有强大的动力，而且要正确地运用动力，才能使管理运动持续而有效地进行下去，即管理必须有能够激发人的工作能力的动力。

（3）激励原则。所谓激励原则就是以科学的手段，激发人的内在潜力，充分发挥积极性和创造性。在管理中即利用某种外部诱因的刺激调动人的积极性和创造性。

1.1.3　弹性原理

所谓弹性原理，指管理是在系统外部环境和内部条件千变万化的形势下进行的，管理必须要有很强的适应性和灵活性，才能有效地实现动态管理。

管理需要弹性是由于企业所处的外部环境、内部条件以及企业管理运动的特性所造成的。在应用弹性原理时，第一要正确处理好整体弹性与局部弹性的关系，即处理问题必须在考虑整体弹性的前提下进行。在此前提下方可解决、协调或调整局部弹性问题。第二要严格分清积极弹性和消极弹性的界限，倡导积极弹性，切忌消极保留。第三要合理地在有限的范围内运用弹性原理，不能绝对地，无限制地伸缩张弛。恰到好处地运用弹性原理，才能在较大的程度上充分发挥现代化管理的作用。

1.1.4　预防原理

我国安全生产的方针是"安全第一，预防为主，综合治理"。通过有效的管理和技术手段，减少并防止人的不安全行为和物的不安全状态，从而使事故发生的概率降到最低，这就是预防原理。运用预防原理应遵循以下原则：

（1）偶然损失原则。事故后果以及后果的严重程度都是随机的、难以预测的。反复发生的同类事故，并不一定产生完全相同的后果，这就是事故损失的偶然性。偶然损失原则说明：在安全管理实践中，一定要重视各类事故，包括险肇事故，而且不管事故是否造成了损失，都必须做好预防工作。

（2）因果关系原则。因果关系原则指事故的发生是许多因素互为因果连续发生的最终结果，只要诱发事故的因素存在，发生事故是必然的，只是时间或迟或早而已，从因果关系原则中认识事故发生的必然性和规律性，要重视事故的原因，切断事故因素的因果关系链环，消除事故发生的必然性，从而把事故消灭在萌芽状态。

（3）3E 原则。造成人的不安全行为和物的不安全状态的原因可归结为四个方面，技术原因、教育原因、身体和态度原因以及管理原因。针对这四个方面的原因，可以采取三种预防事故的对策，即工程技术（engineering）对策、教育（education）对策和法制（enforcement）对策，即 3E 原则。

（4）本质安全化原则。本质安全化是指设备、设施或技术工艺含有内在的能够从根本上防止发生事故的功能。

1.1.5 强制原理

强制就是绝对服从，无需经被管理者同意便可采取控制行动。因此，采取强制管理的手段控制人的意愿和行为，使个人的活动、行为等受到管理要求的约束，从而有效地实现管理目标，就是强制原理。

（1）安全第一原则。安全第一就是要求在进行生产和其他活动时把安全工作放在一切工作的首要位置。要求在计划、布置、实施各项工作时首先想到安全，预先采取措施，防止事故发生。

（2）监督原则。监督原则是指在安全工作中，为了落实安全生产法律法规，必须授权专门的部门和人员行使监督、检查和惩罚的职责，对企业生产中的守法和执法情况进行监督，追究和惩戒违章失职行为，这就是安全管理的监督原则。

1.1.6 责任原理

各级组织和个人负责任，履行职责，是实现安全的基石。责任是指责任主体方对客体方承担必须承担的任务，完成必须完成的使命，做好必须做好的工作。在管理活动中，责任原理是指管理工作必须在合理分工的基础上，明确规定组织各级部门和个人必须完成的工作任务和相应的责任。

在安全管理、事故预防中，责任原理体现在很多地方，例如，安全生产责任制的制定和落实、事故责任问责制，以及越来越被国际社会推行的 SA8000 社会责任标准等。在安全管理活动中，运用责任原理，大力强化安全管理责任建设，建立健全安全管理责任制，构建落实安全管理责任的保障机制，促使安全管理责任主体到位，且强制性地安全问责、奖罚分明，才能推动企业履行应有的社会责任，提高安全监管部门监管力度和效果，激发和引导好广大社会成员的责任心。

1.2　土木工程安全管理的内涵

土木工程安全管理是工程管理的重要内容之一，是整个工程综合管理水平的反映。土木工程安全管理可以消除企业存在的各种隐患和风险，最大程度地预防和避免意外事故的发生。通过规范人的行为和对物的不安全状态的控制和管理，减少各种不安全因素，达到避免事故，从而保障职工的生命安全和健康，保证工程的正常运行。

1.2.1　安全与安全管理定义

安全是指客观事物的危险程度能够为人们普遍接受的状态。人们从事的某项活动或某系统，即某一客观事物，是否安全，是人们对这一事物的主观评价。当人们均衡利害关系，认为该事物的危险程度可以接受时，则这种事物的状态是安全的，否则就是危险的。万事万物都存在着危险因素，不存在危险因素的事物几乎是没有的，只不过危险因素有大有小，有轻有重而已。有的危险因素导致事故的可能性很小，有的则很大；有的引发事故后果非常严重，有的则可以忽略。因此，我们从事任何活动或操作任何系统，都有不同的危险程度。

安全管理，就是企业在生产经营过程中，为实现安全生产而组织和使用人力、物力和财力等各种物质资源的过程。它利用计划、组织、指挥和协调等管理机能，控制来自自然界的、机械的、物质的、人为的不安全因素，使生产技术不安全的行为和状态减少到最低程度，避免发生伤亡事故，保证职工的生命和健康，实现企业的经营目标。

土木工程安全管理的中心问题，是保护在土木工程生产经营活动中人的安全与健康，保护国家和集体的财产不受损失，保证生产顺利进行。

土木工程安全管理是对生产中一切人、物、环境状态的管理与控制，所以，在实际安全管理中必须正确处理人、物、环境的关系，把安全管理作为一种动态的管理，以求良好的管理效果。

1.2.2　土木工程安全管理的原则与特殊性

1.2.2.1　土木工程安全管理的原则

（1）法制原则。所有安全管理的措施、规章、制度必须符合国家的有关法律和地方政府制定的相关条例与法规。在履行这一原则时，常常是一票否决制，即对重大的违规事件，严格执法，违规必纠，不做妥协和让步，只有这样，才能实现对安全的严格管理与控制。

（2）预防原则。安全管理的重要原则是预防为主的原则。事故发生的主要原因是人的不安全行为和物的不安全状态，而这些原因又是由小变大，由影响事故的间接原因演变成导致事故发生的直接原因，这一演变的过程，为安全预防管理提供了可能。通过管理，消除引发事故的原因，杜绝隐患，将事故消灭在萌芽状态。

（3）监督原则。安全管理的重要手段是监督、检查日常的安全工作事项。实践表明，事故结局为轻微伤害和无伤害的事件是大量的，而导致这些事故的原因往往不被重视或习以为常。事实上，轻微伤害和无伤害事故的背后，隐藏着与造成严重事故相同的原因。因此，日常的检查工作显得非常重要，不能流于形式，要细致、警觉，甚至对一些不起眼的，尤其是容易引起忽视的小事吹毛求疵。只有这样，才能及时发现和消除小隐患，避免大事故。

（4）教育原则。安全管理不仅仅是安全部门的责任，它是一项群力群防的工作，要求每一位员工都应有良好的安全意识、预防意识、危机意识，这样才有利于从根本上消除和降低人的不安全行为和物的不安全状态。因此，必须通过安全知识的教育、安全技能的培训、安全政策的宣传、安全信息的传播等各种手段，充分引起人们对安全问题的重视，明确安全生产操作规程，掌握安全生产的方法。

（5）全面原则。安全管理涉及生产活动的方方面面，涉及从开工到竣工的全部生产过程，涉及全部的生产时间，涉及一切变化着的生产因素。安全生产无小事、无盲区、无死角，因此，必须坚持全员、全过程、全方位、全天候的动态安全管理。

1.2.2.2 土木工程安全管理的特殊性

土木工程安全管理涉及的事故是一种人们不希望发生的意外事件、小概率事件，其发生与否，何时、何地、发生何种事故，以及事故后果如何，具有明显的不确定性。于是，安全管理具有许多与其他方面管理不同的地方。

（1）安全意识是安全工作永恒的主题。土木工程安全管理是为了防止事故。事故一旦发生可能带来巨大的损失，包括经济损失和生命健康损失。安全涉及人命关天的事情，当然非常重要。然而，由于事故发生和后果的不确定性，导致人们往往忽略了事故发生的危险性而放松了安全工作。并且，安全工作带来的效益主要是社会效益，安全工作的经济效益往往表现为减少事故经济损失的隐性效益，不像生产经营效益那样直接和明显。因此，土木工程安全管理的一项重要的、长期的任务是提高人们的安全意识，唤起工程企业全体人员对安全工作的重视和关心。提高人们的安全意识是土木工程安全管理工作永恒的主题。

（2）安全管理决策必须慎之又慎。由于事故发生和后果的不确定性，使得安全管理的效果不容易立即被观察到，可能要经过很长时间才能显现出来。由于安全管理的这种特性，使得一项错误的管理决策往往不能在短时间内被证明是错误的，当人们发现其错误时可能已经经历了很长时间，并且已经造成了巨大损失。因此，在做出安全管理决策时，要充分考虑这种效果显现的滞后性，必须谨慎从事。

（3）事故致因理论是指导安全管理的基本理论。安全管理的诸机能中最核心的是控制机能，即通过对事故致因因素的控制，防止事故发生。然而，事故致因因素又涉及一系列关于事故发生原因的认识论问题。相应地，安全管理的另一特殊性在于，事故致因理论是指导安全管理的基本理论。

1.3 土木工程安全管理的目标、内容与方法

1.3.1 土木工程安全管理的目标

目标是一切管理活动的中心和方向，它决定了组织最终目的执行时的行为导向、考核时的具体标准、纠正偏差时的依据。对日常的安全管理工作具有组织、激励、计划和控制

作用。因此，在组织内部依据组织的具体情况设定目标是管理工作的重要方法和内容。

1.3.2　施工安全管理的基本内容

（1）建立安全生产制度。安全生产责任制，是根据"管生产必须管安全"，"安全工作、人人有责"的原则，以制度的形式，明确规定各级领导和各类人员在生产活动中应负的安全职责。它是施工企业岗位责任制的一个重要组成部分，是企业安全管理中最基本的制度，是所有安全规章制度的核心。

安全生产制度的制定，必须符合国家和地区的有关政策、法规、条例和规程，并结合施工项目的特点，明确各级各类人员安全生产责任制度，要求全体人员必须认真贯彻执行。

（2）贯彻安全技术管理。编制施工组织设计时，必须结合工程实际，编制切实可行的安全技术措施，要求全体人员必须认真贯彻执行。执行过程中发现问题，应及时采取妥善的安全防护措施。要不断积累安全技术措施在执行过程中的技术资料，进行研究分析，总结提高，以利于以后工程的借鉴。

（3）坚持安全教育和安全技术培训。组织全体人员认真学习国家、地方和本企业的安全生产责任制、安全技术规程、安全操作规程和劳动保护条例等。新工人进入岗位之前要进行安全纪律教育，特种专业作业人员要进行专业安全技术培训，考核合格后方能上岗。要使全体职工经常保持高度的安全生产意识，牢固树立"安全第一"的思想。

（4）组织安全检查。为了确保安全生产，必须严格安全督察，建立健全安全督察制度。安全检查员要经常查看现场，及时排除施工中的不安全因素，纠正违章作业，监督安全技术措施的执行，不断改善劳动条件，防止工伤事故的发生。

（5）进行事故处理。人身伤亡和各种安全事故发生后，应立即进行调查，了解事故产生的原因、过程和后果，提出鉴定意见。在总结经验教训的基础上，有针对性地制定防止事故再次发生的可靠措施。

1.3.3　土木工程安全管理的方法

安全管理在实施过程中除了有安全管理学理论基础的指导外，还需要一定的方法。根据管理的职能——计划、决策、组织、协调、控制等，一系列相应的管理方法应运而生。这些方法在安全管理中同样适用。本章从安全管理的计划、决策、组织、协调、控制等职能出发，分别阐述了这几种职能对应的管理方法。

1.3.3.1　安全管理计划的含义

一般来说，计划就是指未来行动的方案。它具有以下三个明显的特征：必须与未来有关；必须与行动有关；必须由某个机构负责实施。这就是说，计划就是人们对行动和目的的"谋划"。

土木工程安全管理计划成为一种安全管理职能是因为：首先，安全生产活动作为人类改造自然的一种有目的的活动，需要在安全工作开始前就确定安全工作的目标；其次，安全活动必须以一定的方式消耗一定质量和数量的人力、物力和财力资源，这就要求在进行安全活动前对所需资源的数量、质量和消耗方式作出相应的安排；再次，企业安全活动本质上是一种社会协作活动，为了有效地进行协作，必须事先按需要安排好人力资源，并把人们的实现安全目标的行动相互协调起来；最后，安全活动需要在一定的时间和空间中展开，如果没有明确的安全管理计划，安全生产活动就没有方向，人、财、物就不能合理组合，各种安全活动的进行就会出现混乱，活动结果的优劣也没有评价的标准。

1.3.3.2　土木工程安全管理计划的作用

土木工程安全管理计划在安全管理中的作用主要表现在以下几个方面：

（1）土木工程安全管理计划是安全决策目标实现的保证。

（2）土木工程安全管理计划是安全工作的实施纲领。

（3）土木工程安全管理计划能够合理利用一切资源，使安全管理活动取得最佳效益。

1.3.3.3　土木工程安全管理计划必须具备的要素

土木工程安全管理计划必须具备以下三个要素：

（1）目标。安全工作目标是安全管理计划产生的导因，也是安全管理计划的奋斗方向。因此，制订安全管理计划前，要分析研究安全工作现状，并准确无误地提出安全工作的目的和要求，以及提出这些要求的根据，使安全管理计划的执行者事先了解安全工作未来的结果。

（2）措施。安全措施和方法是实现安全管理计划的保证。措施和方法主要指达到既定安全目标需要什么手段，动员哪些力量，创造什么条件，排除哪些困难，以确保安全管理计划的实施。

（3）步骤。步骤也就是工作的程序及时间的安排。在制订安全管理计划时，有了总时限以后，还必须有每一阶段的时间要求，以及人力、物力、财力的分配使用，使有关单位和人员知道在一定的时间内，一定的条件下，把工作做到什么程度，以争取主动协调进行。

1.3.3.4　土木工程安全决策方法

土木工程安全管理者的工作从一定意义上讲就是进行并实施安全决策。土木工程安全决策贯穿于整个安全管理过程，是安全管理的核心。科学的土木工程安全决策的水平直接影响安全管理的水平和效率。安全管理者应提高科学安全决策的水平，力求把土木工程安全决策做得正确、合理、经济、高效。

A　土木工程安全决策的含义

土木工程安全决策包含两种含义：一种是作名词使用，是指作出的安全决定，即安全决策的结果；另一种是作动词用，是指作安全决定和选择，是一种活动过程。安全决策就是决定安全对策；科学的土木工程安全决策是指人们针对特定的安全问题，运用科学的理论和方法，拟订各种安全行动方案，并从中作出满意的选择，以更好地达到安全目标的活动过程。现代安全管理中所讲的决策，指的就是科学安全决策。

B　土木工程安全决策的特点

（1）程序性。企业的安全生产决策要求在正确的安全生产理论的指导下，按照一定的工作程序，充分依靠安全管理专家和广大职工群众，选用科学的安全决策技术和方法来选择行动方案。

（2）创造性。安全生产科学决策是一种创造性的安全管理活动。安全决策的创造性要求安全管理者开动脑筋、运用逻辑思维、形象思维等多种思维方法进行创造性的劳动，要求安全决策者根据新的具体情况作出带有创造性的正确抉择。

（3）择优性。择优性是指安全生产决策必须在多个方案中寻求能够获得较大效益，能取得令人满意的安全生产效果的行动方案。因此，择优是安全决策的核心。

（4）指导性。安全决策一经作出并付诸实施，就须对整个企业安全管理活动，对系统内的每一个人都有约束作用，指导每一个人的安全行为和安全方向，这就是安全决策的指导性。

（5）风险性。任何备选方案都是在预测未来的基础上制定的，客观事物的变化受多种因素影响，加上人们的认识总是存在一定的局限性，因此，安全决策者对所作出的安全决策能否达到预期安全目标，都有一定程度的风险。

C　土木工程安全决策的原则

（1）科学性原则。安全决策的科学性原则是指安全决策必须尊重客观规律，尊重科学，从实际出发，实事求是。执行科学性原则，要求安全决策者具有科学决策的意识，按照科学的决策程序办事，并应尽可能掌握和运用科学的分析方法与手段。

（2）系统性原则。安全决策对象通常是一个由多因素组成的有机系统。安全决策必须考虑整个系统与其相关的系统以及构成各个系统的相关环节，以免作出顾此失彼、因小失大的错误决策。系统思考还要求注意事物的因果关系和事物的发展。

（3）经济性原则。通俗地讲，经济性原则就是节约的原则。它包括两方面含义：一方面应使安全决策过程本身所花的费用最少。在保证安全决策的科学性、合理性的前提下，应选择费用最省、成本最低的决策程序和决策方式。另一方面安全决策的内容应坚持经济效益标准。不同成本的方案，可能产生的效果相同，安全决策就应选择效果最佳、花费最少的方案。

（4）民主性原则。安全决策中的民主性原则就是决策过程中要充分发扬民主，认真倾听不同意见，在民主讨论的基础上实行集体决策。

（5）责任性原则。责任性原则就是谁决策谁负责的原则，它包含两重含义：一是谁作安全决策，谁负责决策的贯彻执行；二是谁决策谁对决策后果负责。要减少决策的失误，避免一些安全管理者不负责任的主观决策，安全决策者必须对安全决策的后果负责。

D　土木工程安全决策的步骤

（1）发现问题。发现问题是安全决策的起点。安全决策水平的高低与发现现实安全问题和未来安全问题的程度紧密相关。因此，安全管理者在安全管理活动中不要怕有问题，更不要怕暴露问题。

（2）确定目标。目标的确定，直接决定方案的拟订，影响到方案的选择和安全决策后的方案实施。目标必须具体明确，既不能含糊不清，也不能抽象空洞。一般情况下，确定的目标应符合下列基本要求：1）目标必须是单一的；2）必须有明确的目标标准，以便能检查目标达到和实现的程度；3）明确目标的主客观约束条件；4）在存在多目标的情况下，应对各个目标进行具体分析，分清主次。确定目标，一是要根据需要和可能，量力而行；二是既要留有余地，又要使责任者有紧迫感。

（3）拟订方案。拟订方案就是研究实现目标的途径和方法。在拟订方案时贯彻整体详尽性和互相排斥性这两条基本要求。整体详尽性，就是要求尽可能地把各种可能的方案全部列出。互相排斥性是指不同方案之间必须有较大的区别，执行甲方案就不能执行乙方案。备选方案必须建立在科学的基础上，能够进行定量分析的，一定要将指标量化以减少主观性。

（4）方案评估。方案评估就是从理论上和可行性方面进行综合分析，对备选方案加以评比估价，从而得出各备选方案的优劣利弊结论。

（5）方案选优。方案选优是在对各个方案进行分析评估的基础上，从众多方案中选取一个较优的方案，这主要是安全决策者的职责。

E　土木工程安全生产决策的基本方法

科学的安全生产决策要运用科学的安全决策方法。安全管理学家和从事安全管理活动的实际工作者总结概括了许多切实可行的安全决策方法。20世纪的许多新的科学方法也被广泛地运用到安全生产决策中。例如：概率论、效用论、期望值、博弈论、线性规划等理论和方法。这里介绍几种常见的安全生产决策方法。

（1）头脑风暴法。头脑风暴法是集中有关专家进行安全专题研究的一种会议形式，即通过会议的形式，将有兴趣解决某些安全问题的人集合在一起，会议在非常融洽和轻松的气氛中进行，自由地发表意见和看法。因而可以迅速地收集到各种安全工作意见和建议。头脑风暴法也可以通过这种会议对已经系统化的方案或设想提出质疑，研究有碍于方案或设想实施的所有限制性因素，找出方案设计者思考的不足之处，指出实施方案时可能遇到的困难。

（2）集体磋商法。这是一种让持有不同思想观点的人或组织进行正面交锋，展开辩论，比较出方案的优劣，最后找到一种合理方案的安全决策方法。这种方法适用于有着共同利益追求和同样具有责任心的集体。集体磋商可以以"头脑风暴"的形式出现，也可以以其他形式出现。一般来说，"头脑风暴"的成员，可以是临时请来的某一安全生产领域的专家，而集体磋商的成员是组织内担负安全决策使命的安全生产决策者。

（3）加权评分法。这是一种对备选方案进行分项比较的方法。具体做法是：把备选方案分成若干对应项，然后逐项进行比较打分，通过加权评分找出备选方案中的最优方案。这种方法能发挥对方案作出最后抉择的安全决策者的主动性，而且可以在获得较好方案的同时，节约大量时间和人力、物力。

（4）电子会议法。这是利用现代的电子计算机手段改善集体安全决策的一种方法。基本做法是所有参加会议的人面前只有一台计算机终端，会议的主持者通过计算机将问题显示给参加会议的人。会议的参与者将自己的意见输入到计算机，通过计算机网络将个人的评论和票数统计都投影在会议室的计算机屏幕上。电子会议法的主要优点是匿名、诚实和快速。

1.3.3.5　土木工程安全激励方法

A　土木工程安全激励的概念

根据人的行为规律，通过强化人的动机，以调动人的积极性的一种理论称为激励。利用人的心理因素和行为规律激发人的积极性，增强其动机的推动力，对人的行为进行引导，以改进其在安全方面的作用，达到改善安全状况的目的，称为安全激励。这种做法具有普遍规律性，是方法论的一种，被称为安全激励方法。

a　内容性激励理论

（1）需求层次理论。这是由心理学家马斯洛提出的动机理论。该理论认为，人的需求可以分为五个层次：生理需求——维持人类生存所必需的身体需求；安全需求——保证身心免受伤害和避免失去工作、财产、食物或住处等恐惧的需求；归属和爱的需求——包括感情、归属、被接纳、友谊等需求；尊重的需求——包括内在的尊重如自尊心、自主权、成就感等需求和外在的尊重如地位、认同、受重视等需求；自我实现的需求——包括个人成长、发挥个人潜能、实现个人理想的需求。

（2）双因素理论。双因素理论也称保健因素 - 激励因素理论。这种理论认为在管理中有些措施因素能消除职工的不满，但不能调动其工作的积极性，这些因素类似卫生保健对人体的作用有预防效果而不能保证身体健康，所以称为保健因素，如改善工作环境条件、福利、安全奖励；而能起激励作用，调动领导和职工自觉的安全积极性和创造性可采取激励安全需要，变"要我安全"为"我要安全"，得到家人和社会的支持与承认的安全文化等手段。双因素理论是针对满足人的需要的目标或诱因提出来的，在实用中有一定的道理。在某种条件下，保健因素也有激励作用。

（3）成就需要激励理论。美国哈佛大学教授戴维·麦克利兰把人的高级需要分为三类，即权力、交往和成就需要。在实际生活中，一个组织有时配备了具有高成就动机需要的人员使得组织成为高成就的组织，但有时是由于把人员安置在具有高度竞争性的岗位上才使组织产生了高成就的行为。麦克利兰认为前者比后者更重要。

b　过程型激励理论

（1）期望理论。这是心理学家维克多·弗罗姆提出的理论。期望理论认为，人们之所以采取某种行为，是因为他认为这种行为可以有把握地达到某种结果并且这种结果对他有足够的价值。换言之，动机激励水平取决于人们认为在多大程度上可以期望达到预计的结果，以及人们判断自己的努力对于个人需要的满足是否有意义。

（2）归因理论。归因理论是美国心理学家海德于 1958 年提出的，后由美国心理学家韦纳及其同事共同研究而再次活跃起来。归因理论是探讨人们行为的原因与分析因果关系的各种理论和方法的总称。归因理论侧重于研究个人用以解释其行为原因的认知过程，也即研究人的行为受到激励是"因为什么"的问题。

（3）公平理论。公平理论又称社会比较理论。它是美国行为科学家亚当斯提出的一种激励理论。该理论侧重于研究工资报酬分配的合理性、公平性及其对职工生产积极性的影响。

c　行为改造理论

（1）强化理论。强化理论是美国心理学家和行为科学家斯金纳等人提出的一种理论。强化理论是以学习的强化原则为基础的关于理解和修正人的行为的一种学说。强化，从其最基本的形式来讲，指的是对一种行为的肯定或否定的后果、报酬或惩罚，它至少会在一定程度上决定这种行为在今后是否会重复发生。

（2）挫折理论。挫折理论是关于个人的目标行为受到阻碍后，如何解决问题并调动积极性的激励理论。挫折是一种个人主观的感受，同一遭遇，有人可能构成强烈挫折的情境，而另外的人则并不一定构成挫折。

B　土木工程安全激励方法的分类

根据土木工程安全管理中安全激励形式的不同，可将土木工程安全激励方法分为五类：

（1）经济物质激励。这是常用的一种激励方法，诸如奖励、罚款等，使其个人经济物质利益与安全状况挂钩。在美国工业安全管理的最初阶段就是采用这种罚款赔偿的方法。现各国仍普遍采用。

（2）刑律激励。刑律激励是综合精神与肉体激励的一种，是一种负强化激励法，既有惩戒本人，以防下次再犯的作用，也有杀一儆百的示范性反激励作用。

（3）精神心理激励。从道德观念、宗教信仰、政治理想、情感、荣誉心等方面激励，包括安全竞赛、模拟操作、安全活动、口号刺激，甚至游行示威、宗教信条等很多方面都可取得这种激励作用。

（4）环境激励。从另一方面说这是一种从众行为的作用和群体行为的影响。所谓"近朱者赤、近墨者黑"就是这个道理。

（5）自我激励。可以通过提高修养、自我激励达到自我完善的境界。

从安全管理总体上讲，以上几种激励形式和方法都是必要的。作为一个安全管理人员，应积极创造条件，采用不同形式的安全激励方法，形成人的内部激励的环境，同时也应有外部的鼓励和奖励，充分调动每位领导和职工的安全行为的自觉性和主动性。

1.3.3.6　土木工程安全管理控制方法

A　土木工程安全控制理论的定义

土木工程安全控制理论是应用控制论的一般原理和方法，研究安全控制系统的调节与控制制度规律的一门学科。

土木工程安全控制系统是由各种相互制约和影响的安全要素所组成的，具有一定安全功能的整体。安全要素包括：（1）影响安全的物质性因素，如工具设备、危险有害物质、能对人构成威胁的工艺装置等。（2）安全信息，如政策、法规、指令、情报、资料、数据和各种消息等。（3）其他因素，如人员、组织机构、资金等。

B　土木工程安全控制的基本策略

从控制论的角度分析系统安全问题，可以得到以下几点结论：（1）系统的不安全状态是系统内在结构、系统输入、环境干扰等因素综合作用的结果。（2）系统的可控性是系统的固有特性，不可能通过改变外部输入来改变系统的可控性，因此，在系统设计时必须保证系统的安全可控性。（3）在系统安全可控的前提下，通过采取适当的控制措施，可将系统控制在安全状态。（4）安全控制系统中人是最重要的因素，既是控制的施加者，又是安全保护的主要对象。

基于以上结论，可得到以下一些安全控制的基本策略。

（1）建立本质安全型系统。本质安全型系统是指系统的内在结构具有不易发生事故的特性，且能承受人为操作失误、部件失效的影响，在事故发生后具有自我保护能力的系统。与此相关的措施有：

1）防止危险产生条件的形成。

2）降低危险的危害程度。

3）防止已存在危险的释放。可通过消灭危险或通过使其停止释放来实现。

4）改变危险源中危险释放的速率或空间分布。

5）将危险源和需保护的对象从时间上或空间上隔开。

6）在危险源与被保护对象之间设置物质屏障。

7）改变危险物的相关基本特性。

8）增加被保护对象对危险的耐受能力

9）稳定、修护和复原被破坏的物体。

（2）消除人的不安全因素。在现代各类职业事故中，人的因素占到70%～90%。因此，消除人的不安全因素是防止事故发生的重要策略，其具体措施有以下几方面：

1）对特殊岗位工作人员进行职业适应性测评。职业适应性是指一个人从事某项工作时必须具备的生理、心理素质特征。职业适应性测评就是通过一系列科学的测评手段，对人的身心素质水平进行评价，使人职匹配合理、科学，以提高生产效率，减少事故。

2）加强安全教育与训练。通过安全教育和专业技能训练，可提高职工的安全意识水平，使其掌握事故发生的规律、正确的操作方法、防灾避险知识等，从而减少人为因素的影响。

3）充分发挥安全信息的作用。信息是控制的基础，没有信息就谈不上控制。安全状态信息存在于生产活动之中，把它们从生产活动中检测出来，是一个十分重要的问题。安全信息的形式可分为两类：一类是通过安全检测设备、仪器检测出来的各种信息，它们以光、磁、电、声等形式传递，它们多用于微观控制中；另一类是报告、报表的形式，多用于宏观控制之中。这两类形式的信息在安全管理和安全控制中被广泛使用。

1.4　土木工程安全管理的历史与现状

现代安全管理的发展过程可分为经验管理、制度管理、风险预控管理和文化管理四个阶段。文化管理是安全管理的最后阶段，也是安全管理的最高阶段。而风险预控管理是建立安全文化的重要途径，文化管理是风险预控管理的必然延伸。贯穿于这四个阶段的是技术手段。可以用如图1-4-1所示。

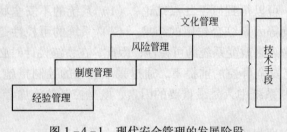

图1-4-1　现代安全管理的发展阶段

人类发展的初期，人们在手工劳动中通过本能和实践总结出一些防护方法和简单的安全技术，不存在安全管理问题。随着19世纪机器代替传统的手工生产，带来事故的频繁发生。人们通过不断的经验积累，发展了相对成熟的一些安全技术和手段，制定了一些初步的管理制度，安全工作进入了经验管理阶段。以后随着社会化大生产的出现，新设备、新材料、新工艺等提高了生产效率，也增加了危险和各种危害，很多国家开始研究各种技术措施来控制事故，在这一阶段中，人们开始重视安全生产技术研究，并且一直延续至今。与此同时，一些国家开始认识到由于人性、基本素养的作用，仅仅依靠技术手段，安全生产仍然缺乏保障。如道格拉斯创立的X理论基本上就是一种关于人性的消极观点，提出员工只要可能就会逃避工作，只有采取强制措施迫使他们实现企业目标。而Y理论则建立在人性积极的观点上。即员工会承担责任，具备作出决策的能力，一旦做出承诺，会自我指导和自我控制地完成任务。据此可以认识到，只有发掘人性中的积极方面，安全生产才能有进一步的发展。于是，人们开始就安全管理立法来保护劳动者的权益和实现人本化管理的基本方法进行研究，安全管理进入了有组织、有计划的制度管理阶段。如美国1912年召开了"第一次合作安全大会"，1913年又组建了全国安全协会。1929年海因里希发表了著名的《工业事故预防》，比较系统地阐述了安全管理的思想和经验，初步提出了风险和事故预防的概念。20世纪70年代初，美、英等国相继建立了职业安全卫生法规。此后，弗兰克·伯德和乔治·杰曼等人发展了海因里希的理论，他们认为：安全管理分为规划、组织、领导和控制四部分，控制是最重要的步骤之一。而控制可分为预先接触控制、接触控制和接触后控制三个阶段，预先接触控制是在事故前通过风险评估，以制定行动计划并通过人本化的管理措施来减少事故发生的可能；接触控制是在事故发生过程中减少能量的总量或有害物质的相互作用，以降低事故带来的严重后果；接触后控制则是在事故发生后，以正确的行动反映程序和工作标准，控制损失的扩散。三阶段中预先接触控制又是最重要的。弗兰克·伯德和乔治·杰曼的观点，丰富了风险预控管理的理论，促进了风险预控管理的发展。而文化管理则是风险管理发展的必然结果。正是基于此，风险预控管理日趋重要。其基本原理是运用风险管理的技术，采用技术和管理综合措施，通过建立安健环综合管理系统，以管理未遂来控制事故，从而实现"一切意外均可避免"、"一切风险皆可控制"的风险管理目标。

目前，国际上比较成熟的风险管理方法很多，如国际上通行的OHSAS管理体系、石化行业的HSE管理体系、美国的万全管理体系、南非NOSA安全管理体系和南非IRCA的风险管理体系。这些风险管理体系元素虽然各不相同，但都采用基于风险的预防预控管理方法。

OHSAS是职业安全和健康管理体系，侧重于安全与健康管理。其发展经历了以下几个阶段。20世纪50年代，职业安全卫生管理的主要内容是控制人身受伤的意外，防止意外事故的发生是重点，是一种消极的控制。20世纪70年代，进行了一定程度的损失控制，考虑了部分与人、设备、材料、环境有关的问题，但仍是被动反应、消极控制。20世纪90年代，职业安全卫生管理已发展到控制风险阶段，对个人因素和工作系统因素造成的风险，可进行较全面的积极的控制，是一种主动反应的管理模式。英国安全卫生执行委员会于1996年颁布了BS8800《职业安全健康管理体系指南》国家标准；1999年英国标准协会（BSI）、挪威船级社（DNV）等13个组织联合提出了职业安全健康评价系列（OHSAS）标准，即OHSAS18001：《职业安全健康管理体系——规范》、OHSAS18002：《职业安全健康管理体系——OHSAS18001实施指南》。我国于1999年颁布的《职业安全卫生管理体系试行标准》，由17个元素组成，运行的主线是风险控制，基础是危害辨识、风险评价和风险控制的策划。该标准首先对作业活动中存在的危害加以识别，然后评价每种危害性事件的风险等级，依据适用的安全健康法规要求和方针确定不可承受的风险予以控制，制定目标和管理方案，落实运行机制，准备应急应变。这个标准目前在很多企业得到推广。但相对而言，它只是提供一个管理框架，属于原则性的体系，基于此体系的安全管理方法则要企业根据自己的情况进一步明确。

HSE是通过风险分析，确定其自身活动可能发生的危害及后果，从而采取有效防范手段和控制措施防止事故发生，以减少可能引起的人员伤害、财产损失和环境污染的有效管理方法。它将环境、健康与安全纳入到一个系统当中进行管理，拓宽了安全管理的空间。HSE管理的形成和发展是石油勘探开发多年工作经验积累的结果，是石油工业发展到一定时期的必然产物。20世纪60年代以前，主要是从安全角度来要求，在装备上不断改善对人的保护，自动化控制手段使工艺流程的保护性能得到完善。20 世纪 70 年代以后，注重了对人的行为的研究。20 世纪 80 年代以后，逐渐发展形成了一系列安全管理的方法。对石油工业安全工作的深化发展与完善起到了巨大的推动作用，促进了健康、安全与环境作为一个整体的管理体系模式的形成。1989 年壳牌石油公司发布了 HSE 方针指南。1991 年，在荷兰海牙召开了第一届油气勘探、开发的健康、安全与环保国际会议，HSE 这一理念逐步被大家所接受。1994 年 7 月，壳牌石油公司为油气勘探、开发的论坛制定的《开发使用健康、安全与环境管理体系导则》正式出版，9 月，壳牌石油公司制定的《健康安全环境管理体系》正式颁发。目前 HSE 管理体系已有逐步从石油行业向其他行业发展的趋势。

　　NOSA 安健环管理体系最初是由南非政府根据矿业事故频繁而建立的国家职业安全健康管理协会发展的一种管理体系，由 72 个元素组成。同样以风险管理为基础，侧重于未遂事件的控制。在风险评估并建立安健环管理系统的基础上，延伸出针对班组、区队的开工前安全评估、工作安全分析、5 步安全法、工作坊等安全管理方式，成为提高职工安全意识的有效手段，构成了部分支撑系统。IRCA 是综合安全健康环境和质量管理的体系，由 13 个元素组成，采用了多种风险评估工具，辨识及处理企业所暴露的与过程和程序相关的风险。美国万全管理是由美国的"艾弗森"公司开发的安健环管理系统，目前不对外服务。其识别风险的评估方法较多，如前期风险评估、危险与可操作性分析、失效模式与影响分析、工作安全分析、定量风险评估、安全检查表分析、监督和监控外界机构的风险评估等。这些管理体系延伸出来的安全管理方法，深入研究了各种情况下产生风险的规律，在此基础上，探讨控制风险的措施和手段，形成了适合企业运用、可操作性强的安全管理方法，成为国外职业安全健康管理的基石。

复习思考题

1－1　简述土木工程安全管理的内涵。

1－2　土木工程安全管理的原则在实施过程中如何体现？

1－3　如何实现土木工程安全管理的目标？

1－4　土木工程安全管理计划要素有哪些，如何相互作用？

1－5　控制理论在土木工程安全管理过程中主要体现为哪几方面？

1－6　简述土木工程安全管理的发展趋势。

2 土木工程安全管理要素

土木工程安全管理作为安全管理学科的一个重要的分支，对土木工程的顺利进行起到了重要作用。作为安全管理的分支，土木工程安全管理在遵循安全管理学科的理论与方法的前提下，同时结合自身的特点，发展出了一些适合自身的理论与方法。本章着重从土木工程的人员安全、环境安全、机械安全、方案安全以及施工过程中的安全文化建设等方面，对土木工程安全管理的要素进行阐述。

2.1 人 员 安 全

人作为生产活动中的主角，扮演着不可替代的角色，但在事故的发生中人的因素同时也对事故的发生起着重要的影响作用。根据事故统计，人为因素导致的事故占80%以上，因此，要确保生产安全必须提高人的行为安全性。而要提高人的行为安全性，一要控制人的不安全行为；二要提高人员的安全素质。要提高人员的安全素质，可从两个途径入手：一是严把人员的选用与配置关，做到"人员安全素质与岗位工作要求匹配"；二是加强人员的安全教育培训，以提高在位人员的安全素质。

2.1.1 人员安全素质构成与要求

人员安全素质实质是指人员的安全文化素质，其内涵主要包括：安全意识、法制观念、安全技能知识、文化知识结构、心理应变、承受适应能力和道德行为规范约束能力。

人员安全素质具体组成如下：

（1）安全生理素质：人员的身体健康状况、感觉功能、耐力等。

（2）安全心理素质：个人行为、情感、紧急情况下的反应能力，事故状态下的个人承受能力等。

（3）安全知识与技能素质：一般的安全技术知识和专业安全技术知识。

（4）品德素质：各类人员对待事业的态度、思想意识和工作作风。如：社会安全观念、社会责任感等。

（5）各种能力：因为素质有其层次性的特点，不同层次的人应该有重点地具备各种不同的能力。如：领导者就应该具备安全指挥、决策等能力；工程师、技术员应该侧重安全技能；安监干部、班组长等应该具备管理能力等。

2.1.2 人员的安全教育培训

安全教育培训是提高人员安全素质的重要手段。通过对生产经营单位各类人员，在安全生产政策法规、安全文化、安全技术、管理、技能等方面，有计划、有步骤地组织教育培训，全面提高各类人员的安全素质，把安全政策法规与安全行为准则作为人们的自觉行为规范，从而可降低事故发生率。

2.1.2.1　安全教育培训的任务

（1）贯彻落实国家的安全生产方针、政策、法律和生产经营单位的安全规章制度，有针对性地做好安全思想工作，克服各种不利于安全生产的错误思想，使各类人员牢固树立"安全第一"的观点，具有强烈的安全生产责任心，做到人人关心安全、时时注意安全、事事想到安全。

（2）把安全生产知识、安全操作技能，通过各种宣传教育培训活动传授给广大从业人员，使他们学会消除工伤事故和预防职业病的本领，熟练稳妥地解决生产过程中发生的各种不安全管理因素。

（3）经常地向生产经营单位管理人员，尤其是安全管理人员传授安全管理知识和现代管理方法，不断提高他们的素质，增强安全管理的能力。

（4）对安全管理经验进行广泛的宣传和传播，使新经验、新方法、新技术能得到迅速推广，不断扩大其成果，及时纠正和避免错误的发生。

2.1.2.2　员工安全教育培训需求分析的内容

员工岗位安全知识和技能分析：不同岗位所从事的工作不同，所需要的安全知识和技能也不相同，一般危险性较大、操作较复杂的岗位，需要较多的安全知识和较高的安全技能，从事这些岗位的从业人员应首先获得安全教育培训。对于生产条件或生产任务发生了变化，所需安全知识和技能也需要进行调整岗位的人员，也应安排安全教育培训。因此，员工岗位安全知识和技能的分析是员工安全教育培训需求分析的重要环节。

2.1.3　人员作业的安全管理

大部分工伤事故是在现场作业过程中发生的，现场作业是人、物、环境的交叉点，也是能量流动和物质流动的交汇处。在作业过程中人起着主导的作用，要减少现场作业中的工伤事故，就必须加强人员作业的安全管理。

2.1.3.1　人员作业的行为控制管理

人的不安全行为和物的不安全状态是导致事故发生的直接原因，因此，控制人的不安全行为，对确保生产安全具有重要的意义。人的行为是由心理控制的，行为是心理活动结果的外在表现，因此，要控制人的不安全行为应从心理、行为、管理等方面采取措施。

要控制人的不安全行为，应从调节人的心理状态，激励人的安全行为等方面入手。具体控制方法有：奖惩控制法、安全行为激励法、纪律控制法、管理控制法、文化力控制法。

2.1.3.2　控制人不安全行为的方法

（1）奖惩控制法。

（2）安全行为激励法。

1）人员安全行为激励原则：①目标结合原则；②物质激励与精神激励相结合的原则；③正激与负激相结合的原则；④按需激励原则；⑤民主公正原则。

2）人员安全行为激励方法：①物质激励法；②精神激励法。

（3）纪律控制法。纪律惩处方法：口头警告（首次违纪），书面警告（二次违纪），留职查看（三次违纪），降职降薪、开除（四次违纪）。依据《中华人民共和国安全生产法》第九十条，生产经营单位的从业人员不服从管理，违反安全生产规章制度或者操作规程的，由生产单位给予批评教育，依照有关规章制度给予处分；造成重大事故，构成犯罪的，依照刑法有关规定追究刑事责任。

（4）管理控制方法。从管理的角度，对人的不安全行为的控制方式可分为：预防性控制、过程的控制、事后型控制。

（5）文化力控制法。文化力作为一种特殊的力，有其特有的功能。人受到文化的力作用，就能更充分地发挥其主观能动性，自觉遵守生产经营单位安全生产的各项规章制度，规范自己的行为。

2.1.4　人员作业过程的安全管理

人员在作业过程中的安全，是人员安全素质的具体体现，因此，对人员作业过程中的安全管理是人员安全管理的重要组成部分，主要包括以下内容：

（1）建立合理的劳动组织。

（2）采用合理的作业方法。

（3）采用合理的作业动作。

（4）以班组为依托，建立旨在降低工伤事故的现场作业安全活动制度。

（5）作业人员组织的合理化：1）有明确的目标；2）有协作的意愿；3）有良好的沟通。

（6）要素配合的合理化：人、物、环境、时间、作业性质、作业过程等，它们之间的配合是否合理，是否优化。

（7）时间安排的合理化：1）工作时间不得违反法律规定；2）合理安排工作时间。

（8）岗位工作设计的合理化：1）充实操作内容；2）建立中间目标；3）定期轮换工作，创造新鲜感。

（9）搞好班组长和班组安全员的选拔和培训。

（10）贯彻落实安全法规和安全生产规章制度。

（11）抓好岗位安全教育和培训。

（12）积极推行科学的安全管理方法和制度。

2.1.5　特殊从业人员的管理

特殊从业人员包括：女从业人员、未成年工、患有作业禁忌症（可诱发职业病）的人员和特殊工种作业人员，对这些作业人员除了正常的管理外，还应采取特殊保护的管理措施，以保护他们的健康与安全。

2.1.5.1　女职工特殊保护的内容

《劳动法》和《女职工劳动保护规定》都明确规定了女职工禁忌从事劳动的范围，概括起来主要有：矿山井下作业；禁林业伐木、归楞及流放作业；国家《体力劳动强度分级》标准中第四级体力劳动强度作业；建筑业脚手架的组装和拆除作业及电力、电信作业的高处架线作业；连续负重（指每小时负重次数在 6 次以上，每次负重超过 20kg，间断负重每次负重超过 25kg 作业）。具体禁忌的劳动范围是：

（1）女职工在月经期间禁止从事特殊劳动。

（2）禁止已婚待孕的女职工在铅、汞、苯、镉等作业场所属于有毒作业分级标准中的第三、第四级的作业。

（3）女职工怀孕期间禁止从事特殊条件下的劳动。

（4）女职工在哺乳期间禁忌从事的劳动。

2.1.5.2　未成年工的特殊保护

在我国，《劳动法》规定未成年工是指年龄已满16周岁未满18周岁的劳动者。

对未成年工实施劳动保护的内容包括：

（1）生产经营单位在招用未成年劳动者时，应当对其进行体格检查，合格者方可录用，录用后还要定期对其进行健康检查。

（2）生产经营单位对招用的未成年工，不得安排从事矿山井下、有毒有害、《体力劳动强度分级》标准规定的第四级体力劳动强度的劳动和法律、法规禁忌从事的其他劳动。

（3）对未成年工实行缩短工作时间制度。生产经营单位不得安排未成年工加班加点地从事夜班劳动。

（4）生产经营单位对未成年工应当安排适当的学习文化、业务技术的时间，对其职业培训给予照顾和保证，使未成年工在从事劳动过程中，也能不断提高文化和业务技术水平。

2.1.5.3　特种作业

特种作业是指容易发生人员伤亡事故，对操作者本人、他人及周围设施的安全可能造成重大危害的作业。

（1）特种作业及人员范围包括：电工作业、金属焊接、切割作业、起重机械（含电梯）作业、企业内机动车辆驾驶、登高架设作业、锅炉作业、压力容器作业、制冷作业、爆破作业、矿山通风作业、矿山排水作业、矿山安全检查作业、矿山提升运输作业、采掘（剥）作业、矿山救护作业、危险物品作业、经国家安全生产监督管理局批准的其他作业。

（2）特种作业人员的培训。特种作业人员必须接受与本工种相适应的、专门的安全技术培训，经安全技术理论考核和实际操作技能考核合格，取得特种作业操作证后，方可上岗作业；未经培训，或培训考核不合格者，不得上岗作业。

（3）特种作业人员的复审。特种作业操作证每2年由原考核发证部门复审一次，连续从事本工种10年以上的，经用人单位进行知识更新后，复审时间可延长至每4年一次。

对于未按规定接受复审或复审不合格，或违章操作造成严重后果或2年内违章操作记录达3次以上，或弄虚作假取得特种作业操作证的特种作业人员将由发证单位吊销作业操作证。

复审内容包括：1）健康检查；2）违章作业记录检查；3）安全生产新知识和事故案例教育；4）本工种安全技术知识考试。

2.2　环　境　安　全

2.2.1　现场围墙

现场围墙必须有项目技术负责人做出详细施工方案及方案说明，经项目经理审核，报公司批准后方可施工。围墙做法在满足各企业要求的同时，必须满足各地地方政府的要求，围墙做到"坚固、平稳、整洁、美观、大方、节约"。

施工现场围墙必须沿工地四周连续设置，不能有缺口或存在个别处不坚固等问题，做到全封闭施工。

若无特殊要求，可以按如下方案施工：围挡材料应选用砌体、金属板材等硬质材料，围墙厚度一律采用240mm砖墙；围墙内外侧要用砂浆抹平，刷白；临街工程围墙高度不低于2.5m，用砂浆抹平，外侧距地面50cm及距围墙顶端30cm刷标准蓝色带，中间刷白色，非临街工程围墙高度不低于1.8m，内外侧采用砂浆抹平刷白，外侧距地面30cm及距墙顶20cm刷标准蓝色带，中间刷白部分一律书写红色楷书标语；围墙顶部均为简易仿古压顶（刷暗红色）。

2.2.2 施工现场

对于小型工程现场道路应采用3：7砂石路面硬化，但搅拌机场地、物料提升机场地、砂石堆放场地及其他原材料堆放场地等易积水场地，必须混凝土硬化。其他场地可采用砖铺地或砂石硬化。

道路必须畅通，施工现场道路应在施工总平面图上标示清楚，道路不得堆放设备或建筑材料；施工现场场地应有排水坡度、排水管、排水沟等排水设施。做到排水畅通、无堵塞、无积水。施工现场应设污水沉淀油池，防止污水、泥浆不经处理直接外排造成堵塞下水道，污染环境。施工现场不准随意吸烟，应设专用吸烟室，既要方便作业人员吸烟，又要防止火灾发生。

现场绿化：温暖季节，施工现场必须有适当绿化，并尽量与城市绿化协调。

2.2.3 材料、机具堆放

施工现场办公室应挂总平面布置图，现场材料堆放应与总平面图标示位置一致，不得随意堆放。堆放材料应有标示牌，其内容为：名称、规格型号、批量、产地、质量等内容。

材料堆放应做到整齐，并按下列规定堆放：

（1）钢筋堆放垫高30cm。一头齐，并按不同型号分开放置。

（2）钢模板堆放垫高20～30cm。一竖一丁，成方扣放，不得仰放。

（3）钢管堆放垫高20～30cm。一头齐，并按不同型号分开堆放。

（4）机砖堆放应成丁成排，堆放高度不得超过10层。

（5）砂、石堆放在砌高60～80cm高的池子内，池内外壁抹水泥砂浆。

（6）袋装水泥堆放：水泥库要有门有锁，应有良好的通风和防潮措施，堆放高度小于10层，远离墙壁10～20cm，水泥堆放处下面要架空和铺垫防水隔潮材料，架空高度20～30cm，并应挂设品名标牌。

（7）建筑废旧材料应集中堆放于废旧材料堆放场，堆放场应封闭挂牌。

施工机具应定位存放或作业，钻杆、导管、钢管等配件、工具、用具、周转材料用毕及时清理、保养，在合适位置码放，码放时要做到整齐、美观、一头齐、不影响施工作业和运输、不对物品造成损害，不影响生产安全。

　　施工现场应建立清扫制度，落实到人，做到工完料清、场地清，不用的机械设备、机具及时出场。

　　建筑垃圾应及时存放于建筑垃圾堆放池，池内外壁抹水泥砂浆，并定时清运，严禁随意堆放，垃圾堆放处应挂设标牌，显示名称及品种。

　　易燃物品应分类堆放，易爆物品应有专门仓库存放。

2.2.4　现场临建设施

　　在建工程不得兼做住宿及办公，施工楼层严禁住人。施工现场的生产区与生活办公区原则上应相互分离，并有隔离带。对于施工现场特别狭窄难以分开的，必须做好安全防护工作。生产区进口处应有值班人员，不戴安全帽、穿拖鞋等违规人员及小孩禁止入内。生活区，应设茶水处，并有责任人和形象标示。

　　现场临建设施（一般包括办公室、会议室、娱乐室、项目部工会小组办公室、食堂、餐厅、宿舍、仓库、厕所、淋浴室、门卫室、医疗室、配电室、钢筋棚、木工棚等）檐高应大于3m，临建设施除钢筋棚、木工棚、厂棚外，都应有吊顶、纱门和纱窗，窗口面积大于 1.5m×1.8m，并在搭建前必须由项目技术人员负责方案施工图设计，并经项目技术负责人及项目经理审核，报公司总工程师批准后方可搭建。

2.2.5　现场防火

　　建立消防制度，配备灭火器材，并有消防措施。制定动火审批手续和实行防火监护制度。

　　（1）临时消防给水。下列工程应设临时消防给水：

　　1）高度超过24m的工程。

　　2）层数超过10层的工程。

　　施工面积较大（超过施工现场内临时消防栓保护范围）的工程，工程消防给水，可以与施工用水合用。

　　工程消防给水管网：工程临时消防栓，竖管不应少于两条，宜成环状布置，每根竖管的直径应根据要求的水柱股数，按最上层消防栓出水量计算，但应不小于100mm。高度小于50m，且每层面积不超过500m²的塔式住宅及公共建筑可设一条临时竖管。

　　工程临时消防栓及其布置：工程临时消防栓应设于各层明显且便于使用的地点，并保证消防栓的充实水柱能达到工程内任何部位，栓口出水方向宜与墙壁呈90°，离地面1.2m高。

　　消防栓口径为65mm，配备水带每节长度不宜超过20m，水枪喷嘴口径应不小于19mm，每个消防栓处，宜设启动消防水泵的按钮。

　　（2）施工现场灭火器配备。

　　1）一般临时设施区，每100m²，配备10L灭火器1只。

　　2）大型临时设施总面积超过1200m²的应配备有专供消防用的太平桶、积水桶（池）砂池等器材设施，上述设施周围不得堆放物品，保障人员畅通。

　　3）临时木工间、油漆间、木工机具间等，每25m²应配置一个种类合适的灭火器。油库、危险品仓库应配备足量种类的灭火器。

4）仓库或堆放场内，应根据灭火对象的特性，分组布置酸碱、泡沫、清水、二氧化碳等类型灭火器，每组灭火器不少于四个，每组灭火器之间的距离不大于30m。

2.2.6 施工标牌

大门口处应悬挂"五牌一图"，即工程概况牌、管理人员名单及监督电话牌、消防保卫牌、安全生产牌、文明施工牌、施工现场平面图。但现在施工现场仅悬挂"五牌一图"已经略显不足，因此推荐悬挂"八牌二图"，即施工单位名称牌、工程概况牌、门卫制度牌、工地名称牌、安全生产六大纪律宣传标语牌、安全无重大事故计数牌、工地主要管理人员名单牌、立功竞赛榜等宣传牌，施工总平面图、卫生责任包干图。"八牌二图"要以板报形式设在大门附近醒目处，下框边沿距地面大于1m。无固定场地时集中挂于施工场地明显位置处。严禁将"八牌二图"挂在外脚手架上。

标牌挂设应做到规格统一，字迹端正，线条清晰，表示明确，摆放位置合理。施工现场应合理悬挂安全宣传和警示牌，标牌悬挂牢固可靠，特别是主要施工部位，作业点和危险区及主要通道口都必须有针对性地悬挂安全警示牌。

现场大门外，还应该有企业及工程简介和企业的有关荣誉奖牌彩印件，以提高施工企业在社会上的形象。

现场防护棚、安全通道的顶部防护层以下所有钢管、防护栏杆均要刷红白相间安全色，以提高现场文明施工气氛。防护棚及安全通道要设上、下两层竹笆，间隔70cm。

2.2.7 生活设施

厕所墙壁贴白色瓷砖，高度1.8m，有条件的设置水冲式厕所，否则便槽必须加盖密封。厕所地面必须硬化，厕所不得漏天设置，对于孔洞，要有纱门或纱网封闭，门口挂形象标示。六层以上建筑，应隔层设小便设施，并保持清洁卫生无气味。做到专人负责，及时清理。要有灭蚊蝇滋生措施。

职工会堂应有良好的通风和洁卫措施，保持卫生整洁，防蝇防鼠，炉堂门应设在室外，灶台上方必须加设大型换气扇，凡是留设空洞的地方均要用纱网防护，食堂门底部要加设20cm高薄钢板，地面硬化，内墙面贴高度大于1.8m高的白瓷片，案板台也应全部贴瓷砖。

食堂内要达到有关食品卫生的法律、法规规定的标准，并办理卫生许可证，炊事员要穿戴白色工作服、帽，持健康证上岗，闲杂人员禁止入内，同时食堂内应按功能分隔，如灶前、灶后、仓储间等特别是生熟食案必须分开并有纱网、纱罩。食堂内要有灭鼠器具，食堂物品不准随意堆放。

施工现场应设男女淋浴室，墙壁刷白，并贴2m高的瓷砖墙壁，门口要喷涂形象标志，挂纱席或纱门，顶部出气孔要用纱网封闭。室内应配更衣柜、更衣椅、防水灯等设施。

现场仓库严禁住人、做饭，各种物品应堆放整齐，建立材料收发管理制度及登记卡。

现场卫生要定人分区分片管理，并建立相应卫生责任制。

2.2.8　保健急救

对于较大工地，应设医务室，有专职医生值班，面对一般工地无条件设医务室的，应配备经过培训合格的急救人员，该人员应能掌握常用的"人工呼吸"、"固定绑扎"、"止血"等急救措施，并会使用简单的急救器材，并同时配备就近医院的医生及巡回医疗的联系电话。

一般工地配备医药保健箱及急救药品（如创可贴、胶带、纱布、霍香正气水、仁丹、碘酒、红汞、酒精等）和急救器材（如担架、止血带、氧气袋、药箱、镊子、剪刀等），以便在意外情况发生时，能够及时抢救，不扩大险情。

为保障职工身体健康，应在流行病高发季节以及平时定期开展卫生防病宣传教育，并在适当位置张贴卫生知识宣传挂图。

2.3　机　械　安　全

2.3.1　塔式起重机

塔式起重机（简称塔吊）是一种塔身直立，起重臂铰接在塔帽下部，能够做360°转动的起重机。

塔吊具有适用范围广、起升高度高、回转半径大、工作效率高、操作简便、运转可靠等特点。因此，在建筑施工中已经得到广泛的应用，成为房屋建筑施工和设备安装中不可缺少的建筑机械。

2.3.1.1　塔式起重机的类型

（1）按工作方法分。分为固定式塔吊和运行式塔吊。

（2）按旋转方式分。分为上旋式和下旋式。

（3）按变幅方法分。分为动臂变幅和小车运行变幅。

（4）按起重性能分。

1）轻型塔吊。起重量在0.5~3t，适用于五层以下砖混结构施工。

2）中型塔吊。起重量在3~15t，适用于工业建筑综合吊装和高层建筑施工。

3）重型塔吊。适用于多层工业厂房以及高炉设备安装。

2.3.1.2　塔吊的安全装置

为了确保塔吊的安全作业，防止发生意外事故。塔吊必须配备以下安全保护装置：（1）起升高度限制器；（2）幅度限制器；（3）风速仪；（4）夹轨钳；（5）回转限制器；（6）起重力矩限制器；（7）超重量限制器（也称超载限制器）；（8）塔吊行走限制器；（9）吊钩保险装置；（10）钢丝绳防脱槽装置；（11）电器控制中的零位保护和紧急安全开关。

2.3.1.3　塔式起重机安全操作规程

起重机的安装、顶升、拆卸必须按照原厂规定进行，并制定安全作业措施，由专业队（组）在队（组）长负责统一指导下进行，并要有技术和安全人员在场监护。起重机安装后，在无载荷情况下，塔身与地面的垂直度偏差值不得超过3/1000。起重机专用的临时配电箱，宜设置在轨道中部附近，电源开关应合乎规定要求。电缆卷必须运转灵活，安全可靠，不得拖缆。起重机必须安装行走、变幅、吊钩高度等限位器和力矩限制器等安全装置，并保证灵敏可靠。对有升降式驾驶室的起重机，断绳保护装置必须可靠。检查轨道应平直、无沉陷，轨道螺栓无松动，排除轨道上的障碍物及夹轨器并向上固定好。

作业前重点检查：

（1）机械结构的外观情况，各传动机构应正常。

（2）各齿轮箱、液压油箱的油位应符合标准。

（3）主要部位连接螺栓应无松动。

（4）钢丝绳磨损情况及穿绕滑轮应符合规定。

（5）供电电缆应无破损。

2.3.1.4 塔吊十不吊

（1）被吊物重量超过机械性能允许范围不吊。

（2）信号不清不吊。

（3）吊物下方有人不吊。

（4）吊物上站人不吊。

（5）埋在地下物不吊。

（6）斜拉斜牵物不吊。

（7）散物捆绑不牢不吊。

（8）立式构件、大模板等不用卡环不吊。

（9）零碎物无容器不吊。

（10）吊装物重量不明不吊。

2.3.1.5 使用单位应为起重机建立设备档案的内容

（1）每次启用时间及安装地点。

（2）日常使用保养、维修、变更、检变和试验等记录。

（3）安装拆除程序及说明。

（4）设备、人身事故记录。

（5）设备存在的问题和评价。

（6）技术要求和对使用人员的培训记录。

（7）用电、提升安全保护。

2.3.2 施工升降机

施工升降机是高层建筑施工中运送施工人员上下及建筑材料和工具设备的重要垂直运输设施。施工升降机又称为施工电梯，是一种使工作笼（吊笼）沿导轨作垂直（或倾斜）运动的机械。施工升降机按其传动形式可分为：齿轮齿条式、钢丝绳式和混合式三种。

2.3.2.1 施工升降机的安全装置

施工升降机的安全装置包括：（1）上、下限位器；（2）上、下极限限位器；（3）通信装置；（4）限速器；（5）缓冲弹簧；（6）安全钩；（7）急停开关；（8）吊笼门、底笼门联锁装置；（9）楼层通道门；（10）地面出入口防护栅。

2.3.2.2　施工升降机的事故隐患及安全使用

（1）施工升降机的装拆。

1）不按施工升降机装拆方案施工或根本无装拆方案，即使有方案也无针对性要的审批手续，拆装过程中也无专人统一指挥。

2）施工升降机完成安装作业后即投入使用，不履行相关的验收手续和必经的试验程序，甚至不向当地建设行政主管部门指定的专业检测机构申报检测，以致发生机械、电气故障和各类事故。

3）装拆人员未经专业培训即上岗作业。

4）装拆作业前未进行详细的、有针对性的安全技术交底，作业时又缺乏必要的监护措施，现场违章作业随处可见，极易发生高处坠落、落物伤人等重大事故。

（2）施工升降机的司机持证上岗，司机离开驾驶室时未关闭电源，使无证人员有机会擅自开动升降机，一旦遇到意外情况不知所措，酿成事故。

（3）不按设计要求及时配置配重，又不将额定荷载减半，极不利于升降机的安全运行。

（4）安全装置装设不当甚至不装，使得吊笼在运行过程中一旦发生故障而安全装置无法发挥作用。

（5）楼层门设置不符合要求，层门净高偏低，使有些运料人员把头伸出门外观察吊笼运行情况时，被正好落下的吊笼卡住脑袋甚至切断发生恶性伤亡事故。有些楼层门可从楼层内打开，使得通道口成为危险的临边口，造成人员坠落或物料坠落伤人的事故。

（6）不按升降机额定荷载控制人员数量和物料重量，使升降机长期处于超载运行的状态，导致吊笼及其他受力部件变形，给升降机的安全运行带来了严重的安全隐患。

（7）限速器未按规定进行每三个月一次的坠落试验，一旦发生吊笼下坠失速、限速器失灵必将产生严重后果。

另外，金属结构和电气金属外壳不接地或接地不符合安全要求、悬挂配重的钢丝绳安全系数达不到8倍、断相保护器不能正常运行等都是施工升降机使用过程中常见的事故通病。

2.3.3　土石方机械

2.3.3.1　挖掘机安全操作

单斗挖掘机安全操作：单斗挖掘机的作业和行走场地应平整坚实，对松软地面应垫以枕木或垫板，沼泽地区应先做路基处理，或更换湿地专用履带板。平整作业场地时，不得用铲斗进行横扫或用铲斗对地面进行夯实。挖掘机正铲作业时，除松散土壤外，其最大开挖高度和深度，不应超过机械本身性能规定。在拉铲或反铲作业时，履带距工作面边缘距离应大于1m，轮胎距工作面边缘距离应大于1.5m。

作业前重点检查项目应符合下列要求：（1）照明、信号及报警装置等齐全有效；（2）燃油、润滑油、液压油符合规定；（3）各铰接部分连接可靠；（4）液压系统无泄漏现象；（5）轮胎气压符合规定；（6）机械操作符合规定。

启动前，应将主离合器分离，各操纵杆放在空挡位置后，再启动内燃机。启动后，接合动力输出，应先使液压系统从低速到高速空载循环10～20min，无吸空等不正常噪声，工作有效，并检查各仪表指示值；待运转正常再接合主离合器，进行空载运转，顺序操纵各工作机构并测试各制动器，确认正常后，方可作业。

作业时，挖掘机应保持水平位置，将行走机构制动住，并将履带或轮胎楔紧。作业时，应待机身停稳后再挖土，当铲斗未离开工作面时，不得作回转、行走等动作。回转制动时，应使用回转制动器，不得用转向离合器反转制动。作业时，各操纵过程应平稳，不宜紧急制动。铲斗升降不得过猛，下降时，不得撞碰车架或履带。

作业中，当液压缸伸缩将达到极限位时，应动作平稳，不得冲撞极限块。当需制动时，应将变速阀置于低速位置。当发现挖掘力突然变化，应停机检查，严禁在未查明原因前擅自调整分配阀压力。作业中不得打开压力表开关，且不得将车况选择阀的操纵手柄放在高速挡位置。履带式挖掘机作短距离行走时，主动轮应在后面，斗臂应在正前方与履带平行，制动住回转机构，铲斗应离地面1m。上、下坡道不得超过机械本身允许最大坡度，下坡应慢速行驶。不得在坡道上变速和空挡滑行。

作业后，挖掘机不得停放在高边坡附近和填方区，应停放在坚实、平坦的地带；将铲斗收回平放在地面上，所有操纵杆置于中位，关闭操纵室和机棚。

2.3.3.2 挖掘装载机安全操作

作业时，操纵手柄应平稳，不得急剧移动；动臂下降时不得中途制动。挖掘时不得使用高速挡。回转应平稳，不得撞击并用其砸实沟槽的侧面。移位时，应将挖掘装置处于中间运输状态，收起支腿，提起提升臂后方可进行。

装载作业前，应将挖掘装置的回转机构置于中间位置，并用拉板固定。在装载过程中，应使用低速挡。行驶时，支腿应完全收回，挖掘装置应固定牢靠。装载装置宜放低，铲斗和斗柄液压活塞杆应保持完全伸张位置。当停放时间超过1h，应支起支腿，使后轮离地；停放时间超过1天时，应使后轮离地，并应在后悬架下面用垫块支撑。

2.3.3.3 推土机安全操作

作业前重点检查项目应符合下列要求：（1）各部件无松动、连接良好；（2）燃油、润滑油、液压油等符合规定；（3）各系统管路无裂纹或泄漏；（4）各操纵杆和制动踏板的行程、履带的松紧度或轮胎气压均符合要求。

启动前，应将主离合器分离，各操纵杆放在空挡位置。启动后应检查各仪表指示值，液压系统应工作有效；当运转正常、水温达到55℃、机油温度达到45℃时，方可全载荷作业。

推土机行驶前，严禁有人站在履带或刀片的支架上，机械四周应无障碍物，确认安全后，方可开动。推土机上、下坡或越过障碍物时应采用低速挡。上坡不得换挡，下坡不得空挡滑行。横向行驶的坡度不得超过10°。当需要在陡坡上推土时，应先进行填挖，使机身保持平衡，方可作业。

推土机顶推铲运机作助铲时，应符合下列要求：（1）进入助铲位置进行顶推中，应与铲运机保持同一直线行驶；（2）铲刀的提升高度应适当，不得触及铲斗的轮胎；（3）助铲时应均匀用力，不得猛推猛撞，应防止将铲斗后轮胎顶离地面或使铲斗吃土过深；（4）铲斗满载提升时，应减少推力，待铲斗提离地面后即减速脱离接触；（5）后退时，应先看清后方情况，当需绕过正后方驶来的铲运机倒向助铲位置时，宜从来车的左侧绕行。

作业完毕后，应将推土机开到平坦安全的地方，落下铲刀，有松土器的，应将松土器爪落下。在坡道上停机时，应将变速杆挂低速挡，接合主离合器，锁住制动踏板，并将履带或轮胎楔住。停机时，应先降低内燃机转速，变速杆放在空挡，锁紧液力传动的变速杆，分开主离合器，踏下制动踏板并锁紧，待水温降到75℃以下、油温降到90℃以下时，方可熄火。

2.3.3.4　铲运机安全操作

A　自行式铲运机安全操作

自行式铲运机的行驶道路应平整坚实，单行道宽度不应小于5.5m。作业前，应检查铲运机的转向和制动系统，并确认灵敏可靠。

铲土或在利用推土机助铲时，应随时微调转向盘，铲运机应始终保持直线前进，不得在转弯情况下铲土。不得在大于15°的横坡上行驶，也不得在横坡上铲土。夜间作业时，前后照明应齐全完好；当对方来车时，应在100m以外将大灯光改为小灯光，并低速靠边行驶。

B　拖式铲运机安全操作

铲运机行驶道路应平整结实，路面比机身应宽出2m。作业前，应检查钢丝绳、轮胎气压、铲土斗及卸土板伸缩弹簧、拖把方向接头、撑架以及各部滑轮等；液压式铲运机铲斗与拖拉机连接的叉座与牵引连接块应锁定，各液压管路连接应可靠，确认正常后，方可启动。

作业中，严禁任何人上下机械，传递物件，以及在铲斗内、拖把或机架上坐立。铲土时，铲土与机身应保持直线行驶。助铲时应有助铲装置，应正确掌握斗门开启的大小，不得切土过深。两机动作应协调配合，做到平稳接触，等速助铲。

作业后，应将铲运机停放在平坦地面，并应将铲斗落在地面上。液压操纵的铲运机应将液压缸缩回，将操纵杆放在中间位置，进行清洁、润滑后，锁好门窗。

2.3.3.5　压路机安全操作

作业时，压路机应先起步后才能起速，内燃机应先置于中速，然后再调至高速。严禁压路机在坚实的地面上进行振动。

碾压时，振动频率应保持一致。对可调振频的振动压路机，应先调好振动频率后再作业，不得在没有起振情况下调整振动频率。压路机在高速行驶时不得接合振动。

停机时应先停振，然后将换向机构置于中间位置，变速器置于空挡，最后拉起手制动操纵杆，内燃机怠速运转数分钟后熄火。

2.3.3.6　潜孔钻机安全操作

使用前，应检查风动马达转动的灵活性，清除钻机作业范围内及行走路面上的障碍物，并应检查路面的通过能力。作业前，应检查钻具、推进机构、电气系统、压气系统、风管及防尘装置等，确认完好，方可使用。

作业时，应先开动吸尘机，随时观察冲击器的声响及机械运转情况，如发现异常，应立即停机检查，并排除故障。开钻时，应给充足的水量，减少粉尘飞扬。作业中，应随时观察排粉情况，尤其是向下钻孔时，应加强吹洗，必要时应提钻强吹。钻进中，不得反转电动机或回转减速器。钻孔时，如发现钻杆不前进却不停地跳动，应将冲击器拔出孔外检查；当发现钻头上掉硬质合金片时，对小块碎片应采用压缩空气强行吹出，对大块碎片可采用小于孔径的杆件，利用黄泥或沥青将合金片从孔中黏出。发生卡钻时，应立即减小轴推力，加强回转和冲洗，使之逐步趋于正常。如严重卡钻，必须立即停机，用工具外加扭力和拉力，使钻具回转松动，然后边送风、边提钻，直至恢复正常。

作业中，应随时检查运动件的润滑情况，不得缺油。钻机移位时，应调整好滑架和钻臂，保持机体平衡。作业完毕后，应将钻机停放在安全地带，进行清洗、润滑。

2.3.3.7 打桩机安全操作

A 一般要求

打桩施工场地应按坡度不大于3%，地基承载力不小于 $8.5N/cm^2$ 的要求进行平实，地下不得有障碍物。在基坑和围堰内打桩，应配备足够的排水设备。安装时，应将桩锤运到桩架正前方2m以内，严禁远距离斜吊。

用桩机吊桩时，必须在桩上拴好围绳。起吊2.5m以外的混凝土预制桩时，应将桩锤落在下部，待桩吊近后，方可提升桩锤。作业中停机时间较长时，应将桩锤落下垫好。除蒸汽打桩机在短时间内可将锤担在机架上外，其他的桩机均不得悬吊桩锤进行检修。

作业后，应将机器停放在坚实平整的地面上，将桩锤落下，切断电源和电路开关，停机制动后方可离开。

B 桩机的安装与拆除

拆装班组作业人员必须熟悉拆装工艺、规程，拆装前班组长应进行明确分工，并组织班组作业人员贯彻落实专项职业健康安全施工组织设计（施工方案）和职业健康安全技术措施交底。安装前应检查主机、卷扬机、制动装置、钢丝绳、牵引绳、滑轮及各部轴销、螺栓、管路接头应完好可靠。导杆不得弯曲损伤。

安装底盘必须平放在坚实平坦的地面上，不得倾斜。桩机的平衡配重铁，必须符合说明书的要求，保证桩架稳定。振动沉桩机安装桩管时，桩管的垂直方向吊装不得超过4m，两侧斜吊不得超过2m，并设溜绳。

C 桩机施工

作业前必须检查传动、制动、滑车、拉绳应牢固有效，防护装置应齐全良好，并经试运转合格后，方可正式操作。打桩操作人员（司机）必须熟悉桩机构造、性能和保养规程，操作熟练后方准独立操作。要严禁非桩机操作人员操作。

打桩作业时，严禁在桩机垂直半径范围以内和桩锤或重物底下穿行停留。稳桩时，应用撬棍套绳或其他适当工具进行。当桩与桩帽接合以前，套绳不得脱套，纠正斜桩不宜用力过猛，并注视桩的倾斜方向。采用桩架吊桩时，桩与桩架的垂直方向距离不得大于5m（偏吊距离不得大于3m）。超出上述距离时，必须采取职业健康安全措施。

吊桩时要缓慢吊起，桩的下部必须设溜（套）绳，掌握稳定方向，桩不得与桩机碰撞。在装拆桩管或到沉箱上操作时，必须切断电源后再进行操作。必须设专人监护电源。检查或维修桩机时，必须将锤放在地上并垫稳，严禁在桩锤悬吊时进行检查等作业。

2.3.4 混凝土施工机械设备

混凝土是由水泥、砂、石子和水按照一定的比例配合后，经过搅拌、输送、浇灌、成型和硬化而形成的。混凝土机械就是完成上述各个工艺过程的机械设备，主要包括混凝土搅拌车、混凝土搅拌输送车、混凝土泵及泵车、混凝土振动机械等。

2.3.4.1　混凝土搅拌设备安全操作

A　混凝土搅拌机安全操作

固定式搅拌机应安装在牢固的台座上。当长期固定时，应埋置地脚螺栓，在短期使用时，应在机座上铺设木枕并找平放稳。

移动式搅拌机的停放位置应选择平整坚实的场地，周围应有良好的排水沟渠。就位后，应放下支腿将机架顶起达到水平位置，使轮胎离地。当长期停放或使用时间超过三个月以上时，应将轮胎卸下妥善保管，轮轴端部用油布包扎好，并用枕木将机架垫起支牢。

作业前重点检查项目应符合下列要求：（1）电源电压升降幅度不超过额定值的5%；（2）电动机和电器元件的接线牢固，保护接零或接地电阻符合规定；（3）各传动机构、工作装置、制动器等均紧固可靠，开式齿轮、皮带轮等均有防护罩；（4）齿轮箱的油质、油量符合规定。

搅拌机作业中，当料斗升起时，严禁任何人在料斗下停留或通过；当需要在料斗下检修或清理料坑时，应将料斗提升后用铁链或插入销锁位。作业中，应观察机械运转情况，当有异常或轴承温度升得过高等现象时，应停机检查；当需检修时，应将搅拌筒内的混凝土清除干净，然后再进行检修。加入强制式搅拌机的骨料最大粒径不得超过允许值，并应防止卡料，每次搅拌时，加入搅拌筒的物料不应超过规定的进料容量。

作业后，应对搅拌机进行全面清理；当操作人员需进入筒内时，必须切断电源或卸下熔断器，锁好开关箱，挂上"禁止合闸"的标牌，并应有专人在旁监护。应将料斗降落到坑底，当需升起时，应用链条或插销扣牢。

B　混凝土搅拌输送设备安全操作

作业前应检查混凝土搅拌输送车的燃油、润滑油、液压油、制动液、冷却水等应充足，质量应符合要求。搅拌运输时，混凝土的装载量不得超过额定容量。

装料时，应将操纵杆放在"装料"位置，并调节搅拌筒转速，使进料顺利。运输前，排料槽应锁止在"行驶"位置，不得自由摆动。运输中，搅拌筒应低速旋转，但不得停转。运送混凝土的时间不得超过规定的时间。

作业后，应先将内燃机熄火，然后对料槽、搅拌筒入口和托轮等处进行冲洗及清除混凝土结块。当需进入搅拌筒清除结块时，必须先取下内燃机电门钥匙，在筒外应设监护人员。

C　混凝土泵安全操作

混凝土泵应安放在平整、坚实的地面上，周围不得有障碍物，在放下支腿并调整后应使机身保持水平和稳定，轮胎应楔紧。

泵送管道的架设应符合下列要求：（1）水平泵送管道应直线架设；（2）垂直泵送管道不得直接装在泵的输出口上，应在垂直管前端加装长度不小于20m的水平管，并在水平管近泵处加装逆止阀；（3）架设向下倾斜的管道时，应在输出口上加装一段水平管，其长度不应小于倾斜管高低差的5倍；当倾斜度较大时，应在坡度上端装设排气活阀；（4）泵送管道应有支承固定，在管道和固定物之间应设置木垫作缓冲，不得直接与钢筋或模板相连，管道与管道间应连接牢靠；管道接头和卡箍应扣牢密封，不得漏浆；不得将已磨损管道装在后端高压区。

作业前应检查并确认泵机各部螺栓紧固，防护装置齐全可靠，各部位操纵开关、调整手柄、手轮、控制杆、旋塞等均在正确位置，液压系统正常无泄漏，液压油符合规定，搅拌斗内无杂物，上方的保护格网完好无损并盖严。

启动后，应空载运转，观察各仪表的指示值，检查泵和搅拌装置的运转情况，确认一切正常后，方可作业。泵送前应向料斗加入 10L 清水和 0.3m³ 的水泥砂浆，润滑泵及管道。泵机运转时，严禁将手或铁锹伸入料斗或用手抓握分配阀。当需在料斗或分配阀上工作时，应先关闭电动机和消除蓄能器压力。

作业中，应对泵送设备和管路进行观察，发现隐患应及时处理。对磨损超过规定的管子、卡箍、密封圈等应及时更换。应防止管道堵塞。泵送混凝土应搅拌均匀，控制好坍落度；在泵送过程中，不得中途停泵。当出现输送管堵塞时，应进行反泵运转，使混凝土返回料斗；当反泵几次仍不能消除堵塞时，应在泵机卸载情况下，拆管排除堵塞。

作业后，应将料斗内和管道内的混凝土全部输出，然后对泵机、料斗、管道等进行冲洗；当用压缩电气冲洗管道时，进气阀不应立即开大，只有将混凝土顺利排出时，方可将进气阀开至最大。在管道出口端前方 10m 内严禁站人，并应用金属网等收集冲出的清洗球和砂石粒。对凝固的混凝土，应采用刮刀清除。作业后，应将两侧活塞转到清洗室位置，并涂上润滑油。各部位操纵开关、调整手柄、手轮、控制杆等均应复位。液压系统应卸载。

2.3.4.2 混凝土振动器安全操作

A 插入式振动器安全操作

插入式振动器的电动机电源上应安装漏电保护装置，接地或接零应安全可靠。电缆线上不得堆压物品或让车辆挤压，严禁用电缆线拖拉或吊挂振动器；使用前，应检查各部并确认连接牢固，旋转方向正确。

作业时，振动棒软管的弯曲半径不得小于 500mm，并不得多于两个弯，操作时应将振动棒垂直地沉入混凝土，不得用力硬插、斜推或让钢筋夹住棒头，也不得全部插入混凝土中，插入深度不应超过棒长的 3/4，不宜触及钢筋、芯管及预埋件。

作业停止需移动振动器时，应先关闭电动机，再切断电源。不得用软管拖拉电动机。作业完毕，应将电动机、软管、振动棒清理干净，并应按规定要求进行保养作业。振动器存放时，不得堆压软管，应平直放好，并应对电动机采取防潮措施。

B 附着式、平板式振动器安全操作

附着式、平板式振动器轴承不应承受轴向力，在使用时，电动机轴应保持水平状态。作业前，应对附着式振动器进行检查和试振。试振不得在干硬土或硬质物体上进行。安装在搅拌站料仓上的振动器，应安置橡胶垫。

使用时，引出电缆线不得拉得过紧，更不得断裂。作业时，应随时观察电气设备的漏电保护器和接地或接零装置并确认合格。

附着式振动器安装在混凝土模板上时，每次振动时间不应超过 1min，当混凝土在模内泛浆流动或成水平状即可停振，不得在混凝土初凝状态时再振。

2.3.5 钢筋加工机械

钢筋加工机械是用于钢筋除锈、冷拉、冷拔等原料加工，调直、剪切等配料加工和弯曲、点焊、对焊等成型加工的机械，主要包括：钢筋除锈机、钢筋调直机、钢筋冷拉机、钢筋切断机、钢筋弯曲机、预应力钢筋拉伸设备等。

2.3.5.1　钢筋除锈机安全操作

检查钢丝刷的固定螺栓有无松动，传动部分润滑和封闭式防护罩及排尘设备等完好情况。操作人员必须束紧袖口，戴防尘口罩、手套和防护眼镜。严禁将弯钩成型的钢筋上机除锈。弯度过大的钢筋宜在基本调直后除锈。操作时应将钢筋放平，手握紧，侧身送料，严禁在除锈机正面站人。整根长钢筋除锈应由两人配合操作，互相呼应。

2.3.5.2　钢筋调直机安全操作

调直机安装必须平稳，料架、料槽应安装平直，并应对准导向筒、调直筒和下切刀孔的中心线。电机必须设可靠接零保护。

用手转动飞轮，检查传动机构和工作装置，调整间隙，紧固螺栓，确认正常后，启动空运转，并应检查轴承无异响、齿轮啮合良好，待运转正常后，方可作业。在调直块未固定、防护罩未盖好前不得送料。作业中严禁打开各部防护罩及调整间隙。

作业后，应松开调直筒的调直块并回到原来位置，同时预压弹簧必须回位。机械上不准搁置工具、物件，避免振动落入机体。圆盘钢筋放入放圈架上要平稳，乱丝或钢筋脱架时，必须停机处理。

2.3.5.3　钢筋冷拉机安全操作

根据冷拉钢筋的直径，合理选用卷扬机，卷扬钢丝绳应经封闭式导向滑轮并和被拉钢筋水平方向成直角。卷扬机的位置必须使操作人员能见到全部冷拉场地，卷扬机距离冷拉中线不少于5m。

作业前，应检查冷拉夹具，夹齿必须完好，滑轮、拖拉小车应润滑灵活，拉钩、地锚及防护装置均应齐全牢固。确认良好后，方可作业。

卷扬机操作人员必须看到指挥人员发出信号，并待所有人员离开危险区后方可作业；冷拉应缓慢、均匀地进行，随时注意停车信号或见到有人进入危险区时，应立即停拉，并稍稍放松卷扬钢丝绳。用伸长率控制的装置，必须装设明显的限位标志，并应有专人负责指挥。夜间工作照明设施，应装设在张拉危险区外；如需要装设在场地上空时，其高度应超过5m。灯泡应加防护罩，导线不得用裸线。

每班冷拉完毕，必须将钢筋整理平直，不得相互乱压和单头挑出，未拉盘筋的引头应盘住，机具拉力部分均应放松。作业后，应放松卷扬钢丝绳，落下配重，切断电源，锁好开关箱。

2.3.5.4　钢筋切断机安全操作

接送料的工作台面应和切刀下部保持水平，工作台的长度可根据加工材料长度确定。启动前，必须检查切断机械，确定安装正确，刀片无裂纹，刀架螺栓紧固，防护罩牢靠。然后用手转动皮带轮，检查齿轮啮合间隙，调整切刀间隙。

启动后，应先空运转，检查各传动部分及轴承运转正常后，方可作业。机械未达到正常转速时不得切料。钢筋切断应在调直后进行，切料时必须使用切刀的中、下部位，紧握钢筋对准刀口迅速送入。不得剪切直径及强度超过机械铭牌规定的钢筋和烧红的钢筋。一次切断多根钢筋时，总截面面积应在规定范围内。

作业后，应切断电源，用钢刷清除切刀间的杂物，进行整机清洁保养。

2.3.5.5　钢筋弯曲机安全操作

工作台和弯曲机台面要保持水平，并在作业前准备好各种芯轴及工具。

操作时要熟悉倒顺开关控制工作盘旋转的方向，钢筋放置要与工作盘旋转方向相配合，不得放反。作业时，将钢筋需弯的一头插在转盘固定销的间隙内，另一端紧靠机身固定销，并用手压紧；检查机身固定销子确实安放在挡住钢筋的一侧，方可开动。作业中，严禁更换轴；变换角度以及调速等作业，严禁在运转时加油和清扫。

严禁在弯曲钢筋的作业半径内和机身不设固定销的一侧站人。弯曲好的半成品应堆放整齐，弯钩不得朝上，改变工作盘旋转方向时必须在停机后进行，即从正转→停→反转，不得直接从正转→反转或从反转→正转。

2.3.5.6 预应力钢筋拉伸设备安全操作

采用钢模配套张拉，两端要有地锚，还必须配有卡具、锚具，钢筋两端须有镦头，场地两端外侧应有防护栏杆和警告标志。检查卡具、锚具及被拉钢筋两端镦头，如有裂纹或破损，应及时修复或更换。

空载运转，校正千斤顶和压力表的指示吨位，定出表上的数字，对比张拉钢筋吨位及延伸长度。检查油路应无泄漏，确认正常后，方可作业。作业中，操作要平稳、均匀，张拉时两端不得站人。拉伸机在有压力的情况下，严禁拆卸液压系统上的任何零件。张拉时，不准用手摸或脚踩钢筋或钢丝。

作业后，切断电源，锁好开关箱。千斤顶全部卸载并将拉伸设备放在指定地点进行保养。

2.3.6 焊接机械

2.3.6.1 电弧焊安全操作

焊接设备上的电机、电器、空压机等应按有关规定执行，并有完整的防护外壳，二次接线柱处应有保护罩。现场使用的电焊机应设有可防雨、防潮、防晒的机棚，并备有消防用品。

焊接时，焊接和配合人员必须采取防止触电、高空坠落、瓦斯中毒和火灾等事故的安全措施。在容器内施焊时，必须采取以下措施：容器上必须有进、出风口并设置通风设备；容器内的照明电压不得超过12V，焊接时必须有人在场监护，严禁在已填涂过油漆或塑料的容器内焊接。

接地线及手把线都不得搭在易燃、易爆和带有热源的物品上，接地线不得接在管道、机床设备和建筑物金属构架或轨道上，接地电阻不大于4Ω。雨天不得露天电焊。在潮湿地带作业时，操作人员应站在铺有绝缘物品的地方，穿好绝缘鞋。

在载荷运行中，焊接人员应经常检查电焊机的温升，如超过A级60℃、B级80℃时，必须停止运转并降温。

作业后，清理场地、灭绝火种、切断电源、锁好电闸箱、消除焊料余热后再离开。

2.3.6.2 交流电焊机安全操作

应注意初、次级线，不可接错，输入电压必须符合电焊机的铭牌规定。严禁接触初级的带电部分。次级抽头连接铜板必须压紧，其他部件应无松动或损坏。电焊机应绝缘良好。焊接变压器的一次线圈绕组与二次线圈绕组之间、绕组与外壳的绝缘电阻不得小于1MΩ。

2.3.6.3　直流电焊机安全操作

（1）旋转式电焊机。接线柱应有垫圈。合闸前详细检查接线螺帽，不得用拖拉电缆的方法移动焊机。启动时，检查转子的旋转方向应符合焊机标志的箭头方向。启动后，应检查电刷和换向器，如有大量火花时，应停机查原因，经排除后方可使用。

（2）硅整流电焊机。电焊机应在原厂使用说明书要求的条件下工作。软管式送丝机构的软管槽孔应保持清洁，定期吹洗。使用硅整流电焊机时，必须开启风扇，运转中应无异响。电压表指示值应正常，应经常清洁硅整流器及各部件，清洁工作必须在停机断电后进行。

2.3.6.4　对焊机安全操作

对焊机应安置在室内，并有可靠的接地（接零），如多台对焊机并列安装时，间距不得少于3m，并应分别接在不同相位的电网上，分别有各自的刀形开关。

作业前，检查对焊机的压力机构应灵活，夹具应牢固，气、液压系统无泄漏，确认可靠后，方可施焊。焊接前，应根据所焊钢筋截面，调整二次电压，不得焊接超过对焊机规定直径的钢筋。

焊接较长钢筋时，应设置托架，配合搬运钢筋的操作人员，在焊接时要注意防止火花烫伤。闪光区应设挡板，焊接时无关人员不得入内。

2.3.6.5　点焊机安全操作

作业前，必须清除上、下两极的油污。通电后，机体外壳应无漏电。启动前，首先应接通控制线路的转向开关和调整好极数。接通水源、气源，再接通电源；作业时，气路、水冷系统应畅通。气体必须保持干燥。排水温度不得超过40℃，排水量可根据气温调节。

2.3.6.6　乙炔气焊安全操作

严禁使用未安装减压器的氧气瓶进行作业。开启氧气瓶阀门时，应用专用工具，动作要缓慢，不得面对减压器，但应观察压力表指针是否灵敏正常。氧气瓶中的氧气不得全部用尽，至少应留49kPa（0.5kgf/cm²）的剩余压力。

点燃焊（割）锯时，应先开乙炔阀点火，然后开氧气阀调整火焰。关闭时应先关闭乙炔阀，再关闭氧气阀。在作业中，如发现氧气瓶阀门失灵或损坏不能关闭时，应让瓶内的氧气自动耗尽后，再行拆卸修理。乙炔软管、氧气软管不得错装。氢氧并用时，应先开乙炔气，再开氢气，最后开氧气，再点燃。熄灭时，应先关氧气，再关氢气，最后关乙炔气。

作业后，应卸下减压器，拧上气瓶安全帽，将软管卷起捆好，挂在室内干燥处，并将乙炔发生器卸压，放水后取出电石，剩余电石和发生器，应分别放在指定的地方。

2.3.7　木工机械

2.3.7.1　带锯机安全操作

作业前，检查锯条，如锯条齿侧的裂纹长度超过10mm，锯条接头处裂纹长度超过10mm，以及连续缺齿两个和接头超过三个锯条均不得使用。锯条松紧度调整适当后，先空载运转，如声音正常、无串条现象时，方可作业。

作业中，操作人员应站在带锯机的两侧，跑车开动后，行程范围内的轨道周围不准站人，严禁在运行中上、下跑车。进锯速度应均匀，不能过猛。锯机张紧装置的重锤，应根据锯条的宽度与厚度调节档位或增减副砣，不得用增加重锤质量的办法克服锯条口松或串条等现象。

2.3.7.2 圆盘锯安全操作

圆盘锯必须装设分料器，开料锯与料锯不得混用。锯片上方必须安装保险挡板和滴水装置，在锯片后面 10 ~ 15mm 处，必须安装弧形楔刀。锯片的安装，应保持与轴同心。

启动后，待转速正常后方可进行锯料；送料时不得将木料左右晃动要缓缓送料，锯料长度应不小于 500mm。接近端头时，应用推棍送料。操作人员不得站在和面对与锯片旋转的离心力方向操作，手不得跨越锯片。必须紧贴靠尺送料，不得用力过猛。必须待出料超过锯片 15cm 方可上手接料，不得硬拉。短窄料应用推棍，接料使用刨钩。严禁锯小于50cm 长的短料。必须随时清除锯台面上的遗料，保持锯台整洁。清除遗料时，严禁直接用手清除。清除锯末及调整部件，必须先拉闸断电，待机械停止运转后方可进行。

2.3.7.3 平面刨安全操作

作业前，检查安全防护装置必须齐全有效。刨料时，手应按在料的上面，手指必须离开刨口 50mm 以上；严禁用手在木料后端送料跨越刨口进行刨削。刨料时应保持身体平衡，双手操作。刨大面时，手应按在木料上面；刨小面时应不低于料高的一半，并不得小于 3cm。

机械运转时，不得将手伸进安全挡板里侧去移动挡板或拆除安全挡板进行刨削。严禁戴手套操作。二人操作时，进料速度应配合一致。当木料前端越过刀口 30cm 后，下手操作人员方可接料。木料刨至尾端时，上手操作人员应注意早松手，下手操作人员不得猛拉。换刀片前必须拉闸断电并挂"有人操作，严禁合闸"的警示牌。

2.3.7.4 压刨床(单面和多面)安全操作

压刨床必须用单向开关，不得安装倒顺开关，三、四面刨应按顺序开动。作业时，严禁一次刨削两块不同材质、规格的木料，被刨木料的厚度不得超过 50mm。操作者应站在机床的一侧，接、送料时不戴手套，送料时必须先进大头。每次进刀量应为 2 ~ 5mm，如遇硬木或节疤，应减小进刀量，降低送料速度。

进料必须平直，发现木料走偏或卡住，应停机降低台面，调正木料。送料时手指必须与滚筒保持 20cm 以上距离。接料时，必须待料出台面后方可上手。压刨必须装有回弹灵敏的逆止爪装置，进料齿辊及托料光辊应调整水平和上下距离一致，齿轮应低于工件表面1 ~ 2mm，光轮应高出台面 0.3 ~ 0.8mm，工作台面不得歪斜和高低不平。清理台面杂物时必须停机（停稳）、断电，用木棒进行清理。

2.4 方 案 安 全

2.4.1 安全施工组织方案的概念

安全施工组织方案是以项目为对象，用以指导工程项目管理过程中的各项安全活动的组织、协调、技术、经济和控制的综合性文件。安全施工组织方案是在施工组织方案的框架上，对项目工程施工过程实行安全管理的全局策划，统筹计划安全生产，科学组织安全管理，采用有效的安全措施，从安全防护、脚手架、现场料具、机械设备、施工用电、施工作业环境等方面合理安排，实现有步骤、有计划地组织实施相应的安全技术措施，以期达到"安全生产，文明施工"的最终目的。

2.4.1.1 安全施工组织方案的必要性

建筑产品形式多样，规划性较差，产品体积庞大，生产周期长，人力物力投入量大，临时设施多，产品本身具有固定性，露天作业多，受到不同气候的影响，作业环境多变，人机流动性大，多工种立体交叉作业，作业场所人员集中，作业人员及其素质不稳定，因此，施工现场存在诸多不安全的因素，属事故多发性的作业场所。由于建筑产品自身及施工现场的上述特点，使得建筑产品的生产过程受到各方面条件的限制，遇到的不确定因素较多，管理条件非常复杂，所以，必须事前进行安全施工组织方案，才能确保安全生产。

2.4.1.2 安全施工组织方案的重要作用

安全施工组织方案是在充分研究建筑工程项目的客观情况并辨识各类危险源及不利因素的基础上编制的，用以部署全部安全活动，制定合理的安全方案和专项安全技术组织措施。安全施工组织方案作为决策性的纲领性文件，直接影响施工现场的生产组织管理、作业人员的施工操作、生产效率和经济效益。从总的方面看，安全施工组织方案具有战略部署和战术安排的双重作用。从全局出发，按照客观的施工规律，统筹安排相应的安全活动，从"安全"的角度协调施工中各施工单位、各施工班组之间、资源与时间之间、各项资源之间，在程序、顺序上和施工现场部署的合理关系。

文明施工方案的建立原则是详细编制文明施工组织方案；制定各种文明施工管理制度；及时收集整理各种文明施工检查记录，通过查看文明施工档案，就能够从该档案中反映出施工现场平时文明施工的管理水平，同时也可以找出我们在文明施工管理方面所存在的薄弱环节，从而改进我们下一步的工作方法。

2.4.2 文明施工组织方案的编制

2.4.2.1 文明施工组织方案的编制原则及依据

（1）编制原则。应以《建筑法》、《建筑施工安全检查标准》、《建设工程安全生产管理条例》为准则。

（2）编制依据。应以建筑施工组织方案、工程项目一览表及概算造价、建筑总平面图、建筑区域平面图、建筑场地及地区条件勘察资料、现行定额及调整定额、技术规范、临时设施建筑标准等为依据。

2.4.2.2 文明施工组织方案的内容

内容包括现场围挡、封闭管理、施工场地、材料堆放、现场宿舍、现场防火、治安综合治理、施工现场标牌、生活设施、保健急救、文明施工检查和防汛、防台风十三项。

2.4.3 文明施工管理制度

文明施工管理制度是创建安全文明工地的具体措施。文明工地管理制度要依据建设部《建筑施工安全检查标准》的要求，按照施工组织方案制定详细的创建保证措施，内容包括：

（1）创建安全文明工地指导思想的目的要明确。工程开工前要确定创建文明施工目标，按照要求认真组织编写施工组织方案，列出文明施工创建工作重点、标准、要求及创建措施，对各种施工组织方案进行精细组织。

（2）组织落实。创建文明工地要有一套强有力的领导班子，有组织、有计划地从基础开始做起。

（3）分工明确，责任落实。

（4）搞好全体人员的思想发动工作。创建文明工地是全体施工人员的事，因此要齐心协力，把每一项工作落到实处。

（5）分阶段实施组织方案，方案要求自我检查组织验收。

（6）对照标准进行认真整改，并准备接受主管部门的检查。

2.4.3.1　门卫制度及交接班记录

门卫制度是指对施工现场大门值班警卫人员的职责及对进出大门人员的管理制度。具体内容包括：

（1）警卫人员责任和任务。

（2）警卫目标。

（3）发生问题的处理。

（4）做好来访登记及询问。

（5）检查来往人员的证件。

（6）按规定做好交接班，并做好交接班记录。

2.4.3.2　宿舍管理制度

宿舍是职工休息的地方，要有一套管理制度。制度主要是搞好宿舍的生活卫生程序及设施的使用和管理，特别是搞好用电管理及火源管理。主要内容包括：

（1）宿舍管理责任制。

（2）设施管理。

（3）用电管理。

（4）作息时间。

（5）卫生管理。

（6）生活秩序管理。

（7）保管好自己的东西，防止丢失。

（8）火炉管理及煤气中毒措施。

2.4.3.3　消防制度

（1）建立消防组织，分工明确，责任到人（建立义务消防队）。

（2）确定防火重点及部位。

（3）搞好消防培训，熟悉灭火方案及灭火器材的使用。

（4）定期按实战演练（有演练方案和记录）。

（5）按计划配备消防器材。

（6）消防器材管理制度，使用规定及保养措施。

（7）施工现场总平面图要标明消防器材和消防水位置及防火重点部位和目标。

（8）消防检查制度。

（9）其他管理制度。

2.4.3.4　动火审批手续

（1）一级动火作业应由所在单位行政负责人填写动火申请表和编制安全技术措施方案，报公司安全部门审查批准方可动火（重要项目的动火应报当地消防部门审批）。

（2）二级动火作业由所在工地负责人填写动火申请表和编制安全技术措施方案，报本单位主管部门审批后，方可动火。

（3）三级动火作业由所在班组填写动火申请表经工地负责人审批批准后方可动火。

（4）动火审批表为各级动火审批表格。要求填写审批理由及防火等级、工程部位、措施及方案等内容。审批双方必须盖章或签字。

2.4.4　文明施工方案目录

（1）文明施工组织方案（方案）。

（2）门卫制度。

（3）职工宿舍卫生管理制度。

（4）消防制度。

（5）治安保卫制度。

（6）施工防尘、防噪及不扰民措施。

（7）安全值班制度。

（8）施工现场安全生产应急预案。

（9）施工现场门卫交接班记录。

（10）来访人员登记表。

（11）夜间施工申请报告。

（12）文明施工日查表。

（13）一级动火许可证。

（14）二级动火许可证。

（15）三级动火许可证。

（16）消防安全日查记录。

（17）文明施工保证体系。

（18）施工现场安全标志平面布置图及楼层安全标志平面布置图。

（19）施工现场平面布置。

2.5　安　全　文　化

文化是人类在社会历史活动中创造的物质财富和精神财富的总和。企业安全文化是企业文化的有机组成都分，它既是一种特定的文化，同时又是一种安全管理理论，是现代安全管理理论与文化理论相结合的产物。

2.5.1　企业安全文化

2.5.1.1　企业安全文化是由企业文化引申而来的一个概念

企业文化目前尚无统一的定义。根据国内外学者对企业文化的描述，可以认为：企业安全文化是企业在长期的生产经营活动中逐渐形成的，以物质为载体所体现出来的人本观念和社会责任意识的总和。

（1）企业安全文化的核心是企业员工共同拥有的人本观念和社会责任意识，即是否具有以人为本，尊重自己和他人的安全和健康的理念；是否具有社会责任心，努力维护社会物质文明和精神文明建设成果。

（2）企业安全文化是企业生产经营活动中，安全生产管理历史的积淀，具有相对稳定性。企业安全文化建设是一个长期的、艰苦的过程，体现了精神文化建设的特点。

（3）企业安全文化应以物质为载体体现出来，还要有行为和行为的结果。

2.5.1.2　企业安全文化的层次及内容

企业安全文化可以划分为四个层次，如图 2 - 5 - 1 所示。

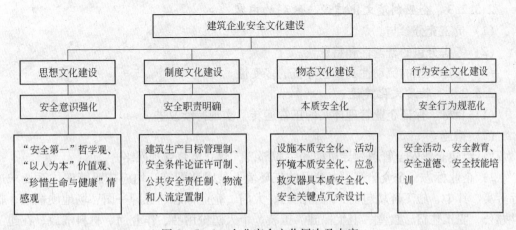

图 2 - 5 - 1　企业安全文化层次及内容

2.5.2　建筑企业安全文化建设的内容

2.5.2.1　思想意识建设

（1）目标。使全体员工共同具有以人为本的思想和强烈的社会责任感，努力维护社会物质文明和精神文明建设成果。

（2）措施。

1）择优选择员工，形成良好的用人环境，并对员工进行道德品质、法律法规、文化知识、作业技能、事故案例等教育。

2）领导率先垂范，并在各层次树立标兵，弘扬优秀的企业安全文化。

3）在发展的基础上，努力解决员工在实际工作和生活中存在的问题，满足不同层次的需求。

4）发动员工积极参与企业安全文化建设，建设属于"自己的"企业安全文化。

5）通过教育等，在员工中树立"企业即家"、"社会即家"的观点，正确认识安全与企业发展、社会安定祥和和进步之间的关系，增强主人翁意识。

6）开展社会和群众监督，进行公正严格的考核，批判任何不适行为。

2.5.2.2　制度文化建设

（1）目标。建立科学、系统、适合本企业的文件化的企业安全管理体系和企业形象策划系统，规范企业安全文化。

（2）措施。

1）贯彻执行《中华人民共和国安全生产法》、《建筑法》等安全生产法律法规，根据《职业健康安全管理体系》（OHSMS）、《环境管理体系》（GB/T 24000）及《质量管理体系》（GB/T19000）等标准，建立文件化的管理体系。

2）进行企业策划，引进企业识别系统（CIS），建立有显著个性和适合企业发展的企业文化和企业安全文化支持系统。

3）贯彻执行《建筑施工安全检查标准》（JCJ59—2011）、《建筑施工扣件式钢管脚手架安全技术规范》（JGJ130—2011）等建筑施工安全标准规范，建立企业安全文化的技术支持系统。

2.5.2.3　企业制度文化建设应做到的内容

（1）员工充分参与。

（2）考虑分包的普遍性和特殊性。

（3）考虑员工的流动性和作业环境的多变性。

2.5.2.4　物质文化建设

（1）目标。保证企业管理体系的正常运转，实现持续改进。

（2）措施。

1）组建企业安全管理领导机构和主职部门，建立监督管理网络。

2）企业标志、企业建筑、办公及施工环境、技术装配等，均应按照管理体系要求进行落实。其中，施工环境包括：现场围挡、大门、企业标志、五牌一图、场地硬覆盖、临时办公、职工住宿、食堂、卫生保健、工装、个人防护用品、作业面、材料堆放、在建工程的立面效果、安全防护措施、施工许可、社区融洽等。

3）按照标准、规范、规程及安全技术交底施工，落实各项安全技术措施。

4）加强检查、定期评审，及时纠正不符合项，实现持续改进。

2.5.2.5　行为文化建设

人的行为除了受法律法规和规章制度的约束外，还应受到道德规范和本身的安全技能的约束。在日常生产中逐步树立"我要自己安全，更要别人安全"的观念，通过宣传教育使从业人员认识到什么行为是好的——有利于保护别人和自己的人身和财物的安全；什么行为是坏的——不利于他人和自己的安全；认识到什么是善的——凡事为他人着想、危急中应伸出援助之手；什么是恶的——损人利己、故意伤害。另外通过安全技能培训，使建筑企业从业人员熟练掌握应知应会的安全技能。

2.5.3　建筑企业安全文化建设步骤

2.5.3.1　决策和策划

建筑企业应积极并有目的地加强企业安全文化建设。企业安全文化建设是一项系统工程，以 OHSMS（EMS、QMS）及企业形象策划（CIS）为载体，融入企业安全文化的精髓，建立有自身个性的优秀的企业安全文化是一条行之有效的途径。

2.5.3.2　学习培训

（1）对核心队伍成员进行培训，包括法律法规、标准规范、体系知识、施工项目管理及企业文化知识等，为建立文件化体系准备人才基础。

（2）对员工进行法律法规、标准规范、安全管理知识、体系一般知识、市场形势等的教育。体系文件编制完成后，可以以组织学习的形式动员员工参与修订工作，使上下各层次形成互动。

2.5.3.3 收集整理资料

（1）对现有企业安全文化进行调查和分析研究，重点是企业文化和物质文化方面的"有形"内容。

（2）收集现行有关法律法规、标准规范等。

（3）收集成功企业有关资料。

2.5.3.4 确定企业精神

确定本企业的企业精神及安全生产方针目标。

2.5.3.5 建立健全安全生产管理体系

根据标准并结合企业形象策划工程，建立文件化的安全生产管理体系，或建立健全经整合的企业管理体系，以制度捍卫文化、以形象衬托文化，陶冶情操。

2.5.3.6 加强宣传教育

在强制要求贯彻执行各项管理制度的基础上，使企业员工的思想意识迈步并最终统一到企业精神和方针目标上来，形成"我要安全"、"我要健康"的良好氛围。

2.5.3.7 定期评审

建筑企业安全文化建设要定期进行管理评审，并实现持续改进。

建筑企业安全文化建设应重点注意的几个问题：

（1）最高决策层统一思想，并首先具有强烈的安全意识和建设优秀的企业安全文化的迫切愿望。

（2）建设过程中，首先注重外显企业安全文化建设，特别是应首先加强施工现场安全文明施工管理，提高标准化水平，以外显文化带动内隐文化建设。

（3）坚持一贯性原则，即工程项目无论大小、所处地域、经费情况、发承包形式、管理及作业人员组成以及无论处在什么施工阶段、施工工序等，都要坚持同一个标准，从严要求，真正使"安全"成为一种理念和追求。

（4）在充分评价的基础上，应尽量保持分包协作队伍的相对稳定，以利于形成统一的企业安全文化。

（5）转变经营观念，加强市场开拓，激励员工的工作热情，尽量满足员工不同层次的需求。

（6）企业安全文化建设没有终点，要始终使企业安全文化适应时代发展的要求，符合先进文化的发展方向。

复习思考题

2-1 土木工程安全管理要素有哪些？

2-2 简述人员安全管理的要点。

2－3　简述土木工程人员作业安全控制方法。

2－4　简述特种作业人员的类型。

2－5　简述土木工程施工现场环境安全管理控制要点。

2－6　施工现场主要施工机械有哪些？安全管理要点是什么？

2－7　简述施工方案的制定及实施对现场安全管理的意义。

2－8　简述建筑施工企业安全文化建设的内容及步骤。

3 地下工程施工安全管理

经济的快速增长和城市化进程的加快为地铁、地下通道、地下管线等各种地下工程的发展带来了空前的机遇和挑战。地下空间的开发利用主要是依托地下工程建设进行的，但是由于地下工程项目的特点和内在的不确定性、施工过程中安全管理的不善，以及对各种安全风险认识的不足等原因而引发的各种重大安全事故层出不穷，而这些事故的产生必然导致重大的经济损失和社会影响。2003年7月，上海地铁4号线浦西联络通道发生特大涌水事故，造成周围地区地面沉降严重，周围建筑物倾斜、倒塌，事故造成直接经济损失约1.5亿元人民币；2004年4月的新加坡地铁车站基坑塌方事故，造成4人死亡，紧邻大道下陷以及周围一些城市生命管线严重损毁；2006年1月，北京东三环路京广桥东南角辅路污水管线发生漏水断裂事故，污水灌入地铁10号线正在施工的隧道区间，导致京广桥附近部分主辅路坍塌，造成了重大经济损失和恶劣的社会影响……，从这些事故中，我们可以清晰地认识到地下工程建设所面临的巨大风险。

地下工程施工安全事故频发，原因十分复杂，如工程地质及水文地质条件异常复杂、工程结构自身复杂、设计理论不完善、工程建设周边环境复杂、工程建设决策及管理难度大、施工设备及操作技术水平参差不齐等，若要有效地减少事故的发生，可采取有关控制对策，建立地下工程建设的安全风险管理系统，制定科学合理的安全控制标准，采用信息化施工及动态控制等措施。通过风险管理，可以了解事故发生的因由、事故发生的可能性，还可以在事故发生前把握事故发生可能造成的损失，以及采取各种措施以减少事故发生的可能性和事故发生后的损失程度。

3.1 基础工程施工安全管理

3.1.1 基础工程施工概述

基础基本形式：建（构）筑物的基础将建（构）筑物上部结构荷载传给地基，是建（构）筑物的重要组成部分。基础分类方法很多，按基础埋置深度可分为：浅埋基础（条形基础、柱基础、筏形基础、壳形基础）、深埋基础（桩基础、沉井基础、地下连续墙基础等）和明置基础；按基础变形特性可分为柔性基础和刚性基础；按基础形式可分为独立基础、联合基础、条形基础、筏形基础、箱形基础、桩基础、管柱基础、地下连续墙基础、沉井基础和沉箱基础等。

基础工程的主要施工内容：基坑降排水施工、土方工程施工、桩基础工程施工、地下连续墙施工、结构施工（钢筋及模板）、大体积混凝土浇筑施工、地下防水工程施工等方面。

3.1.1.1　基坑降排水施工

修建建筑物时，为建筑基础而开挖的临时性坑井称为基坑。在基坑开挖过程中，当基坑底面低于地下水位时，由于土壤的含水层被切断，地下水将不断渗入基坑，这时若不采取有效措施排水，降低地下水位，不仅会使施工条件恶化，而且基坑经水浸泡后会导致地基承载力的下降和边坡塌方。因此，为了保证工程质量和施工安全，在基坑开挖前或开挖过程中，必须采取措施降低地下水位，使基坑在开挖中坑底始终保持干燥。对于地面水（雨水、生活污水），一般采取在基坑四周或流水的上游设排水沟、截水沟或挡水土堤等办法解决；对于地下水则常采用人工降低地下水位的方法，使地下水位降至所需开挖的深度以下。无论采用何种方法，降水工作都应持续到基础工程施工完毕并回填土后才可停止。

A　基坑降水

在土方开挖过程中地下水渗入坑内，不但会使施工条件恶化，而更严重的是会造成边坡塌方和地基承载能力下降，因此，在基坑土方开挖前和开挖过程中，必须采取措施降低地下水位。降低地下水位的方法主要有集水井降水法和井点降水法。

（1）集水井降水法。集水井应设置在基础范围以外，地下水走向的上游。集水井数量根据地下水量大小、基坑平面形状及水泵能力，集水井每隔 20~40m 设置一个。集水坑的直径或宽度，一般为 0.6~0.8m；其深度随着挖土的加深而加深，且其深度要低于挖土面 0.7~1.0m。井壁可用竹、木或钢筋笼等简易加固。当基坑挖至设计标高后，井底应低于坑底 1~2m，铺设碎石滤水层，以免在抽水时将泥砂抽出，并防止井底的土被搅动。

在建筑工地上，排水用的水泵主要有离心泵、潜水泵和软轴水泵等；根据流量和扬程等参数选用水泵。

（2）井点降水法。井点降水法就是在基坑开挖前，预先在基坑四周设一定数量的滤水管（井），利用抽水设备从中抽水，使地下水位降落到坑底以下；在基坑开挖过程中仍不断抽水，可防止流沙发生，避免地基隆起，改善工作条件；土内含水量降低后，边坡可以陡一些以减少挖土量；还可以加速地基土的固结，保证地基土的承载力和稳定。

井点降水法有轻型井点、喷射井点、管井井点、深井井点及电渗井点等，适用范围见表 3-1-1。可根据土的渗透系数、降低水位的深度、工程特点及设备条件等选用。

表 3-1-1　各种井点的适用范围

井点类型	渗透系数/m·d⁻¹	降水水位深度/m
单层轻型井点	0.1~50	3~6
多层轻型井点	0.1~50	6~12
喷射井点	0.1~20	8~20
电渗井点	<0.1	根据选用的井点确定
管井井点	20~200	根据选用的井点确定
深井井点	10~250	>15

B　基坑排水

（1）明沟坑（槽）开挖时，为排除渗入坑（槽）的地下水和流入坑（槽）内的地面水，一般可采用明沟排水。明沟排水适用于少量地下水的排除，以及槽内的地表水和雨水的排除；对软土或土层中含有细砂、粉砂或淤泥层，不宜采用这种方法。明沟排水是将流入坑（槽）内的水，经排水沟将水汇集到集水井，然后用水泵抽走的排水方法，如图3-1-1所示。

当坑（槽）开挖到接近地下水位时，先在坑（槽）中央开挖排水沟，使地下水不断地流入排水沟，再开挖排水沟两侧土；如此一层层挖下去，直至挖到接近槽底设计高程时，将排水沟移至沟槽一侧或两侧，如图3-1-2所示。

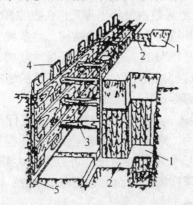

图 3-1-1　明沟排水系统
1—排水井；2—进水口；3—横撑；
4—竖撑板；5—排水沟

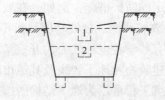

图 3-1-2　排水沟开挖示意

排水沟的断面尺寸，应根据地下水量及沟槽的大小来决定，一般排水沟的底宽不小于0.3m，排水沟深应大于0.3m，排水沟的纵向坡度不应小于1%~5%，且坡向集水井。若在稳定性较差的土壤中，可在排水沟内埋设多孔排水管，并在周围铺卵石或碎石加固，也可在排水沟内设支撑。

（2）集水井。集水井排水法是使地下水自然地流入到设置在比开挖面低的集水井内，而后利用抽水机抽出排至外面，如图3-1-3所示。集水井一般设在管线一侧或设在低洼处，以减少集水井土方开挖量；为便于集水井集水，应设在地下水来水方向上游的坑（槽）一侧，同时在基础范围以外。通常集水井距坑（槽）底应有1~2m的距离；集水井直径或宽度，一般为0.7~0.8m，集水井底与排水沟底应有一定的高差，一般开挖过程中集水井底始终低于排水

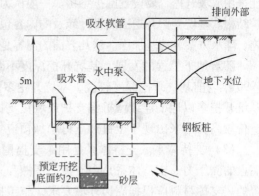

图 3-1-3　集水井排水示意

沟底0.7~1.0m，当坑（槽）挖至设计标高后，集水井底应低于排水沟底1~2m。集水井间距应根据土质、地下水量及水泵的抽水能力确定，一般间隔50~150m设置一个集水井；一般都在开挖坑（槽）之前就已挖好。集水井井底还需铺垫约0.3m厚的卵石或碎石组成反滤层，以免从井底涌入大量泥砂造成集水井周围地面塌陷。

为保证集水井附近的槽底稳定，集水井与槽底有一定距离，在坑（槽）与集水井间

设置进水口，进水口的宽度一般为 1~1.2m；为了保证进水口的坚固，应采用木板、竹板支撑。

排水沟、进水口需要经常疏通，集水井需要经常清除井底的积泥，保持必要的存水深度以保证水泵的正常工作。

3.1.1.2　土方工程施工

建筑施工中，常见的土方工程有：场地平整、基坑开挖及基坑回填等。土方工程施工中的安全是一个很突出的问题，因土方坍塌造成的死亡人数占每年工程死亡人数的 50% 左右。

这里主要针对基坑的施工做以下说明：根据基坑是否设置围护结构，将基坑分为放坡开挖基坑和有围护结构基坑两类；这种分类并不是绝对的，有些放坡开挖的基坑，由于受场地条件和其他因素的限制，不能完全放坡，在这种情况下，为了确保基坑的稳定，对坡面采取一定的防护措施，例如，在坡面上设置土钉等。

（1）放坡开挖。放坡基坑是指不采用支撑形式，而采用放坡施工方法进行开挖的基坑工程，有些学者也称之为大开挖基坑。一般认为，对于基坑开挖深度较浅，施工场地空旷，周围建筑物和地下管线及其他市政设施距离基坑较远的情况，可以采用大开挖方式。大开挖基坑工程可以为地下结构的施工创造最大限度的工作面，方便施工布置；因此在场地允许的条件下，应优先选择大开挖法进行基坑施工。

对于大面积的土方开挖，采用大型机械如单斗挖土机、铲运机。机械挖土对土的扰动较大，且不能准确地将基底挖平，容易出现超挖现象，要求施工中机械挖土只能挖至基底以上 20~30cm 位置，其余 20~30cm 的土方采用人工或其他方法挖除。

当基坑开挖深度较大时，如果考虑采用放坡开挖，一般在坡面上要设置土锚或土钉等临时挡土结构，放坡开挖目前常用的方法有人工开挖、小型机械开挖和大型机械开挖。采用放坡进行基坑开挖，必须保证基坑开挖与主体结构施工过程中的基坑安全与稳定。

（2）支护开挖。当基坑开挖深度比较大，基坑周边有重要构筑物或地下管线时，就不能采用放坡开挖，要设置围护结构。一般认为基坑开挖深度超过 7m 时，就需要考虑设置围护结构。基坑支护开挖法的设计涉及的内容包括：围护结构、支撑系统、挖土方案、换撑措施、降水方案、地基加固。这几方面的内容是相互关联的，在基坑施工时必须综合考虑。

随着地下工程的发展，基坑开挖深度不断增加，对基坑支护技术的要求也越来越高。1990 年以前基坑开挖深度较浅，基坑开挖多以放坡开挖或悬臂式支护为主；1990 年以后，基坑开挖多以地下连续墙桩锚支护或墙锚支护为主，这种支护技术虽然安全可靠，但工程造价较高，后来出现了土钉和土钉墙加预应力锚索综合技术。

（3）支持体系。支持体系是用来支挡围护墙体，承受墙背侧土层及地面超载在围护墙上的侧压力。支持体系是由支撑、围檩和立柱根据基坑具体规模、变形要求的不同而设置的。支撑材料应根据周边环境要求，施工技术条件和施工设备的情况来决定。

支撑体系按材料分为：钢支撑、钢筋混凝土支撑、钢与钢筋混凝土混合支撑、拉锚。

基坑支护是指在基础施工过程中，因受场地的限制不能放坡而对基坑土壁采取的护壁桩、地下连续墙、土层锚杆、大型工字钢支撑等边坡支护方法，及在土方开挖和降水方面采取的措施。支护必须保障基础工程的顺利进行，还应做到周围的建筑、道路、管线等不受土方工程施工的影响。

（4）支护类型。支护类型包括浅基坑（槽）支撑和深基坑（槽）支撑。

1）浅基坑（槽）支撑。一般我们把深度在 5m 以内的基坑（槽），称为浅基坑（槽）。采用的支撑形式见表 3-1-2。

表 3-1-2　浅基坑（槽）支撑形式

名称	支撑简图	支撑方法	适用范围	名称	支撑简图	支撑方法	适用范围
间断式水平支撑		两侧挡土板水平，用撑木加木楔顶紧，挖一层支顶一层	干土、天然湿度的黏土类，深度 2m 以内	锚拉支撑		挡土板水平顶在柱桩内侧，柱桩下端打入土中上端用拉杆与远处锚桩拉紧，挡土板内侧回填土	较大基坑、使用较大机械挖土，而不能安装横撑时
断续式水平支撑		挡土板水平，中间有间隔，两侧同时对称立竖方木，用工具式槽撑上下顶紧	湿度较小的黏性土，深度小于 3m	斜柱支撑		挡土板水平钉在柱桩内侧，柱桩外侧用斜撑支牢，斜撑底端顶在撑桩上，挡土板内侧回填土	较大基坑、使用较大机械挖土，而不能用锚拉支撑时
连续式水平支撑		挡土板水平、靠紧，两侧对称立竖方木，上下各顶一根撑木，端头用木楔顶紧	较湿或散体的土，深度小于 5m	短柱横隔支撑		短木桩一半打入土中，地上部分内侧钉水平挡土板，挡土板内侧回填土	较大宽度基坑，当部分地段下部放坡不足时
连续式垂直支撑		挡土板垂直，每侧上下各水平放置一根木方，顶木撑，木楔顶紧	松散的或湿度很高的土，深度不限	临时挡土墙支撑		坡脚用砖、石叠砌，草袋装土叠砌	较大宽度基坑，当部分地段下部放坡不足时

注：1—水平挡土板；2—垂直挡土板；3—竖方木；4—水平方木；5—撑木；6—工具式槽撑；7—木楔；8—柱桩；9—锚桩；10—拉杆；11—斜撑；12—撑桩；13—回填；14—挡土墙。

2）深基坑（槽）支撑。一般我们把深度在 5m 以上或地质情况较复杂其深度不足 5m 的基坑（槽），称为深基坑（槽）。采用的支撑形式见表 3-1-3。

46

表 3-1-3 深基坑（槽）支撑形式

名称	支撑简图	支撑方法	适用范围	名称	支撑简图	支撑方法	适用范围
钢构架支护		基坑外围打板桩，在柱位打入临时钢柱，坑内挖土每3~4m，装一层构架式横撑，在构架网格中挖土	软弱土层中挖较大、较深基坑，而不能用一般支护方法时	挡土护坡桩与锚杆结合支撑		基坑外围现场灌注桩，桩内侧挖土，装横撑，沿横撑每隔一定距离装钢筋锚杆，挖一层装一排锚杆	大型较深基坑，周围有高层建筑不允许支护较大变形时
地下连续墙支护		基槽外围建连续墙，墙内挖土。墙刚度满足要求时可不设内支撑；逆作法时每下挖一层，浇筑下层梁板柱作墙的水平框架支撑	较大较深，周围有建筑物、公路，墙作为复合结构一部分，高层建筑逆作法作为地下室结构外墙	板桩中央横顶支撑		基坑周围打板桩或护坡桩，桩内侧放坡挖土到坑底，施工中央部分建筑框架至地面，以此为支承向桩水平横顶梁，挖土坡一层支一层横顶梁	较大较深基坑，板桩刚度不足又不允许设过多支撑时
地下连续墙锚杆支护		基槽外围建地下连续墙，墙内挖土至锚杆处，墙钻孔装锚杆。挖一层装一层锚杆	较大较深（超过10m），周围有高层建筑不允许支护较大变形，机械挖土不允许坑内设支撑时	板桩中央斜顶支撑		基坑周围打板桩或护坡桩，桩内侧放坡挖土到坑底，施工中央部分建筑基础，从基础向板桩上方支斜顶梁，挖土坡一层支一层斜顶梁	较大较深基坑，板桩刚度不足又不允许设过多支撑时
挡土护坡桩支撑		基坑外围现场灌注桩，桩内侧挖土至1m装横撑、其上拉锚杆，锚杆固定在坑外锚桩上拉紧。不能设锚杆则加密桩距或加大桩径	较大较深（超过6m），邻近建筑不允许支护较大变形时				

注：1—钢板桩；2—钢横撑；3—钢撑；4—地下连续墙；5—地下室梁板；6—土层锚杆；7—灌注桩；8—斜撑；9—连系板；10—建筑基础或设备基础；11—后挖土坡；12—后施工结构；13—锚桩。

3.1.1.3 桩基础工程施工

由于桩基基本上不用开挖土方，且能将上部建筑物的重量可靠地传给持力层，并具有加快施工进度、缩短工期和易于施工等特点，因而在全国各地得到广泛的运用；但由于个别地区对其施工特点和要求不够重视，施工中又不认真操作，致使降低了桩的承载能力，由此引发的房屋倒塌事故在全国各地已出现了好几例，造成了重大的伤亡事故，故应对桩基施工给予足够的重视。按施工方法分，桩基的分类如下：

（1）预制桩。桩在工厂预制，然后运入现场使用。施工中按贯入的方法分为锤击桩、钻孔沉桩、振动沉桩、静力压桩和水冲沉桩等。

拿钢筋混凝土预制桩施工来举例，制作程序：现场制作场地压实整平→场地地坪作三七灰土或浇筑混凝土→支模→绑扎钢筋骨架、安设吊环→浇筑混凝土→养护至30%强度拆模→支间隔端头模板、刷隔离剂、绑钢筋→浇筑隔离柱混凝土→同法间隔重叠制作第二层桩→养护至70%强度起吊→达到100%强度后运输堆放。

锤击沉桩（打入桩）施工：是利用桩锤下落产生的冲击能量将桩沉入土中，它是混凝土预制桩最常见的沉桩方法。

静压力桩：是在软土地基上，利用静力压桩机或液压压桩机用无振动的静压力（自重和配重）将预制桩压入土中的一种新工艺。

（2）灌注桩。施工现场按设计规定位置成孔后，放入钢筋骨架灌注混凝土，也可成孔后不放钢筋骨架而直接浇灌混凝土。一般按其成孔的方法分为钻孔灌注桩、打拔管灌注桩和爆扩孔灌注大口径桩等。

拿混凝土灌注桩施工举例：是直接在施工现场的桩位上成孔，然后在孔内安放钢筋笼，浇筑混凝土成桩。混凝土灌注桩按成孔方法分为泥浆护壁成孔灌注桩、沉管灌注桩、灌注桩后压浆法和干作业钻孔灌注桩等。

3.1.1.4 地下连续墙施工

地下连续墙按其填筑的材料，分为土质墙、混凝土墙、钢筋混凝土墙（又有现浇和预制之分）和组合墙（预制钢筋混凝土墙板和现浇混凝土的组合，或预制钢筋混凝土墙板和混凝土水泥膨润土泥浆的组合）；按其用途分为临时挡土墙、防渗墙、用作主体结构兼作临时挡土墙的地下连续墙、用作多边形基础兼作墙体的地下连续墙；按成墙方式分为：桩排式、壁板式和柱壁组合式。

目前，我国建筑工程行业中应用最多的还是现浇式钢筋混凝土壁板式连续墙，壁板式地下墙既可作为临时性的挡土结构，也可兼作地下工程永久性结构的一部分；桩排式地下连续墙，实际上就是把钻孔灌注桩并排连接所形成的地下墙，在城市的深基坑围护结构中用得相当广泛。地下连续墙采用逐段施工的方法，且周而复始地进行，每段施工过程如图3-1-4所示。

地下连续墙的施工过程较为复杂，施工工序颇多，但其中修筑导墙、泥浆的制备和处理、钢筋笼的制作和吊装以及水下混凝土浇筑是主要的工序。

3.1.1.5 地下工程结构施工

地下工程结构施工包含了钢筋工程、模板工程、混凝土工程等内容，施工方法同常规钢筋混凝土工程。

3.1.1.6 大体积混凝土浇筑施工

大体积混凝土一般有三种浇筑方案：

（1）全面分层。在整个基础内全面分层浇筑混凝土，要做到第一层全面浇筑完毕浇筑第二层时，第一层浇筑的混凝土还未初凝，如此逐层进行，直至浇筑好。这种方案适用于结构的平面尺寸不太大，施工时从短边开始，沿长边进行较适宜。

（2）分段分层。适用于厚度不太大而面积或长度较大的结构。混凝土从底层开始浇筑，进行一定距离后浇筑第二层，如此依次向前浇筑以上各分层。

（3）斜面分层。适用于结构的长度超过厚度的 3 倍，振捣工作应从浇筑层的下端开始，逐渐上移，以保证混凝土施工质量。

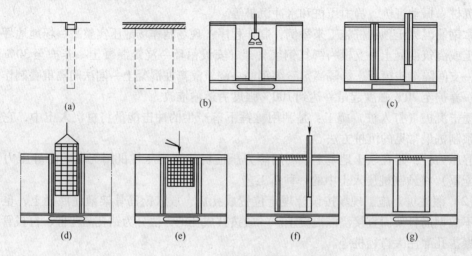

图 3 - 1 - 4　地下连续墙施工程序图

（a）准备开挖的地下连续墙沟槽；（b）用专用机械进行沟槽开挖；（c）吊放接头管；
（d）吊放钢筋笼；（e）水下混凝土浇筑；（f）拔出接头管；（g）已完工的槽段

3.1.1.7　地下防水工程施工

施工过程的注意事项：

（1）施工材料和辅助材料多属易燃品，存放材料的仓库及施工现场必须符合国家有关防火规定；使用二甲苯等溶剂应有相应的防毒措施。

（2）地下防水工程部位作业时，操作人员必须戴安全帽。

（3）高聚物改性沥青防水卷材热熔法施工环境温度不低于 - 10℃；合成高分子防水卷材现场施工不低于 - 5℃；合成高分子防水涂料一般不宜冬期施工，如急需施工时，环境温度应大于 0℃。雨天、雪天、五级风以上均不得施工。

（4）注意成品保护。防水施工要与有关工序作业配合协调，防水专业队与有关施工操作人员共同保护防水层不遭破坏。不穿带钉的鞋上防水层。

（5）劳动组可根据施工作业面变化进行调整，一般每组为 5 ~ 8 人。

3.1.2　某建筑企业土方工程与基础工程的作业活动

前面说到地基基础具有很多的基本形式和类型，根据其形式和类型的不同进而选择不同的施工方案及方法，每一种基础的施工内容不尽相同，在这里我们通过对某建筑企业土方工程与基础工程的作业活动划分（表 3 - 1 - 4）来认识和了解基础工程的主要工作内容，为辨识在施工过程中可能产生的危险源做支持。

表 3 – 1 – 4 某建筑企业土方工程与基础工程的作业活动划分

作业阶段	作业类别	作业活动	作业内容
施工准备	施工准备	清理施工现场、"四通一平"	机械清除地下、地上障碍物，平整场地，水、电、路、通信畅通，垃圾草皮收集处理
		施工平面布置	现场合理布置，地面硬化处理，设置消防器具
		临建搭设	搭建临时工棚、办公室、宿舍、食堂、仓库，敷设供水、排水管道，架施工用电线路
土方工程	土方工程	成孔作业	开挖集水井点，安装排水装置，降水井成孔
		排水设施设置运行	（略）
		土方挖运	人工挖土，挖掘机配自卸汽车挖运土方修整基坑坑壁、边坡，基底处理
		基坑支护	支设挡土板（墙），打锚杆喷射混凝土支护监测基坑支护变形情况
		上下通道设置	搭设基础施工的物料运输通道
		土方回填	人工夯填； 机械运输回填土料，人工摊铺，整平； 机械分层碾压，人工夯实机夯实边角处填土
地基与基础工程	地基与基础工程	灰土挤密桩施工	施工准备：平整场地，布设桩点，打桩机就位，调试，检查，试机； 挤密桩作业：桩机成孔，检查成孔质量，机械拌和回填土料，桩机夯实回填土料，桩机移位； 机械检修转移：桩机、桩锤、钢丝绳、销子检查和维修，桩机拆卸，装车运输
		机械成孔混凝灌注桩施工	施工准备：平整场地，布设桩点，钻机调试，钢筋制作加工，泥浆制备，拌和机调试； 混凝土灌注桩作业：钻机成孔，清理钻孔，检查孔底沉碴，孔内放置钢筋笼，导管及隔水塞，混凝土拌和，运输，灌注，拔出导管，清理混凝土桩顶面，插入预埋钢筋； 机械检修转移：（略）
		人工挖孔混凝土灌注桩施工	施工准备：平整场地，布设桩点，构件运输，安装调试物料提升架及卷扬机，调试拌和机，钢筋加工； 混凝土灌注桩作业：人工挖井桩土方，人工装土，卷扬机提升井桩土方，清理井孔，放置钢筋笼，溜管，混凝土拌和，运输，灌注，清理混凝土井桩顶面，插入预埋钢筋； 机械检修转移：（略）
		混凝土预制桩施工	施工准备：平整场地，布设桩点，构件运输，桩机就位调试； 预制桩作业：预制桩现场就位，检查吊具，锚具，桩机起吊预制桩，校正桩位，施打预制桩，接桩二次施打预制桩，桩机逐点施打预制桩，桩机移位，检查成桩质量； 机械检修转移：（略）

作业阶段	作业类别	作业活动	作 业 内 容
地基与基础工程	地基与基础工程	混凝土构件运输	混凝土预制桩起吊，装、卸车，码放
		承台施工	（略）
		防水、防腐作业	刚性防水，柔性防水，防腐作业
		基础砌筑	（略）
	基础钢筋工程	钢筋制作加工	材料运输，钢筋制作
		钢筋绑扎	材料运输，钢筋焊接，钢筋绑扎安装
	基础模板工程	模板安装	模板制作，模板堆放，模板运输，模板安装
		模板拆除	模板拆除，模板清理，模板堆放
	基础混凝土工程	混凝土搅拌	原料准备，混凝土搅拌
		混凝土运输	手推车运输，机械运输
		混凝土浇筑	混凝土浇筑，混凝土养护

3.1.3　基础工程施工风险源及安全策划重点

3.1.3.1　基础工程施工安全风险源

基础工程施工过程的施工内容，决定了其施工过程中可能发生的危险因素，主要的危险因素发生在土方开挖、降排水及大型机械施工的过程中，本节基于某建筑企业土石方工程、地基与基础工程的危险、有害因素辨识结果来分析和认识施工过程中的风险源，见表3 - 1 - 5。

表 3 - 1 - 5　某建筑企业土石方工程、地基与基础工程作业活动危险、有害因素辨识结果

作业活动	危　　害	可能的事故
四通一平	对地下原有电缆的埋设位置不了解（图纸资料不详、不准确）	施工时电缆破损，漏电、触电
	在旧建筑物原址上施工，不了解有无废旧管沟	管道断裂、气体泄漏，中毒，火灾，爆炸
	废旧管沟内水管锈蚀，接头漏水	坍塌
	拆除障碍物时使用工具用力过猛	碰伤，撞伤，砸伤
	使用的电动工具电线老化破损	漏电，触电
	平整场地使用的打夯机绝缘不良	漏电，触电
基坑降水	基坑内没有设置明沟和集水井	土抗剪强度降低，坍塌
	使用井点降水时，水泵密封不好	土粒流失而沉降开裂，电线短路，财产损失
	使用泵时，电线老化、破皮，不使用漏电保护器或漏电保护器失效	触电
	井点、井口工作完毕不及时进行覆盖	摔伤
成孔作业	机械成孔时，未设警戒区	机械伤害
	机械成孔时，非操作人员进入作业区	机械伤害

作业活动	危　　害		可能的事故
成孔作业	非专业人员误操作机械		机械伤害
	人工成孔时，地下水太大或有流沙		坍塌
	机械成孔时，操作人员与其他人员配合不密切		机械伤害
机械土方开挖	边坡放坡小，没有按容许值进行		土的侧压力加大、坍塌
	开挖程序不对，没有从上自下分层分段、分块开挖		坍塌
	机械作业开始时，没有发出启动信号		机械伤害
	铲斗工作半径范围内有人工作或穿行		机械伤害
	超标高挖土，使土的黏结力受到破坏		局部土方坍塌
	施工机械进场没有进行验收，机械带"病"工作		设备损失
	非司机驾驶机械，误操作		设备损失
	土方运输时不遵守交通规则（超速、超载）		道路交通事故
	机械作业距坑边距离太近		翻车
	土方运输时，土质堆放过高或超载		物体打击，车辆损失
	装土方时距离坑边太近		坍塌
	弃土时，车辆距坑边太近		高处坠落
基坑支护	超过基坑深度（3m 以上），不及时设置护壁支撑		坍塌
	不连续设置支撑		局部土方崩塌
	支护用支撑材料强度不够		坍塌
	拆除支撑时，没有由下而上逐步拆除		坍塌
	更换支架、支撑时，没有按先装后拆的程序进行		坍塌
	雨后、解冻时期，没有及时观察边坡或坡顶处有无裂缝、疏松现象		坍塌
	毗邻建筑物和重要管线、道路没有进行沉降观测和位移观测		财产损失，坍塌
	对基坑支护不及时进行变形监测		坍塌
	基坑周边没有设置防护栏杆		高处坠落
	防护栏杆材料强度不够，不能经受1000N 的外力		高处坠落
	搭设防护栏杆的高度小于1.2m		高处坠落
	基坑内作业人员的作业面没有安全立足点		摔伤
	垂直作业面上、下无隔离防护措施		物体打击
	基坑周边无排雨水沟		坍塌
	土质疏松或挖深超过5m 的基坑（槽）未按设计支撑		坍塌
灰土挤密桩施工	准备	竖立桩架前，各连接件连接不牢固	机械伤害
		桩架起立过程中，下部有行人或停留人员	机械伤害
		起架时行走和回转未制动	机械伤害
	机械成孔	机械未停机进行检修	机械伤害
		外露传动部分防护罩不全	机械伤害
		遇六级以上风时，桩机未顺风向停置	机械伤害

作业活动	危 害		可能的事故
灰土 挤密桩施工	施工	机组人员需登高检查或维修时，无专用工具袋，随意向下抛物	物体打击
		安装桩锤时，未在立柱正前方2m以内作业	机械伤害
		安装桩锤时斜吊作业	机械伤害
		使用桩机时，吊桩、吊锤、回转、行走同时进行作业	设备损失
		打桩机吊有桩和锤的情况下，操作人员离岗	设备损失
		灰土夯填时，临时操作平台不稳固或固定不牢固	设备损失
		灰土夯填时，起吊铅锤用的钢丝绳不符合使用要求，固定铅锤的卡环少于3个	设备损失
		灰土夯填机械无漏电保护器或漏电保护器失效	触电
		灰土夯填机械闸刀使用刀型开关未使用倒顺开关	触电
		桩孔成型后，未进行防护（孔径≥400mm的情况）	高处坠落
人工挖孔 混凝土 灌注桩施工	雨期未设防雨棚和排水沟		坍塌
	弃土点距孔口太近，土块掉入孔内		物体打击
	井口未设置砖砌保护圈		物体打击
	较松土质的孔壁未进行护壁		坍塌
	作业后井口未进行封闭或未设置警示灯		高处坠落
	作业前及过程中未及时对井内通风换气		中毒和窒息
	上下井攀登吊绳或未设安全软梯		高处坠落
	挖孔人员不系安全带		高处坠落
	孔内照明未使用安全电压		触电
混凝土 预制桩施工	机械操作场地不平、不实，地基承载力小于83kPa或该机说明书的规定		财产损失
	起吊桩时立柱中心与桩的水平距离大于4m		设备损失
	起吊桩时偏心吊桩、强行拉桩		设备损失
	在桩机上维修时未挂安全带		高处坠落
	在桩机上维修时，人员无专用工具袋或直接向下抛物		物体打击
	打桩机无超高限位装置		设备损失
	桩组装好后未经试运转		机械伤害
	桩架和锤上的螺栓等未经常紧固		坠落伤人
	打桩时用手拨正桩头垫料		机械伤害
	起吊桩时卡扣、索具固定不牢固		物体打击
	桩提升离地时，下部未使用拖拉绳		碰伤

3.1.3.2 基础工程施工安全策划重点

（1）降排水作业，基础沉降的监测。

（2）土方开挖方案的合理选择。

（3）支护体系的监测。

（4）桩基础施工的机械和人员管理。

（5）雨季施工的安全管理。

（6）脚手架的搭设和管理。

（7）临时用电的安全管理。

在施工过程中有侧重地对上述内容进行有针对的计划和防范，将危险发生的概率降低到最小。

3.1.4 基础工程施工风险控制措施

3.1.4.1 土方工程施工风险控制措施

A 土体开挖施工风险控制总要求

土体开挖施工前，要编制土方工程施工方案，主要包括施工准备、围护结构施工、开挖方法、降（排）水、放坡或边坡支护等。施工前，应通过建设单位组织的工程周边环境资料及其交底，了解地下管线、人防工程及其他构筑物情况和具体位置；作业过程中，应尽量避开管线和构筑物，当地下构筑物外露或者下穿构筑物时，需进行加固保护。在电力、通信电缆和燃气、热力、给水排水等管线的安全保护范围内挖土时，需征得管线单位同意，并在主管单位人员监护下采取人工开挖。基坑开挖时应遵循"分层分段、先撑后挖、严禁超挖、对称限时"的原则，其挖土方法和支撑顺序应符合设计要求。加强对基坑及周边环境的监测，并根据监测信息及时调整开挖方案，实施信息化的动态施工。若开挖槽、坑、沟深度超过 1.5m，须根据土质和深度情况按规定进行放坡或加可靠支撑。开挖前，应验算边坡的稳定性，根据规定和计算确定挖土机和堆土离边坡的安全距离。遇边坡不稳，有坍塌危险征兆时，需立即撤离现场，并及时报告施工负责人，采取安全可靠的方案排险措施后，方可继续挖土。石方爆破时应遵守爆破作业的有关规定。合理安排施工项目，防止挖方超挖或铺填厚度超标。挖土过程中遇有古墓、地下管线或其他不能辨认的异物、液体或气体时，应立即停止作业，并报告施工负责人，待查明处理后，方可继续挖土。夜间施工时，施工现场应根据需要安设照明设施，在危险地段应设置红灯警示。从竖井吊运土石至地面时，钢丝绳索、滑轮、钩子、吊斗等垂直运输设备、工具应完好牢固。起吊、垂直运送时，下方不能站人。配合机械挖土清理槽底作业时，严禁进入铲斗回转半径范围；须待挖掘机停止作业后，方准进入铲斗回转半径范围内清土。

B 挖方一般安全措施

（1）施工人员必须按安全技术交底要求进行挖掘作业。

（2）土方开挖前必须做好降（排）水，防止地表水、施工用水和生活废水侵入施工场地，防止基坑积水影响基坑土体结构或冲刷边坡。

（3）挖土应从上而下逐层挖掘，土方开挖应遵循"开槽支撑，先撑后挖，层层分挖，严禁掏（超）挖"的原则。

（4）开挖坑（槽）沟深度超 1.5m 时，必须根据土质和深度放坡或加可靠支撑。挖土时要注意土壁的稳定性，发现有裂缝渗水或支撑断裂、移位或部分塌方等现象及倾坍可能时，必须采取果断措施，将人员撤离，并立即报告施工负责人及时采取有效措施，排除隐患确保安全，待险情排除后方可继续作业。

（5）人工挖土，前后操作人员间距不应小于 2～3m，禁止面对面进行挖掘作业。用十字镐挖土时，禁止戴手套，以免工具脱手伤人。

（6）每日或雨后必须检查土壁及支撑稳定情况，在确保安全的情况下继续工作，并且不得将土和其他物品堆在支撑上，不得在支撑下行走或站立。

（7）机械挖土，启动前应检查离合器、钢丝绳等，经空车试运转正常后再开始作业。机械操作中进铲不应过深，提升不应过猛。挖土机械不得在施工中碰撞支撑，以免引起支撑破坏或拉损。

（8）机械不得在输电线路下工作，应在输电线路一侧工作，不论在任何情况下，机械的任何部位与架空输电线路的最近距离应符合安全操作规程要求。

（9）机械应停在坚实的地基上，如基础过差，应采取走道板等加固措施；不得将挖掘机履带与挖空的基坑平行距离 2m 内停、驶，运土汽车不宜靠近基坑平行行驶，防止塌方翻车。

（10）地下电缆两侧 1m 范围内应采用人工挖掘。

（11）配合机械挖土、平地修坡等作业时，工人不准在机械回转半径下工作。

（12）向汽车上卸土应在汽车停稳后进行，禁止铲斗从汽车驾驶室上空越过。

（13）场内道路应及时整修，确保车辆安全畅通，各种车辆应有专人负责指挥引导。车辆进出门口的人行道下，如有地下管线（道）必须铺设厚钢板，或浇捣混凝土加固。

（14）基坑开挖前，必须摸清基坑下的管线排列和地质开采资料，以利于考虑开挖过程中的意外应急措施（流砂等特殊情况）。

（15）土方深度超过 2m 时，基坑四周必须设置 1.5m 高的护栏，并挂立安全网；危险处夜间设红色警示灯。要设置一定数量的人员上下临时通道或爬梯。严禁在坑壁上掏坑攀登上下。

（16）清坡清底人员必须根据设计标高做好清底工作，不得超挖。如果超挖不得将松土回填，以免影响地基的质量。

（17）开挖出的土方，要严格按照组织设计堆放，不得堆于基坑外沿，并且高度不得超过 1.5m。坑（槽）沟边 1m 以内不准堆土、堆料，不准停放机械，以免引起地面堆载超荷引起土体位移、板桩位移或支撑破坏。

（18）在电杆附近挖土时，对于不能取消的拉线地垄及杆身，应留出土台。土台半径为：

电杆 1.0～1.5m，拉线 1.5～2.5m，并视土质决定边坡坡度；土台周围应插标杆示警。

（19）在公共场所如道路、城区、广场等处进行开挖土方作业时，应在作业区四周设置围栏和护板，设立警告标志牌，夜间设红灯示警。

（20）挖掘土方作业时，如遇有电缆、管道、地下埋设物或辨识不清的物品，应立即停止作业，设专人看护并立即向施工负责人报告，不得擅自处理。

C　回填土工程的安全措施

（1）装载机作业范围内不得有人平土。

（2）打夯机工作前，应检查电源线是否有缺陷和漏电，机械运转是否正常，机械是否装置电开关保护，按"一机一开关"安装，机械不准带"病"运转，手持电动工具操作人员应穿绝缘鞋，戴绝缘手套，并有专人负责电源线的移动。

（3）基坑（槽）的支撑，应按回填的速度、施工组织设计及要求依次拆除，即填土时应从深到浅分层进行，填好一层拆除一层，不能事先将支撑拆掉。

（4）施工作业时，应正确佩戴安全帽，杜绝违章作业。

3.1.4.2 排降水施工风险控制措施

（1）开挖低于地下水位的基坑（槽）、管沟和其他挖方时，应根据施工区域内的工程地质、水文地质资料，开挖范围和深度以及防坍、防陷、防流砂的要求，分别选用集水坑降水、井点降水或两者结合降水等措施降低地下水位，施工期间应保证地下水位经常低于开挖底面 1.5m 以上。

（2）在软土地区开挖时，施工前需要做好地面排水和降低地下水位的工作，若为人工降水时，要降至坑底 0.5～1.0m 时方可开挖；采用明排水时可不受此限。

（3）采用集水坑降水时，应符合下列要求：

1）根据现场地质条件，应能保持开挖边坡的稳定；

2）集水井和集水沟一般应设在基础范围以外，防止地基土结构遭受破坏，大型基坑可在中间加设小支沟与边沟连通；

3）集水井应比集水沟、基坑底面深一些，以利于集排水；

4）集水井深度以便于水泵抽水为宜，井壁可用竹筐、钢筋网外加碎石过滤层等方法加以围护，防止堵塞抽水泵；

5）排泄从集水井抽出的泥水时，应符合环境保护要求；

6）边坡坡面上如有局部渗出地下水时，应在渗水处设置过滤层，防止土粒流失，并应设置排水沟，将水引出坡面；

7）土层中如有局部流砂现象，应采取防止措施。

（4）采用井点降水时，应根据含水层土的类别及其渗透系数、要求降水深度、工程特点、施工设备条件和施工期限等因素进行技术经济比较，选择适当的井点装置。

当含水层的渗透系数小于 5m/昼夜，且不是碎石类土时，宜选用轻型井点和喷射井点（如渗透系数小于 0.1m/昼夜时，宜增加电渗装置），当含水层渗透系数为 20m/昼夜时，宜选用管井井点装置；当含水层渗透系数为 5～20m/昼夜时，上述井点装置均可选用。

（5）降水前，应考虑在降水影响范围内的已有建筑物和构筑物可能产生附加沉降、位移或供水井水位下降，以及在岩溶土洞发育地区可能引起的地面塌陷，必要时应采取防护措施。在降水期间，应定期进行沉降和水位观测并做好记录。

（6）在第一个管井井点或第一组轻型井点安装完毕后，应立即进行抽水试验，如不符合要求，应根据试验结果对设计参数作适当调整。

（7）采用真空泵抽水时，管路系统应严密，确保无漏水或漏气现象，经试运转后方可正式使用。

（8）降水期间，应经常观测并记录水位，以便发现问题及时处理。

（9）井点降水工作结束后所留的井孔，必须用砂砾或黏土填实。如井孔位于建筑物或构筑物基础以下，且设计对地基有特殊要求时，应按设计要求回填。

（10）在地下水位高而采用板桩作支护结构的基坑内抽水时，应注意因板桩的变形、接缝不密或桩端处透水等原因而渗水量大的可能情况，必要时应采取有效措施堵截板桩的渗漏水，防止因抽水过多使板桩外的土随水流入板桩内，从而淘空板桩外原有建（构）筑物的地基，危及建（构）筑物的安全。

（11）开挖采用平面封闭式地下连续墙作支护结构的基坑或深基坑之前，应尽量将连续墙范围内的地下水排除，以利于挖土。发现地下连续墙有夹泥缝或孔洞漏水的情况，应及时采取措施加以堵截补漏，以防止墙外泥（砂）水涌入墙内，危及墙外原有建（构）筑物的基础。

3.1.4.3　基坑开挖与支护施工风险控制措施

A　围护（支护）结构施工风险的控制措施

（1）为防止边坡开挖过程中周围土体坍塌，开挖中遇有下列情况之一时，应设置坑壁支护结构：1）因放坡开挖工程量过大而不符合技术经济要求；2）因附近有建（构）筑物而不能放坡开挖；3）边坡处于容易丧失稳定的松散土或饱和软土地段；4）地下水丰富而又不宜采用井点降水的场地。

（2）常见的基坑围护结构有连续墙、桩（钢板桩、钢筋混凝土预制桩或灌注桩、旋喷桩、搅拌桩等）和喷锚（杆、索），应根据基坑周边环境、开挖深度、工程地质与水文地质、施工作业设备和施工季节等条件进行选择。软土场地可采用深层搅拌、注浆、间隔、换填或全部加固等方法对局部或整个基坑底上进行加固，或采用降水措施提高基坑内侧被动抗力。内支撑常见的有钢管支撑、钢筋混凝土支撑或两者结合，在地质条件复杂、周边环境沉降控制严格的场合，内支撑的第一道或多道宜采用钢筋混凝土支撑。应限制使用木支撑，可用时也只能用松木或杉木。

（3）钢支撑应严格按设计要求的材料、尺寸进行加工制作、安装和拆卸；根据工程所处环境特点和钢支撑布置形式合理选择钢支撑的吊装和施加力的设备，做好设备进场、安装、调试等工作；进场钢支撑应有合格证，拼装和检测合格后方可投入使用。基坑施工时应按先撑后挖的原则，及时安装。对需要预加力的钢支撑，按设计轴力施加，同时根据监测情况、支护结构变形情况等及时调整预加力。施工期间不能对支撑施加其他荷载，以免钢支撑侧向失稳。对支撑需采取可靠的拉吊措施，防止因支护（或围护）结构变形和施工撞击而发生支撑脱落。随着开挖的进行，支护结构可能发生变形，故应经常检查，如有松动、变形迹象时，应及时进行加固或更换。

（4）采用钢板桩、钢筋混凝土预制桩或灌注桩作支护结构时，根据地质情况选择合适的类型；桩的制作、运输，打桩或灌注桩的施工安全要求应按相关规范的要求执行。施工过程中尽量减少振动和噪声对邻近建（构）筑物、仪器设备和环境的影响；开挖时应防止桩身、支撑受到损伤或碰落；采用钢筋混凝土灌注桩时，应在桩的混凝土强度达到设计强度等级后再挖土；拔除桩后的孔穴应及时回填和夯实。

（5）连续墙施工应按地下工程安全规程实施，挖槽的平面位置、深度、宽度等需符合设计要求；成槽开孔时设专人指挥，在开挖前应对作业影响范围内地下管线、地下构筑物的分布情况进行详细了解，并检查施工电缆线是否损伤，转向时注意尾部的电源线是否有碰撞现象；成槽中暂停作业时，把抓斗提到地面停放，长时间暂停时应将设备转移到离槽段10m以外区域；抓斗入槽和出槽提升速度不应太快，防止抓斗钩住导墙根部造成事故；整个施工过程要注意泥浆恶化，特别在大雨天气时要及时调整泥浆比重，避免塌孔；潜水电钻等水下电气设备应有安全保险装置，严防漏电，电缆收放应与钻进同步进行，严防拉断电缆造成事故；钻进速度和电流大小应严格控制，遇有地下障碍物要妥善处理，禁止超负荷强行钻进。

（6）锚杆（索）施工时，锚杆（索）选用的材料和规格应符合设计要求，使用前应清除油污和浮锈，以便增强黏结的握裹力；钻孔时不能损坏已有的管沟、电缆等地下埋设物；应经常检查锚头是否紧固和锚杆（索）周围的土质情况。

（7）用旋喷桩、搅拌桩作支护结构时，施钻前摸清地下管线埋设情况，以防止管线受损发生事故；压缩机管道的耐久性应符合要求，管道连接应牢固可靠，防止软管破裂、接头断开，导致浆液飞溅和软管甩出伤人；操作人员需戴防护眼镜，防止浆液射入眼睛内，如有浆液射入眼睛时，需进行充分冲洗，并及时到医院治疗；使用高压泵前，应对安全阀进行检查和测定，其运行须安全可靠；施工完毕或下班后，需将机具、管道冲洗干净。

（8）采用锚杆喷射混凝土作支护结构时，施工前应检查和处理锚喷支护作业区的危石；施工机具应设置在安全地带，各种设备应处于完好状态，张拉设备应牢靠，张拉时应采取防范措施，防止夹具飞出伤人；机械设备的运转部位应有安全防护装置；喷射混凝土施工用的工作台应牢固可靠，并应设置安全栏杆。另外还应避免操作人员的皮肤与速凝剂等直接接触。锚杆钻机应安设安全可靠的反力装置，防止钻机反弹伤人；在有地下承压水地层中钻进，孔口需安设可靠的防喷装置，一旦发生漏水、涌砂时能及时堵住孔口。喷射机、水箱、风包、注浆罐等应进行密封性能和耐压试验，合格后方可使用。向锚杆孔注浆时，注浆罐内应保持一定数量的砂浆，以防罐体放空，砂浆喷出伤人。喷射作业中处理堵管时，应将输料管顺直，须紧按喷头防止摆动伤人，疏通管路的工作风压不能超过0.4MPa；喷射混凝土施工作业中，应采取措施，防止钢纤维扎伤操作人员，还要经常检查出料弯头、输料管、注浆管和管路接头等有无磨薄、击穿或松落现象，发现问题，应及时处理。处理机械故障时，需使设备断电、停风；向施工设备送电、送风前，应通知有关人员。施工中，还应定期检查电源电路和设备的电器部件；电器设备应设接地、接零，并由持证人员操作，电缆、电线需架空。总之要严格遵守规范的有关规定，确保用电安全。

（9）支护结构拆除。开挖完成后拆除支撑前，主体结构强度应达到设计和规范的要求，并按设计要求完成传力构造的施工。按结构回筑或土体回填的次序依次拆除支撑，多层支撑应自下而上逐层拆除。当采用爆破法拆除混凝土支撑时，宜先将支撑端部与围檩交接处的混凝土凿除，以避免支撑爆破时的冲击波通过围檩和围护结构直接传到坑外。支撑拆除应先拆除联系杆件，后拆主要受力杆件。在拆除支撑的同时，应加强对支护结构、主体结构、周围环境的监测，发现问题及时调整施工方案。在拔除钢板桩、工法型钢时，应注意对周围建（构）筑物的保护。若附近有重要建筑物或地下管线时，应对拔出后的空洞注入水泥浆等填充，使土体密实，以减少对周围环境的影响。

（10）此外，支护结构既受侧压力，也承受竖向荷载作用，基坑支护设计时应进行支护桩（墙）侧压力和竖向荷载验算；采用钢筋混凝土灌注桩或连续墙时，应在桩的混凝土强度达到设计强度等级后，方可挖土。

B 浅基坑（槽）和管沟挖方与放坡安全措施要求

（1）施工中应防止地面水流入坑、沟内，以免边坡塌方。

（2）挖掘基坑时，当坑底无地下水，坑深在5m以内，且边坡坡度符合表3-1-6规定时，可不加支撑。

表 3 - 1 - 6　边坡坡度最大限值

土 性 质	砂土、回填土	粉土、砾石土	粉质黏土	黏　土	干黄土
在坑沟底挖方	1000∶750	1000∶500	1000∶330	1000∶250	1000∶100
在坑沟上边挖方	1000∶1000	1000∶750	1000∶750	1000∶750	1000∶330

（3）土壁天然冻结，对施工挖方的工作安全有利。在深度 4m 以内的基坑（槽）开挖时，允许采用天然冻结法垂直开挖而不加设支撑。但在干燥的砂土中应严禁采用冻结法施工。

（4）土方直立壁开挖深度计算：

$$h_{max} = \frac{2c}{\gamma k \tan\left(45° - \frac{\varphi}{2}\right)} - \frac{q}{\gamma}$$

式中　h_{max}——土方最大直壁开挖高度；

γ——坑壁土的重度，kN/m^3；

φ——坑壁土的内摩擦角，（°）；

c——坑壁土的黏聚力，kN/m^2；

k——安全系数（一般用 1.25）；

q——坑顶沿的均布荷载，kN/m^2。

C　深基坑挖方与放坡安全措施要求

（1）深基坑施工前，作业人员必须按照施工组织设计及施工方案组织施工。深基坑挖土时，应按设计要求放坡或采取固壁支撑防护。

（2）深基坑施工前，必须掌握场地的工程环境，如了解建筑地块及其附近的地下管线、地下埋设物的位置、深度等。

（3）雨期深基坑施工中，必须注意排除地面雨水防止倒流入基坑，同时注意雨水的渗入使土体强度降低、土压力加大，造成基坑边坡坍塌事故。

（4）基坑内必须设置明沟和集水井，以排除暴雨形成的积水。

（5）严禁在边坡或基坑四周超载堆积材料、设备以及在高边坡危险地带搭建工棚。

（6）施工道路与基坑边的距离应满足要求，以免对坑壁产生扰动。

（7）深基坑四周必须设置 1.2m 高牢固可靠的防护围栏，底部应设置踢脚板，以防落物伤人。

（8）深基坑作业时，必须合理设置上下行人扶梯或搭设斜道等其他形式通道，扶梯结构牢固，确保人员上下方便。禁止蹬踏固壁支撑或在土壤上挖洞蹬踏上下。

（9）基坑内照明必须使用 36V 以下安全电压，线路架设符合施工用电规范要求。

（10）土质较差且施工工期较长的基坑，边坡宜采用钢丝网、水泥或其他材料进行护坡。

（11）当挖土深度超过 5m 或发现有地下水以及土质发生特殊变化等情况时，应根据土的实际性能计算其稳定性，再确定边坡坡度。

（12）基坑安全边坡计算。挖方安全边坡按下式计算：

$$h = \frac{2c \cdot \sin\theta \cdot \cos\varphi}{\gamma\sin^2\dfrac{\theta - \varphi}{2}}$$

式中　θ——土方边坡角度，（°）。

D　坑边防护安全要求

（1）深度大于 2m 的基坑施工，其临边应设置防止人及物体滚落基坑的安全防护措施，必要时应设置警告标志，配备监护人员，夜间施工在作业区应设置信号灯。

（2）基坑临边防护的一般做法如图 3 - 1 - 5 所示，毛竹横杆小头直径应不小于 70mm，栏杆柱小头直径应不小于 80mm，并需用不小于 16 号的镀锌钢丝绑扎，应不少于 3 圈并无泻滑，其立柱间距小于或等于 2m；钢管横杆及栏杆柱均采用 $\phi48 \times 3.5$mm 的钢管，以扣件或电焊固定。

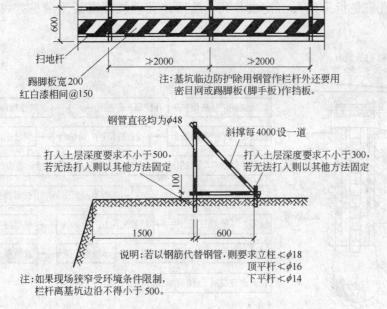

图 3 - 1 - 5　基坑周边防护栏杆示意（单位：mm）

（3）基坑临边防护栏杆应由上、下两道横杆及栏杆柱组成。上杆离地高度为 1 ~ 1.2m，下杆离地高度为 0.5 ~ 0.6m。

（4）在基坑四周的钢管防护栏杆固定时，可采用钢管打入地面 50 ~ 70cm 深，钢管离坑边的距离最小 50cm。当基坑周边采用板桩时，钢管可打在板桩外侧。

（5）防护栏杆必须用密目网自上而下全封闭挂设或设 300mm 高的挡脚板。

E　基坑支护的安全要求

（1）采用钢（木）坑壁支撑时，要随挖随撑，支撑牢固，且在整个施工过程中应经常检查，如有松动、变形等现象，要及时加固或更换。

（2）钢（木）支撑的拆除，要按回填顺序依次进行。多层支撑应自下而上逐层拆除，随拆随填。

（3）采用钢板桩、钢筋混凝土预制柱或灌注桩作坑壁支撑时，要符合下列规定：1）应尽量减少打桩时，对邻近建筑物和构筑物的影响；2）当土质较差时，宜采用啮合式板桩；3）采用钢筋混凝土灌注桩时，要在桩身混凝土达到设计强度后开挖被支撑土体；4）在桩身附近挖土时，不能伤及桩身。

（4）采用钢板桩、钢筋混凝土桩作坑壁支撑并设有锚杆时，要符合下列规定：1）锚杆宜选用螺纹钢筋，使用前应清除油污和浮锈，以便增强粘结的握裹力和防止发生意外；2）锚固段应设在稳定性较好的土层或岩层中，长度应大于或等于计算规定；3）钻孔时不应损坏土中已有管沟、电缆等地下埋设物；4）施工前测定锚杆的抗拔力，验证可靠后方可施工；5）锚固段要用水泥砂浆灌注密实，应经常检查锚头紧固和锚杆周围土质情况。

3.1.4.4　桩基础施工风险控制措施

A　人工挖孔桩

人工挖孔桩是指采用人工挖成井孔，然后往孔内浇灌混凝土成桩，如图 3－1－6 所示。

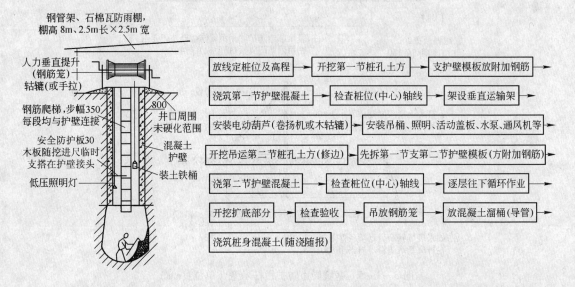

图 3－1－6　人工挖孔桩开挖示意图

人工挖孔主要用于高层建筑和重型构筑物，一般孔径在 1.2～3m，孔深在 5～30m。人工挖孔桩工程容易造成的安全事故如下：

（1）高处坠落：作业人员从作业面坠落井孔内。

（2）窒息和中毒：孔内缺氧、有毒有害气体对人体造成重大伤害。

（3）坍塌：挖孔过程出现流砂、孔壁坍塌。

（4）物体打击：处于作业面以上的物体坠落砸到井孔内作业人员身体的某个部位。

a　护壁形式

护壁形式常见的有两类，见表 3－1－7。护壁施工可采用一节组合式钢模拼装而成，拆上节支下节周转使用，模板用 U 形卡连接，上下设两半圆组成的钢圈，不另设支撑。

表 3 - 1 - 7　人工挖孔护壁基本形式

支撑名称	支撑简图	支撑方法	适用范围
混凝土或钢筋混凝土支护		挖土每 1m, 浇筑一节混凝土护壁	天然湿度的黏土类土, 地下水较少, 地面荷载较大, 深度 6~30m, 圆形护壁, 人工挖孔桩
锥式混凝土或钢筋混凝土支护		挖土每 1~1.2m, 浇筑一节混凝土护壁, 锥形上口内径为设计桩径, 锥形台阶可供操作人员上下	天然湿度的黏土、砂土类土, 地下水较少或无, 地面荷载较大, 深度 6~30m, 圆形护壁、人工挖孔桩

注: 1—主筋 $\phi6@200$ 或 $\phi8@250$; 2—水平筋 $\phi6@180$ 或 $\phi8@200$; 3—混凝土浇筑口; 4—坡度 $i = 1\%$。

b　挖孔安全措施

（1）参加挖孔的工人事先必须检查身体,凡患精神病、高血压、心脏病、癫痫病及聋哑人等不能参加施工。在施工前必须穿长筒绝缘鞋,头戴安全帽,腰系安全带,井下设置安全绳。作业人员严禁酒后作业,不准在孔内吸烟,不准带火源下孔。

（2）孔下人员作业时,孔上必须设专人监护,地面不得少于 2 名监护人员,不准擅离职守;如遇特殊情况需夜间挖孔作业时,须经现场负责人同意,并有安全员在场。井孔上、下应设可靠的联络设备和明确的联络信号,如对讲机等。

（3）井下作业人员连续工作时间不宜超过 2h,应勤轮换井下作业人员。夜间一般禁止挖孔作业,如遇特殊情况需要夜班作业时,必须经现场负责人同意,并必须要有领导和安全人员在现场指挥和进行安全检查与监督。

（4）人员上下应使用专用安全爬梯或利用滑车并有断绳保护装置,要另配粗绳或绳梯,以供停电时应急使用,不得乘吊桶上下,如图 3-1-7 所示。当桩孔挖深超过 5m 以上时,离桩底 2m 处必须设置半圆钢网挡板,提土上、下时,井下人员应站在挡板下方。每天上岗时,孔口操作人员应检查绞车、缆绳、吊桶,发现有安全隐患的,须随时更换。孔内上下传递材料、工具,严禁抛掷。

（5）提升吊桶的机构,其传动部分及地面扒杆必须牢靠,制作、安装应符合施工设计要求。挖桩的绞车须有防滑落装置,吊桶应绑扎牢固。

（6）孔口边 1m 范围内禁止堆放泥土、杂物,堆土应离孔口边 1.5m 以外。直径 1.2m 以上的桩孔开挖,应设护壁,如图 3-1-7 所示;挖一节浇一节混凝土护壁,不准漏打;以保证孔壁稳定和操作安全。孔口设置 15cm 高井圈,防止地表水、构件、弃土掉入孔内。

（7）对直径较小不设护壁的桩孔,应采用钢筋笼护壁,随挖随下,并用 A6mm 钢筋按桩孔直径作成圆形钢筋圈,随挖桩孔随将钢筋圈以间距 100mm 一道固定在孔壁上,并

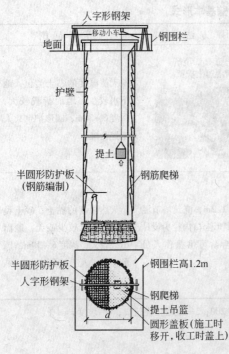

图 3-1-7　人工挖孔桩安全防护示意

用 1:2 快硬早强水泥砂浆抹孔壁,厚度约 30mm,形成钢筋网护壁,以确保人身安全。

(8) 应在孔口设水平移动式活动安全盖板,当土吊桶提出孔升到离地面约 1.8m 时,推活动盖板关闭孔口再进行卸土,作业人员应在防护板下面工作;严防土块、操作人员掉入孔内伤人。采用电葫芦提升吊桶,桩孔四周应设安全栏杆。挖孔作业进行中,当人员下班休息时,必须盖好孔口且能安全承受 2000kN 的重力,或距孔口顶周边 1m 搭设 1000mm 高以上的护栏,见图 3-1-8。

(9) 正在开挖的井孔,每天上班工作前,应对井壁、混凝土支护、井中空气等进行检查,发现异常情况,应采取安全措施后,方可继续施工。

(10) 雨季施工,应设砖砌井口保护圈,高出地面 150mm,以防地面水流入井孔。最上一节混凝土护壁,在井口处混凝土应出 400mm 宽

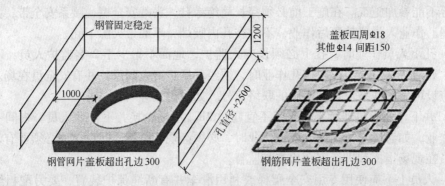

图 3-1-8　孔口安全防护

的沿,厚度同护壁,以便保护井口。

(11) 遇到起吊大物件、块石时,孔内人员应先撤至地面。

(12) 随时加强对土壁涌水情况的观察,发现异常情况应及时采取处理措施,对于地下水要采取随挖随用吊桶将泥水一起吊出。若为大量渗水,可在一侧挖集水坑用高扬程潜水泵排出桩孔外。井底需抽水时,应在挖孔作业人员上至地面以后再进行。抽水用的潜水泵,每天均应逐个进行绝缘测试记录,不符合要求的不准使用。对每个漏电开关进行编号,每天作灵敏度检查记录,失效的及时修理更换。潜水泵在桩孔内吊入或提升时,严禁以电缆拉吊传递,防止电缆磨损。

(13) 多桩孔开挖时,应采用间隔挖孔方法,以减少水的渗透和防止土体滑移。

(14) 已扩底的桩,要尽快浇灌桩身混凝土;不能很快浇灌的桩应暂不扩底,以防扩

大头塌方。孔内严禁放炮，以防震塌上壁造成事故，或震裂护壁造成事故。

（15）照明、通风要求，如图3-1-9所示。施工现场必须备有氧气瓶、气体检测仪器。具体要求包括：1）挖井至4m以下时，需用可燃气体测定仪，检查孔内作业面是否有沼气，若发现有沼气应妥善处理后方可作业；2）每次下井前，应对井孔内气体进行抽样检查，发现有毒气体含量超过允许值，应将毒气清除后，并不致再产生毒气时，方可下井工作。并在工作过程中始终控制化学毒物在最低允许浓度的卫生标准内，而且要采用足够的安全

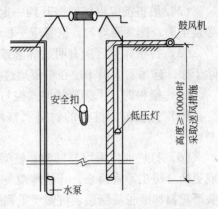

图3-1-9 孔内照明、通风、抽水示意

卫生防范措施，如对深度超过10m的孔进行强制送风，设置专门设备向孔内通风换气（通风量不少于25L/s）等措施，以防止急性中毒事故的发生；3）上班前，先用鼓风机向孔底通风，必要时应送氧气，然后再下井作业。严禁用纯氧进行通风换气；4）在其他有毒物质存放区施工时，应先检查有毒物质对人体的伤害程度，再确定是否采用人工挖孔方法；5）井孔内设100W防水带罩灯泡照明，并采用12V的低电压用防水绝缘电缆引下。

（16）施工所用的电气设备必须加装漏电保护器，井上现场可用24V低压照明，并使用防水、防爆灯具。现场用电均应安装漏电保护装置。

（17）发现情况异常，如地下水、黑土层和有害气味等，必须立即停止作业，撤离危险区，不准冒险作业。

挖孔完成后，应当天验收，并及时将桩身钢筋笼就位和浇筑混凝土。正在浇筑混凝土的桩孔周围10m半径内，其他桩不得有人作业。

B 机械入土桩

a 锤击预制桩

打桩锤：为修建桥梁、堤堰和其他筑路、水利及一般建筑工程中专供打植木桩、金属桩、混凝土预制桩、锤击夯扩灌注桩。桩架如图3-1-10所示。

（1）预制桩施工桩机作业时，严禁吊装、吊锤、回转、行走动作同时进行；桩机移动时，必须将桩锤落至最低位置；施打过程中，操作人员必须距桩锤5m以外监视。

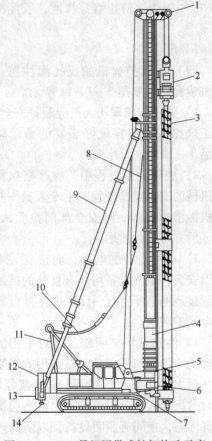

图3-1-10 吊机履带式桩架构造示意

1—导向架顶部滑轮组；2—钻机动力头；3—长螺旋钻杆；4—柴油打桩锤；5—前导向滑轮；6—前支腿；7—前托架；8—背梢钢丝绳；9—斜撑；10—导向架起升钢丝绳；11—三角架；12—配重块；13—后横梁；14—后支腿

（2）吊桩前应将桩锤提升到一定位置固定牢靠，防止吊桩时桩锤坠落。起吊时吊点必须正确，速度要均匀，桩身应平稳，必要时桩架应设缆风绳。

（3）打桩作业区应有明显标志或围栏，作业区上方应无架空线路；桩身附着物要清除干净，起吊后人员不准在桩下通过，吊桩与运桩发生干扰时，应停止运桩。

（4）插桩时，手脚严禁伸入桩与龙门之间。用撬棍等工具校正桩时，用力不宜过猛。

（5）打桩前，桩头的衬垫严禁用手拨正，不得在桩锤未落到桩顶就起锤，或过早制动。

（6）打桩时应采取与桩型、桩架和桩锤相适应的桩帽及衬垫，发现损坏应及时修整或更换。锤击不宜偏心，开始落距要小。如遇贯入度突然增大，桩身突然倾斜、位移、桩头严重损坏、桩身断裂、桩锤严重回弹等，应停止锤击，经采取措施后方可继续作业。

（7）套送桩时，应使送桩、桩锤和桩三者中心在同一轴线上。送桩拔出后，地面孔洞必须及时回填或加盖。

（8）硫黄胶泥的原料及制品在运输、储存和使用过程中应注意防火，熬制胶泥操作人员要穿好防护用品，工作棚应通风良好，容器不准用锡焊，防止熔穿渗泄；胶泥浇注后，上节桩应缓慢放下，防止胶泥飞溅。

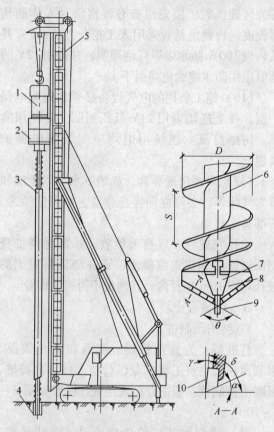

图 3-1-11　长螺旋钻孔机构造示意
1—电动机；2—减速器；3—钻杆；4—钻头；
5—钻架；6—无缝钢管；7—钻头接头；
8—刀板；9—定心尖；10—切削刃

b　灌注桩

（1）泥浆护壁机械成孔灌注桩。灌注桩成孔机械如图 3-1-11 所示。

1）进入施工现场人员应戴好安全帽，施工操作人员应穿戴好必要的劳动防护用品。

2）在施工全过程中，应严格执行有关机械的安全操作规程，由专人操作并加强机械维修保养，经安全部门检验认可，领证后方可投入使用。

3）电气设备的电源，应按有关规定架设安装；电气设备均须有良好的接地接零，接地电阻不大于 4Ω，并装有可靠的触电保护装置。

4）注意现场文明施工，对不用的泥浆地沟应及时填平；对正在使用的泥浆地沟（管）加强管理，不得任泥浆溢流，捞取的沉渣应及时清走。各个排污通道必须有标志，夜间有照明设备，以防踩入泥浆，跌伤行人。

5）机底枕木要填实，保证施工时机械不倾斜、不倾倒。

6）护筒周围不宜站人，防止不慎跌入孔中。

7）起重机作业时，在吊臂转动范围内，不得有人走动或进行其他作业。

8）湿钻孔机械钻进岩石时，或钻进地下障碍物时，要注意机械的震动和颠覆，必要时停机查明原因方可继续施工。

9）拆卸导管人员必须戴好安全帽，并注意防止扳手、螺钉等往下掉落。拆卸导管时，其上空不得进行其他作业。

10）导管提升后继续浇筑混凝土前，必须检查其是否垫稳或挂牢。

11）钻孔时，孔口加盖板，以防工具掉入孔内。

（2）干作业螺旋钻孔成孔灌注桩。

1）现场所有施工人员均必须戴好安全帽，高空作业系好安全带。

2）各种机电设备的操作人员，都必须经过专业培训，领取驾驶证或操作证后方准开车，禁止其他人员擅自开车或开机。

3）所有操作人员应严格执行有关操作规程。在桩机安装、移位过程中，注意上部无高压线路；熟悉周围地下管线情况，防止物体坠落及轨枕沉陷。

4）总、分配电箱都应有漏电保护装置，各种配电箱、板均必须防水，门锁齐全，同时线路要架空，轨道两端应设两组接地。

5）桩机所有钢丝绳经常需要检查保养，发现有断股情况，应及时调换，钻机运转时不得进行维修。

6）在未灌注混凝土以前，应将预钻的孔口盖严。

3.1.4.5 结构工程施工风险控制措施

A 钢筋工程安全控制措施

钢筋工程由钢筋运输与堆放、钢筋加工、钢筋绑扎与安装组成，施工作业中的违规操作是造成事故的主要原因。因此，在施工前，项目技术管理人员应进行安全技术交底，向作业人员进行详细讲解钢筋工程作业危险及预防措施、安全操作规程和标准及安全注意事项，施工人员在施工过程中要严格遵守。

B 脚手架工程安全控制措施

脚手架搭设或拆除人员属于建筑施工特种作业人员（建筑架子工），需经建设行政主管部门考核合格，取得操作资格证书后方可上岗作业。脚手架搭设与拆除前，需制定施工方案和安全技术措施。大雾及雨、雪天气和六级以上大风时，不能进行脚手架上的高处作业。拆除脚手架时，需由2～3人协同操作；拆除作业区的周围及进出口处，需派专人瞭望，拆除大片架子应加临时围栏，严禁非作业区人员进入危险区域。拆除应由上而下按层按步进行，先拆护身栏、脚手板和横向水平杆，再依次拆剪刀撑的上部扣件和接杆。拆除全部剪刀撑前，需搭设临时加固斜支撑，预防脚手架倾倒。

C 模板工程安全控制措施

（1）模板安装：模板质量对施工安全和施工质量非常重要，作业前应认真检查模板、支撑等构件是否合格。地面上的支模场地需平整夯实，模板工程作业高度在2m以上时，需设置安全防护措施。地下工程模板安装前，需检查基坑边坡的稳定状况，基坑上口边沿1m以内不能堆放模板及材料。向基坑内运送模板构件时，严禁抛掷。使用溜槽或起重机械运送时，下方操作人员需远离危险区域。操作人员登高需走人行梯道，禁止利用模板支撑攀登上下。

（2）模板拆除：拆模时混凝土强度需满足要求；拆模的顺序和方法，应按照先支后拆、后支先拆的顺序；先拆非承重模板，后拆承重模板及支撑；在拆除用小钢模板支撑的顶板模板时，严禁将支柱全部拆除后一次性拉拽拆除。已进行拆除的模板，须一次连续拆除完方可停歇，严禁留下安全隐患。拆模作业时，需设警戒区，严禁下方有人进入。拆模作业人员需站在平稳牢固的地方，保持自身平衡，不能猛撬，以防失稳坠落；不能正对模板、梁进行扯拉动作，以防受到打击。严禁用吊车吊松动的模板；吊运大型整体模板时须拴结牢固，且吊点平衡；吊装、运大钢模板时需用卡环连接，就位后需拉接牢固方可卸除吊环。拆除的模板支撑等材料，需边拆、边清、边运、边码垛。属于高支模的模板工程，施工前需编制专项方案，经审批后实施。

D 混凝土工程安全控制措施

（1）材料运输：使用汽车、罐车运送混凝土时，现场道路应平整坚实，现场指挥人员应站在车辆侧面。卸料时，车轮应挡掩。使用手推车运输混凝土时，装运混凝土量应低于车厢 5~10cm；垂直运输使用井架、龙门架等运送混凝土时，手推车车把不能超出吊盘（笼）以外，车轮应挡掩，稳起稳落；用塔吊运送混凝土时，小车需焊有牢固吊环，吊点不能少于 4 个，并保持车身平衡；使用专用吊斗时吊环应牢固可靠，吊索具应符合起重机械安全规程要求。

（2）混凝土浇筑与振捣：浇筑混凝土前，钢筋、模板等隐蔽工程须经监理验收合格并取得浇灌令后，方可进行混凝土施工。浇筑作业需设专人指挥，分工明确。混凝土振捣器使用前需经过电工检查确认合格后方可使用，操作人员严格遵守安全用电规章制度，并作好安全防护，防止触电。浇灌混凝土使用的溜槽间需连接牢靠；操作部位应设防护栏，不能直接站在溜放槽帮上操作。浇筑 2m 高度以上框架柱、梁混凝土时应站在脚手架或平台上作业，不能直接站在模板或支撑上操作，不能直接在钢筋上踩踏、行走；泵送管接口、安全阀、管架等需安装牢固，输送前应试送，检修时需卸压。浇筑混凝土时，要防止局部堆积、超载，以免模板失稳、坍塌。

（3）混凝土养护：使用覆盖物养护混凝土时，预留孔洞需按规定设牢固盖板或围栏，并设安全标志。蒸汽养护、操作和冬季施工测温人员，不能在混凝土养护坑（池）边沿站立或行走，应注意脚下孔洞与磕绊物等。

3.2 地铁工程施工安全管理

地铁系统的组成：（1）土建部分；（2）设备部分。

地铁工程的特点：（1）工程地质环境复杂；（2）工程周边环境复杂；（3）工程建设规模大；（4）工程技术复杂；（5）工程协调量大；（6）控制标准严格；（7）安全风险大。

地铁工程的常用施工方法：（1）明（盖）挖法；（2）暗挖法；（3）盾构法等。

3.2.1 明（盖）挖法、暗挖法施工概述

3.2.1.1 明（盖）挖施工方法简介

明（盖）挖法是修建地铁的常用施工方法，按其主体结构的施作顺序，明（盖）挖

法又可分为：明挖顺作法、盖挖顺作法、盖挖逆作法、盖挖半逆作法等，后三种方法又可统称为盖挖法或明挖覆盖施工法。

明（盖）挖法基坑常见的支护形式有桩（墙）＋内支撑体系和桩（墙）＋锚杆（索）体系，对于现场条件比较宽裕的区段，常采用放坡开挖或土钉墙支护，如图3-2-1所示。

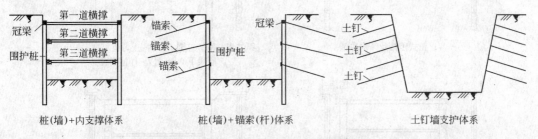

图3-2-1 明（盖）挖基坑支护形式

明（盖）挖区间隧道及车站主体结构多采用矩形框架结构，部分采用拱形结构。常用的结构形式有单层单跨、单层多跨、多层单跨、多层多跨等不同的结构形式。图3-2-2和图3-2-3分别为典型的明（盖）挖区间和车站结构。

图3-2-2 地铁明挖区间隧道　　　　图3-2-3 地铁明挖车站

A　明挖顺作法

明挖顺作法是先从地表面向下开挖基坑至基底设计标高，然后在基坑内的预定位置由下而上地建造主体结构及其防水措施，最后回填土并恢复路面。

明挖施工一般可以分为四大步骤：围护结构施工→内部土石方开挖→工程结构施工→管线恢复及覆土。明挖区间隧道和明挖车站的施工步骤基本相似，但区间隧道的主体结构较为简单。明挖车站的施工步骤参见图3-2-4。

施工方法应根据地质条件、围护结构的形式确定。对地下水较高的区域，为避免土方开挖中因水土流失引起的基坑坍塌和对周围环境的不利影响，在施工过程中可以采取坑外降水或坑内降水。内部土石方开挖时根据土质情况采取纵向分段、竖向分层、横向分块的开挖方式；同时考虑一定的空间及时间效应，应减少基底土体暴露时间，尽快施作主体结

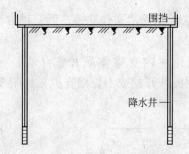

第一步：正式围挡及降水井施工

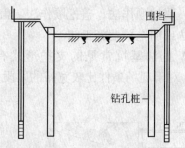

第二步：围护桩施工，开挖土方至桩顶
冠梁下0.5m处，施作桩顶冠梁

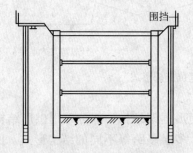

第三步：分层开挖基坑，架设支撑，开挖到
基坑底部，施作接地网、底垫层

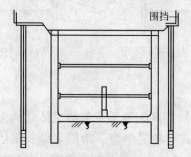

第四步：施作底板及站台层侧墙防水层，施作
底板、底梁及立柱钢筋和混凝土

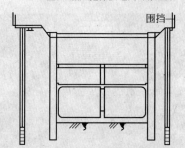

第五步：拆除下部支撑，施作侧墙防水层，依次施作
边墙、中板、中梁、立柱钢筋和混凝土

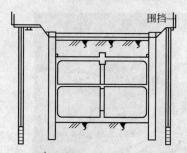

第六步：拆除中部支撑，依次施作站厅层侧墙、顶板、顶梁
钢筋及混凝土，施作顶板防水层及压顶梁

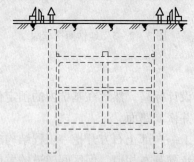

第七步：待顶板达到设计强度后，拆除第一道支撑，
回填并恢复地下管线，施作永久路面

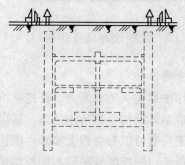

第八步：施作车站内部结构

图3-2-4   明挖车站的施工步骤

构。主体结构一般采用现浇整体式钢筋混凝土框架结构。

明（盖）挖区间隧道及车站多采用矩形框架结构，部分采用拱形结构。根据功能要求及周围环境影响，可以采用单层单跨、单层多跨、多层单跨、多层多跨等不同的结构形式。侧式车站一般采用双跨结构，岛式车站多采用三跨结构，在道路狭窄和场地受限的地段修建地铁车站，也可采用上下重叠的结构。

B 盖挖顺作法

当路面交通不能长期中断时，可采用盖挖顺作法施工。该方法在现有道路上，按车站或区间宽度，在地表面完成围护结构后，以定型的预制标准覆盖结构（包括型钢纵、横梁和路面板）置于围护结构上充当临时路面维持交通，由盖板往下依次进行开挖和支护，直至达到设计标高。开挖完成后由下而上施作主体结构和防水措施，回填土并恢复管线。最后拆除围护结构的外露部分并恢复路面。

C 盖挖逆作法

如遇开挖面较大、顶板覆土较浅、沿线建筑物过近，为防止施工过程中地表沉陷对邻近建筑物产生影响，可采用盖挖逆作法施工。盖挖逆作法的施工步骤：先在地表面向下做基坑的围护结构和中间桩柱，基坑围护结构多采用地下连续墙、钻孔灌注桩或人工挖孔桩，中间桩柱则多利用主体结构本身的中间立柱以降低工程造价；随后开挖表层土至主体结构顶板底面标高处，利用未开挖的土体作为土模浇筑顶板，待回填土后将道路复原，恢复交通；然后在顶板覆盖下，自上而下逐层开挖并施作主体结构和防水措施直至底板。车站盖挖逆作法施工步骤参见图3-2-5。

D 盖挖半逆作法

盖挖半逆作法与逆作法的区别仅在于顶板完成及恢复路面后，向下挖土至设计标高后先浇筑底板，再依次向上逐层浇筑侧墙和楼板。在半逆作法施工中，一般都需设置横撑并施加预应力。

E 明（盖）挖施工特点

（1）明挖法施工特点。

1）对周边环境影响较大。明挖顺作法由于要在主体结构修筑完成后才回填土并恢复路面，施工过程中，较长时间地隔断地面交通，对地面交通影响大；明挖结构与暗挖结构相比，明挖结构施工需对顶板上方的管线进行拆改移。

2）受地质条件影响较大。软弱地层地段对深基坑的稳定及变形控制要求高；硬岩地层地段对市内基坑爆破的噪声及震速控制要求高；在地下水位较高地段施工时，地下水的过量抽排易造成基坑失稳及周边建筑物变形，对基坑施工的安全影响很大。

3）易受暴雨、台风等外界自然因素影响。

4）明挖敞口开挖法占用场地大，挖方量及填方量大。

5）施工速度快、工期短、易于保证工程质量，工程造价低。

（2）盖挖法施工特点。盖挖顺作法与明挖顺作法在施工顺序上和技术难度上差别不大，仅挖土、出土和结构施工等因受盖板的限制，无法使用大型机具，需要采用特殊的小型、高效机具和精心组织施工。盖挖逆作法、半逆作法与明挖顺作法相比，除施工顺序不同外，还具有以下特点：

1）对围护结构和中间桩柱的沉降量控制严格，减少对顶板结构受力变形的不良影响。

2）中间柱如为永久结构，则其安装定位困难，施工精度要求高。

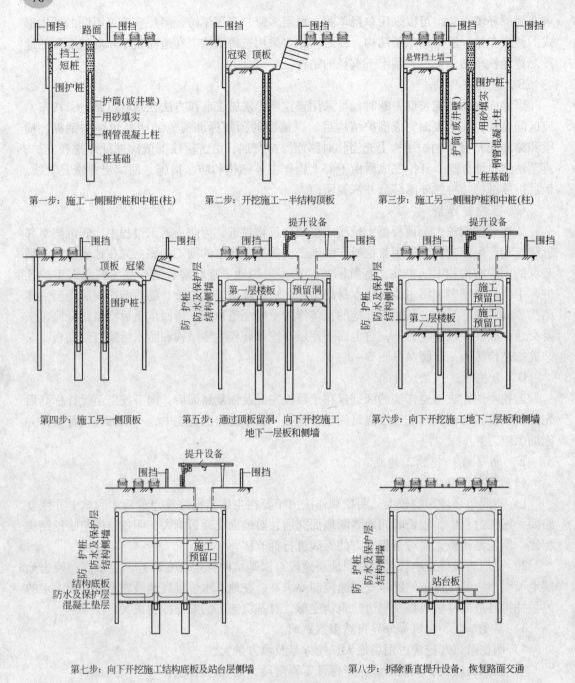

图3-2-5 车站盖挖逆作法施工步骤

3）为保证不同时期施工的构件间相互连接，应将施工误差控制在较小范围内，并有可靠的连接构造措施。

4）除在非常软弱的地层中，一般不需再设置临时横撑，不仅可节省大量钢材，也为施工提供了方便。

5）与盖挖顺作法一样，其挖土和出土速度成为决定工程进度的关键因素。

3.2.1.2　暗挖施工方法简介

暗挖法施工是不挖开地面施工，它是在地下进行开挖和修筑衬砌结构的隧道施工方法。区间隧道施工常用的开挖方法有台阶法、CD 工法、CRD 工法、双侧壁导坑法（又称眼镜工法）等，如图 3－2－6 所示。车站等多跨隧道多采用桩洞法（PBA 工法）（见图 3－2－7）、中洞法（见图 3－2－8）或侧洞法等。应根据工程特点、围岩情况、环境要求以及施工单位的自身条件等，选择合适的开挖方法及支护方式。

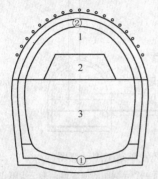

第一步 环形开挖支护上半断面1，预留核心土 2；第二步开挖支护下半断面3；第三步施作仰拱衬砌①；第四步施作拱部及边墙衬砌②。

台阶法

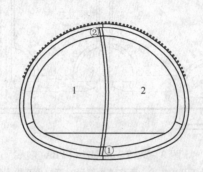

第一步 开挖支护左半断面1；第二步开挖支护右半断面；第三步分段拆除竖向支护，施作仰拱衬砌①；第四步施作拱部及边墙衬砌②。

CD 工法

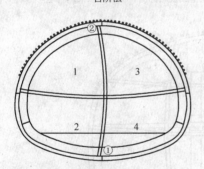

第一步 开挖支护左上半断面1；第二步开挖支护左半断面2；第三步开挖支护右上半断面3；第四步开挖支护右下半断面4；第五步分段拆除临时支护，施作仰拱衬砌①；第六步施作拱部及边墙衬砌②。

CRD 工法

第一步 开挖支护左洞1；第二步开挖支护左洞2；第三步自下而上施作左洞衬砌①②③；第四步开挖支护右洞3；第五步开挖支护右洞4；第六步自下而上施作右洞衬砌①②③；第七步开挖支护中洞5；第八步施作中洞衬砌④；第九步开挖支护中洞6；第十步开挖支护中洞7；第十一步施作仰拱⑤。

双侧壁导坑法

图 3－2－6　地铁区间隧道暗挖施工工法及工序示意图

由于地铁多在城市区域内施工，对地表沉降的控制要求比较严格，因此要加强地层的预支护和预加固。采用的施工措施主要有超前小导管预注浆、开挖面深孔注浆、大管棚超前支护等。

暗挖法适用在埋深较浅、松散不稳定的土层和软弱破碎岩层内施工。暗挖法是按照"新奥法"原理进行设计和施工，以加固、处理软弱地层为前提，采用足够刚度的复合衬砌（由初期支护、二次衬砌及中间防水层组成）为基本支护结构的一种隧道施工方法。

暗挖法通过施工监测来指导设计与施工，保证施工安全，控制地表沉降。暗挖法的施工控制要点可以概括为"管超前、严注浆、短开挖、强支护、快封闭、勤量测"，主要工

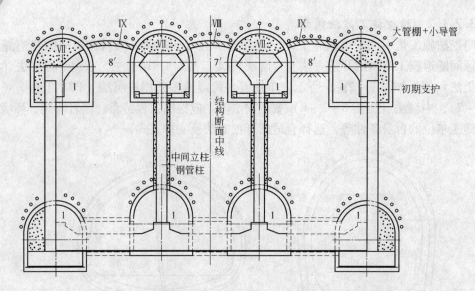

图 3-2-7　桩洞法（PBA 工法）施工地铁车站工序示意图

第一步先上后下开挖支护上下各 4 个导洞；第二步开挖支护下面 4 个导洞间的横通道；第三步作下面
4 个导洞内的条形基础、中间立柱下的底纵梁、底板；施作中柱、边桩；第四步施工钢管柱及顶纵梁、
边桩上梁；第五步开挖支护中跨、边跨的拱部；第六步作拱部二衬；第七步向下开挖至站厅板底板
标高，施作中层板、纵梁、内衬墙；第八步向下开挖至底板底标高，施作底板及内衬墙

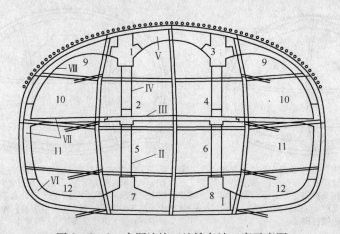

图 3-2-8　中洞法施工地铁车站工序示意图

第一步开挖支护中洞 1；第二步开挖支护中洞 2；第三步开挖支护中洞 3；第四步开挖支护中洞 4；
第五步开挖支护中洞 5；第六步开挖支护中洞 6；第七步开挖支护中洞 7；第八步开挖支护中洞 8；
第九步分段拆除临时支护，施作中洞底梁、底板；第十步中洞钢管柱就位、固定；第十一步分段
拆除临时支护，施作中洞中板、浇筑钢管混凝土；第十二步分段拆除临时支护，施作中拱、顶梁；
第十三步对称开挖支护两侧洞 9；第十四步对称开挖支护两侧洞 10；第十五步对称开挖支护两侧洞 11；
第十六步对称开挖支护两侧洞 12；第十七步分段拆除临时支护，对称施作两侧洞仰拱；第十八步
分段拆除临时支护，对称施作两侧洞站台层侧墙及中板；第十九步分段拆除临时支护，
对称施作两侧洞站厅层边墙及拱部

序包括地层的预加固和预处理、隧道开挖和初期支护、防水施工、二次衬砌、监控量测
等。有关施工现场图片如图 3-2-9~图 3-2-14 所示。

图 3-2-9 上半断面临时封闭台阶法施工

图 3-2-10 CD 工法施工

图 3-2-11 CRD 工法施工

图 3-2-12 双侧壁导坑法施工

图 3-2-13 区间隧道衬砌
台车施工

图 3-2-14 车站 PBA 法地膜法
施工中板

暗挖施工具有以下特点:

(1) 受工程地质和水文地质影响较大,风险因素具有隐蔽性、复杂性和不确定性。

(2) 工程周边环境(地下及地上建(构)筑物、地下管线等)与暗挖施工相互影响、相互干扰比较大,容易引起连锁反应。

(3) 暗挖施工作业面相对狭小,作业环境条件差,施工机械化程度较低,对安全管理要求高。

与明挖法相比,暗挖法的最大优点是避免了大量拆迁、改建工作,减少了对周围环境的粉尘污染和噪声影响，对城市交通的干扰小。

3.2.2 明（盖）挖施工、暗挖施工风险源及安全策划重点

3.2.2.1 明（盖）挖施工风险源及安全策划重点

A 明（盖）挖施工风险源

明（盖）挖施工一般可以分为五个阶段：前期准备阶段；围护桩（墙）及降水井施工阶段；内部土石方开挖及支撑体系设置阶段；主体结构施工阶段；顶板覆土及管线恢复阶段。如果是明（盖）挖车站，还有内部结构、机电安装及装修阶段。明挖车站的内部结构、机电安装及装修阶段的安全风险管理本章节也做了概要阐述。盖挖法与明挖法一样，主要风险在基坑开挖上，可参照执行，明（盖）挖法各阶段的主要风险源如下：

（1）前期准备阶段。由于地铁大部分在闹市区修建，为了方便市民出行，车站通常设在交叉路口，施工对路面交通及地下管线影响较大。管线拆改移、管线保护过程中，措施不当会引发管线破裂风险；交通导行不力，会引起交通拥堵，严重时，会引发交通事故风险。

（2）围护桩（墙）及降水井施工阶段。

1）钻孔桩和连续墙施工时，因前期调查不详，施工时，探孔挖掘不对位，造成钻机破坏地下管线风险。

2）桩基施工阶段，往往是见缝插针式施工，桩基周边管线还未来得及处理，就开始施工，大型机械行走在管线所在区的地面上，进行钻孔作业，易造成浅层管线压裂风险。

3）施钻（抓）孔时，因措施不当会引起塌孔，造成地表塌陷，进而引起周边地下管线破坏风险。

4）因吊装钢筋笼、护筒、混凝土导管等操作不当易引起人身伤害风险。

5）人工挖孔桩施工时，易发生地面坠物、起吊工具失灵、孔内浊气中毒等风险。

6）钻孔桩垂直度超标，侵入结构，基坑开挖时未采取措施，擅自切除围护结构，易造成基坑失稳风险。

7）围护结构施工质量差，承载力不够，引起基坑失稳风险。

8）降水井施工质量差，达不到抽水能力要求。

（3）内部土石方开挖及支撑体系设置阶段。基坑开挖期间，环境风险与基坑自身风险相互影响，互为作用：基坑开挖是个卸载过程，对地层原有结构有破坏和扰动，土体结构的原平衡状态破坏，会引起土体内应力场的变化，它的后果是使基坑内的土体向开挖方向滑动，产生坑底土体的回弹和围护挡土结构的内移，围护结构位移，会引起周边地表沉降，地表沉降超过一定数值，会引起管线、建（构）筑物破坏，而上水、排水管线的破裂导致水渗入基坑周边土体或灌入基坑，又加速基坑的破坏。因此，基坑施工风险，又是一个综合风险，任何一道工序的风险，有时直接影响到全局，必须引起重视。

1）桩（墙）+内支撑体系基坑，支撑加工（预制）质量不合格、支撑架设不及时、支撑脱落，易引起基坑失稳风险；支撑围檩架设后与桩间不密帖，未采取措施，围檩与桩受力不均，无法形成整体受力，易引起基坑变形风险；角部支撑围檩，未设抗剪墩，围檩未焊成整体，加预应力后，易引起滑动失稳风险；主体结构混凝土未达到强度要求即拆撑、支撑拆除与支撑替换不连贯，容易造成基坑失稳和结构破坏风险。

2）桩（墙）+锚杆（索）支撑体系基坑，锚杆（索）钻孔进入饱和粉细砂层中，易引起流砂、管涌风险；锚杆（索）未打设，或虽已打设但未张拉就开挖下部土体，易引起基坑失稳风险。

3）基坑周边超载（如围挡内重型机械在坑边行定、堆载；围挡外社会车辆通行，与坑边较近，但未按设计限重通行）引起基坑失稳，进而引起坍塌事故。

4）软弱地层开挖易引起基底隆起、基坑周边地表沉陷、管线下沉超标破坏、周围建筑物倾斜（开裂）等风险；在软弱地层、粉细砂层、厚回填土地层中，采用放坡开挖或土钉墙支护，易发生土体滑坡风险；饱和粉细砂地层，在降水或加固不到位的情况下，易从桩间或基坑底部发生流砂、管涌风险；基坑周边存在的水囊和地下空洞对土层结构变化特别敏感，施工前未处理或处理不当，易引起地层陷落、周边地下管线破裂、周边建筑物破坏风险。

5）处于岩石地层的基坑开挖，岩石爆破开挖存在飞石伤人风险。

6）土钉墙施工时，存在下列施工行为，易造成塌方风险：①未按施工方案步距开挖，开挖步距太大；②开挖后，未及时支护，土坡暴露时间太长；③上层土钉注浆体强度、喷射混凝土强度未达到要求，就开挖下层土方。

7）土方开挖期间，因与支护体系交叉施工，施工作业机械较多，所以，机械伤害也是这个阶段的主要风险。

8）明（盖）挖基坑施工作业面大，暴露时间长（从开挖到结构完成的整个过程），部分作业需在坑边进行，如基坑监测工作、吊装作业工作，所以，临边防护风险也是明（盖）挖法的主要风险。

9）雨季基坑开挖，排水不当，坑外土体受到冲刷、坑内土体受水浸泡易引起基坑失稳风险。

（4）主体结构施工阶段。

1）钢筋垂直运输过程中，可能发生钢筋散落和碰撞伤人。

2）高大侧墙模板、三脚架在吊运、安装及拆除过程中，由于滑落、垮塌以及拆除顺序不当，易造成伤人事故。

3）脚手架运输、搭设及拆除过程中发生坠物、高空坠落及脚手架坍塌事故。

4）施工垂直运输（尤其是竖井），由于提升钢丝绳断裂、吊桶坠落或吊桶内泥土溢出，或者垂直作业上下无隔离防护措施，可能造成误入危险区的人员伤亡。

5）深基坑、竖井、预留洞周边易发生人员和物体坠落风险。

B　明（盖）挖施工安全策划重点

明（盖）挖施工技术是一项常见的车站及区间施工技术，在地铁施工中应用广泛。明（盖）挖法施工的安全策划重点包括以下几个方面：

（1）项目开工前，要确定安全目标，设置项目安全生产管理机构，建全项目安全管理体系；配备专职安全生产管理人员，制定满足施工要求的各项安全管理制度。

（2）做好前期调查工作，包括地下（地上）管线、地下（地上）构筑物、地下空洞、地面交通状况等；根据勘查资料及现场调查情况制定管线和建（构）筑物保护方案。

（3）根据现场调查情况，结合设计文件，对周围环境及工程本身存在的各种风险因素进一步辨识、评估，确定（或完善）安全风险等级，实行分级管理。

（4）在市区进行明（盖）挖法施工，往往涉及占用交通道路问题，施工前，要详细调查施工区周边道路交通情况，包括路面结构层、路基情况、马路宽度、车流状况（尤其是早晚高峰车流情况）、公共交通站点设置情况、交通设施情况等，根据调查情况及结构施工占路要求，制定交通导行方案并上报交管局审批，方案审批后，要在交警的指导下进行导行。

（5）与暗挖法、盾构法相比，明（盖）挖法施工场区面积大，且不同的施工阶段，有不同的场区布置要求，涉及场区建设的工作量多；盖挖法一般实行分幅倒边施工，场区占地窄小，占用周期短，临时构筑物较多。因此，明（盖）挖法施工场区布置设计与建设更多地关系到安全、文明施工，是安全策划的一个重点。

（6）针对明（盖）挖法涉及的深基坑支护工程、土方开挖工程、主体结构高大模板工程、起重吊装工程、爆破工程、降水工程等危险性较大的专项工程，在施工前要单独编制安全专项施工方案，专项方案应当经专家评审，经施工单位技术负责人、总监理工程师签字后实施。

（7）针对工程地质风险、周边环境风险、基坑开挖及支护风险等，编制工程项目安全事故应急救援预案，建立应急救援组织机构，配备救援器材、设备和应急救援人员，并定期组织演练。

（8）明（盖）挖法修建地铁结构，施工交叉作业多，如围护桩与降水井的交叉施工、土方开挖与支护体系设置的交叉施工、支护体系设置（拆除）与主体结构施工间的交叉。这些交叉施工安排不当，容易引发安全事故，施工前，要在施工组织设计上给予充分的考虑，施工过程中，要设置专门的调度人员，统一协调现场的工作。

（9）做好施工的垂直运输方式（塔吊运输、物料提升架、移动式吊车、龙门吊等）和垂直运输设备选型工作；如采用移动式汽车吊、履带吊等作为垂直运输工具，要设固定作业区，不可在基坑边随意行走，并进行基坑受力验算；如采用塔吊运输，要设置固定基础，并进行抗倾覆验算；施工过程中，要合理设置机械垂直运输线路与人员上下坑行走线路，以防相互影响，发生事故。

（10）盖挖逆作法中桩（柱）施工是重点和难点，要做好设计计算与现场施工的质量控制工作，防止发生整体沉降过大、差异沉降超标现象，进而引起结构变形。

（11）要做好盖挖顺作法施工路面铺盖系统的承载能力设计，同时，要根据设计要求控制好现场实际加载，防止荷载过大引起铺盖系统变形过大，引发事故。

3.2.2.2　暗挖施工风险源及安全策划重点

A　暗挖施工风险源

（1）暗挖施工应重点关注的安全风险因素。影响暗挖施工安全的因素主要有不良地质风险、超前支护施工风险、隧道土石方开挖风险、初期支护施工风险、二次衬砌施工风险、地下水控制风险、周边环境影响风险等。

上述潜在的不安全因素会引起隧道施工中发生透水、坍塌、机械伤害、中毒等意外，并可能导致地面建筑物、道路、地下构筑物及地下管线等遭受损害。一旦发生此类事故，会造成较大损失，因此需重点关注，提前制定防范措施。

（2）暗挖施工安全风险因素辨识。

1）风险因素辨识应查阅有关文件资料，识别与各类施工作业和管理活动有关的所有危险源与环境因素。针对暗挖施工安全影响因素重点、风险源识别可从以下几个方面进行：①查看地质、水文、勘察资料及地下管线布置情况，是否编制专项安全施工方案及监控量测方案，方案设计中是否有地下管线等建（构）筑物改移或加固方案、监控量测方案和安全防范等安全技术措施。当地铁穿越铁路、轨道交通、房屋等建（构）筑物时，是否制定相应的防护措施，并经管理单位同意。②施工图设计中是否建立完整的测量和监控量测系统，对隧道位置及工程结构和施工影响区内的地表、建（构）筑物、地下管线等设施的沉降、变形、变位等方面进行监测；当监控量测数据超过设计或方案规定时，是否采取安全技术措施，保持施工和建（构）筑物、地下设施的结构安全。③竖井设计是否满足安全施工的要求。施工中选用的起重、开挖、运输等设备参数是否满足暗挖施工的需要。暗挖施工的辅助措施，如超前支护、注浆加固、降水等措施是否安全有效。查阅关于钢筋、模板、混凝土、防水等工程安全检查的记录、文件，看是否满足暗挖施工安全的需要。

2）暗挖施工过程中由于施工方法和技术措施不当造成的危险源和危害因素。

3）除分部分项工程的危险源和危害因素外，一些危险源存在于多项分部工程中，也要给予重视和保持警惕。包括以下内容：施工机具使用前未对机具详细检查引起机械伤害；特种设备操作工未经过培训，无证上岗引起机械伤害；提升设备及其吊索具、保险装置未按规定定期检测和保养引起起重伤害；施工机械作业中不符合用电操作规程引起触电；作业现场未遵守用火管理规定引起火灾，现场未按规定配备消防器材未能及时控制火灾；施工作业人员未按规定佩戴安全防护用品。

B　暗挖施工安全策划重点

地铁区间隧道及车站暗挖施工的安全策划主要包括暗挖施工风险的识别、分析、评估、控制等，策划重点是针对暗挖施工的地质、结构及工法、施工组织、工程周边环境等方面，对存在的各种风险因素进行辨识，形成工程风险清单，并在施工前及施工过程中，根据工程条件、施工方法及设备，按照工程进度和工序，对工程风险清单进行评估和整理，确定工程的主要风险及风险等级，对重大风险进行梳理和分析，制定相应的风险控制措施和应急预案。根据暗挖施工的特点，暗挖施工的风险管理和安全策划重点包括以下内容：

（1）建立健全安全保证体系，设置安全管理机构，制定完善的安全管理制度。配置安全经理（或安全总监）及足够数量的安全管理人员，每个暗挖施工工点配备至少一名岩土专业工程师，并进行跟班检查。

（2）暗挖法隧道施工应遵循"管超前、严注浆、短开挖、强支护、快封闭、勤量测"的原则。应全面掌握隧道工程沿线的地形、地貌、工程地质与水文地质情况，并做好超前地质预测、预报工作。施工前应查清隧道周边区域的建（构）筑物和地下管线的状况，对需要保护的，制定并落实翔实可行的保护措施。

（3）对采用钻爆法施工的暗挖隧道施工方案进行专家评审，评审专家应当对隧道和工程周边环境的安全性给出明确结论。施工单位应根据评审专家的意见修改、完善施工方案。钻爆法施工应遵循"分部开挖、短进尺、弱爆破"的原则，根据围岩特征，采用光面爆破或预裂爆破；对于有爆破震速控制要求的，应采用减震方法进行爆破。洞内爆破作业时，洞内人（含相邻隧道内人员）应当全部撤离到安全地点。

（4）暗挖隧道施工穿越房屋建筑、重要市政道路与管线、水利设施、渠河湖海、既有铁路和隧道的，施工方应配合建设、勘察，设计、监理等单位，开工前对施工条件进行评估。

（5）按技术标准和设计要求进行施工监测。

（6）软弱围岩、地层多变、上软下硬和浅埋地段隧道开挖时，应采取掌子面地质素描、钻孔等手段进行超前地质预报，必要时，采用地面补充勘探、物理勘探等手段，掌握开挖面前方的岩层和地下水的情况。对于上软下硬地层、软弱地层等部位施工时应进行超前加固，短开挖、弱爆破、少扰动、快支护。

（7）采用台阶法、CD、CRD、双侧壁导坑法等工法，开挖时应预留足够的变形量，防止初期支护侵入限界，同时防止过大超挖。对于超挖部分应采用喷射混凝土回填，不能随意采用片石、木材等回填。采用分部开挖时，初期支护拱脚、墙脚应牢固，分部开挖下部时，应左右错开，挖一榀，支一榀。拱部风化球状体宜分块处理，防止塌方。格栅或型钢支撑架设间距、喷射混凝土厚度、锚杆长度和数量等应符合设计要求。拆除临时支护时，拆除长度和顺序应按设计执行，并根据变形测量数据分析、判定拆除时间和拆除部位的安全性。

（8）竖井与横通道交叉洞室、横通道与隧道交叉洞室部位、隧道变断面等应采取强支护，并尽早做好二次衬砌。小净距双隧道施工，需前后错开施工，后行隧道开挖应在先行隧道初期支护封闭后进行。

（9）隧道内需进行机械通风，对于可能存在有害气体的地段需进行气体检测，并加强施工通风。对于地下水的处理，条件允许降水的，可采取降水措施；不允许降水的，应采取注浆堵水，并加强洞内排水措施。

（10）重视隧道信息化施工，应根据量测成果和地质超前预测、预报成果进行分析判断，掌握围岩、水文与初期支护动态信息以指导施工、验证设计，必要时据此修正设计。主管工程师应当对每日的监测数据进行分析、判断，对变形超限情况提出对策。出现围岩、初支突变或大变形时，需分析原因，采取加固措施，在确认稳定后方可施工。强化信息报送，隧道施工出现事故或险情时，要第一时间报告安监机构和主管部门，在事态稳定后，提交事故或险情处理情况报告。强化应急管理，针对可能发生的大变形、坍塌、涌泥、涌砂、淹井、周边建（构）筑物和管线损毁等工程风险制定应急预案，配备好抢险材料、器材、设备和交通警戒标志，设置逃生道路，并对应急预案进行演练。

3.2.3 明（盖）挖法及暗挖施工风险控制措施

3.2.3.1 明（盖）挖法施工风险控制措施

地铁明（盖）挖施工过程中，影响和制约安全生产的风险较多，本节着重针对不良地质条件、防水工程、降水、周边建（构）筑物等重大风险源和主要分部分项工程，给出相应的施工风险控制措施。

A   不良地质条件的控制措施

不良地质条件下的深基坑施工前，应组织有设计施工经验的岩土工程专家对基坑工程的设计方案和施工方案进行评审。在施工时应严格按设计进行施工，围护结构、软弱地层加固等施工工艺和质量需满足设计和相关规范的要求。针对地下水位过高的地段，需制定合理的降排水方案。降排水不仅可以改善作业工人基坑下的劳动条件，同时也能避免基底土体泡水软化，提高土体强度，减少回弹、减小基坑变形，从而起到稳定基坑的重要作用。但是，不合理的降排水也可能造成地面和周边建（构）筑物开裂、超限沉降甚至坍塌。

B　地下水及降水风险控制措施

（1）开挖低于地下水位的基坑（槽）、管沟时，应根据工程地质条件、水文地质条件和工程周边环境条件、开挖范围和深度，并结合基坑支护和基础施工方案，综合分析、确定地下水的控制措施，可分别选用集水坑降水、井点降水或两者结合等措施降低地下水位，施工期间应保证地下水位经常低于开挖底面 0.5m 以上。当因降水而危及基坑及工程周边环境安全时，宜采用截水或回灌方法。截水后，基坑中的水量或水压较大时，宜采用基坑内降水。基坑开挖后发现有地下水，应及时排走，采取降水、注浆堵水和基底引排等措施做到基底无水。

（2）当基坑底为隔水层且层底作用有承压水时，应进行坑底突涌验算，必要时可采取水平封底隔渗或钻孔减压措施保证坑底土层稳定。

（3）降水前，应考虑在降水影响范围内的已有建（构）筑物可能产生的附加沉降、位移或供水井水位下降，以及在岩溶土洞发育地区可能引起的地面塌陷，必要时应采取适当的防护措施；在降水期间，应定期进行沉降和水位观测并做好记录；基坑顶四周地面应设置截水沟；基坑壁（边坡）处如有阴沟或局部渗水时，应在渗水处设置过滤层，防止土粒流失，并应设法注浆堵截或引出坡外，防止边坡受冲刷而坍塌。

（4）采用集水坑降水时，集水坑和集水沟一般应设在基础范围以外，防止地基土结构遭受破坏；大型基坑可在中间加设小支沟与边沟联通。

（5）采用井点降水时，应根据含水层土的类别及其渗透系数、要求降水深度、工程特点、施工设备条件和施工期限等因素进行技术经济比较，选择适当的井点装置。在第一个管井井点或第一组轻型井点安装完毕后，应立即进行抽水试验，如不符合要求，应根据试验结果对设计参数做适当调整。采用真空泵抽水时，管路系统应严密，确保无漏水或漏气现象，经试运转后，方可正式使用。抽水设备的电器部分需做好防止漏电的保护措施，严格执行接地、接零和使用漏电开关三项要求。井点降水工作结束后所留的井孔，需用砂砾或黏土填实。如井孔位于建（构）筑物基础以下，且设计对地基有特殊要求时，应按设计要求回填。

（6）采用回灌时，应符合下列要求：为减小施工过程中降水对周围环境的影响，应在降水井管与建筑物、管线、路面之间设置回灌井点，补充该处的地下水，使地下水位基本保持不变。回灌水宜采用清水，以免阻塞井点；回灌水量和压力大小，均须通过计算，并通过对观测井的观测加以调整，既要保证隔水屏幕的隔水效果，又要防止回灌水外溢而影响基坑内正常作业。回灌与降水井点之间距离一般应不少于6m，防止降水、回灌相通；回灌与降水的启动和停止应同步。回灌井点的埋设深度应根据透水层深度来决定，保证基坑的施工安全和回灌效果。

C　止水帷幕施工风险控制措施

止水帷幕是在工程主体外围进行止水的施工方法，其作用是通过土体固结或素混凝土桩（墙）形成止水墙，阻断基坑内外的水层交流，其形式主要有压密注浆、高压旋喷桩、水泥土搅拌桩、素混凝土灌注桩（或连续墙）等。止水帷幕施工风险主要体现在止水帷幕方案选择不当、施工质量达不到设计要求等原因导致止水失效而引发基坑事故、止水帷幕施工过程中因操作不当等引起人身伤害或地下管线破坏等风险。止水帷幕方案选择必须根据工程地质和水文地质、基坑围护结构类型、基坑开挖深度、基坑降水设计等情况，选择一种或几种组合的帷幕方案。止水帷幕设计厚度、深度要考虑施工偏差，要注意和围护结构有效弥合。压密注浆帷幕施工宜采取分段后退式注浆，通过现场注浆试验选择适宜的浆液配比、注浆压力、凝结时间、分段长度等注浆参数，并要对注浆效果进行检测。高压旋喷桩帷幕施工应根据设计情况，选择单管、双管或三管旋喷工艺，应通过现场试桩选择适宜的浆液配比、旋喷压力、旋喷提升速度、喷嘴直径等施工参数。水泥土搅拌桩帷幕一般选用深层水泥搅拌桩机施工，应严格控制桩机定位、浆液制备、喷浆压力、下沉和提升速度及次数等施工参数。止水帷幕施工前应做好地下管线及构筑物调查、探测等工作，避免构筑物受损、燃气爆炸、触电等事故发生。压密注浆、高压旋喷桩及搅拌桩施工时，管道连接应牢固可靠，避免软管甩出和浆液飞溅伤人；接近地表时，应停止压浆；操作人员需戴防护眼镜，防止浆液射入眼睛内。

D 防水工程施工风险控制措施

（1）总体要求。防水材料应采用符合施工安全和环保要求的材料，落实防火、防中毒措施。

（2）防止火灾安全措施。施工现场和配料场地（特别是用火点、高温热源处）配备灭火器材。用火点四周3m以内和下方（包括孔洞、裂缝的下方）火星飘落范围内不能有可燃物。必要时使用防火毯等阻燃物覆盖。钢材切割、钢筋焊接等作业要远离防水层，近距离作业时要有防火隔离措施。装卸溶剂的容器，需配有软垫，不准猛推猛撞；在使用后，容器盖需及时盖严。

（3）防止中毒安全措施。在密闭、半密闭或空间狭小场所进行有毒、有害的防水材料作业或防水层热熔焊接作业时，要保持通风良好，作业人员正确选用和佩戴防护面具，作业时间不宜过长，且应轮换作业，防止中毒。

（4）防止高坠的措施。对高处作业面周围边沿和预留孔洞，需按"洞口、临边"防护规定进行安全防护。雨、雪、霜天应待基面干燥后方可施工。六级以上大风应停止室外作业。铺贴垂直墙面卷材，其高度超过1.5m时，应搭设牢固的脚手架。

E 工程周边环境保护

（1）周边建筑物保护。采用明（盖）挖法施工时，为减小对周边建（构）筑物的影响，应根据基坑安全等级和有关规程采取相应的防护措施，包括不良地质条件下的围护结构选型、围护结构施工、地下水控制方式、基坑开挖和支撑架设的时空效应控制、尽快施作底板等控制措施，以及采取隔离桩保护、动态跟踪注浆保护等辅助措施。基坑施工过程中，要加强监测和信息反馈，根据基坑的安全等级，确定监测的报警值，并根据分级预警，采取相应的控制措施。基坑的安全等级根据基坑的开挖深度、地下水埋深、地质情况、周边环境保护要求等分为不同等级，基坑安全等级划分参照国家和地方基坑规范的规定。

（2）管线保护。采用明（盖）挖法施工时，基坑范围内的管线需改移或采取悬吊、架空等措施。对基坑影响范围内的地下管线进行保护。施工前应对地下管线的相对位置、埋深、类型等进行详细调查，对基坑开挖及结构施工过程中的地面沉降量进行检算、预测，依此对地下管线的沉降进行预测。施工过程中，对管线进行监控量测，并根据量测结果及时调整、完善保护方案。

　　F　盖挖逆作法中桩施工风险控制

　　盖挖逆作法中桩一般采用机械成孔下钢套筒或人工挖孔法成孔，并进行孔下安装钢管柱（钢筋笼）。人工挖孔和孔下安装钢管柱（钢筋笼）是工程的难点和风险点，施工过程中应做好以下风险控制措施：

　　（1）联络与监护。中桩施工作业人员要做好安全防护措施，佩戴相应的安全防护用具，采用有线或无线对讲机、步话机等良好的通信设备或其他可靠的联络通信办法与孔外人员随时保持联系。孔下作业人员连续作业不能超过2h，并设专人监护。

　　（2）防孔壁坍塌。护壁混凝土为C20以上、厚度不小于15cm，在护壁混凝土达到规定强度和养护时间后方可进行土方开挖。孔边2m内不能堆土（物料），机动车辆通行时应做出预防措施或暂停孔内作业，以防挤压塌孔。

　　（3）防触电。检查桩孔及施工工具，所有电气设备需装有漏电保护装置，孔下照明使用电压灯具（应不大于36V，宜使用12V安全电压）和使用专用防水电缆；抽水时人员应离开孔内。

　　（4）防物体打击。井口第一护壁高出地面25cm；挖出的土方应及时运走，孔边2m内不能堆土（物料）；桶装泥石不能过满，井口人员不能手拿工具等，井内设安全防护半圆板，孔内、护筒作业人员均需戴安全帽，系安全绳。桩孔内需放爬梯，并随挖孔深度增加放长至工作面。人员需从专用爬梯上下，严禁搭乘起重设施上下。桩孔施工所使用的电葫芦、吊笼、钢丝绳等需经检验合格，同时应配备自动卡紧保险装置，以应对突然停电。电葫芦宜用按钮式开关，上班前、下班后均应有专人检查并加足润滑油；保证开关灵活、准确，链无损、有保险扣且不打死结，钢丝绳无断丝。支承架应加固稳定，使用前需检查其安全起吊能力。

　　（5）防中毒与窒息。作业前将桩孔内的积水抽干，打开孔盖进行通风，经有害气体检测仪检测合格（有害气体浓度、氧气浓度满足标准）后方可下孔作业。当桩孔开挖深度超过5m时，应采用地面风机不间断向孔底送风，风量不宜少于25L/s。地面储备防毒面具（氧气面具）和急救用氧气。

　　（6）防高坠。现场立警示牌，在桩口处设置防护栏、网，且高度不低于1.2m。孔内或护筒下无人作业时，需将孔口盖严、盖牢。

　　（7）防涌砂涌水。施工前应进行专项安全论证，必要时采取降水。作业过程中孔内设置应急爬梯。

　　（8）周边环境保护。桩孔开挖后，现场人员应注意观察地面和建（构）筑物的变化。

　　G　盖挖垂直运输风险控制措施

　　盖挖顺作法是先铺盖后通过竖井开挖，施工垂直运输均通过竖井进行，垂直运输过程中需重点关注以下几点：

　　（1）竖井提升架及设备需经专业施工队安装，并经有关部门验收合格方可使用，提升操作人员需持有特种作业证，否则不能上岗。竖井提升设备中需安装限位器防止提升过度绞断钢丝绳，造成吊斗堕落。

（2）竖井用钢丝绳应根据使用类别及安全系数确定，允许载重量根据安全系数核定，在使用现场挂牌标明；提升斗钢丝绳偏角不应超过 1.5°；吊装时设防护平台或防护网。使用前对钢丝绳、卡具等进行检查验收，符合要求后才能使用；提升设备各部分，需设专人检查，发现问题应责成专人限期处理并做好记录。

（3）竖井上下设置联动电铃及信号灯，吊放吊斗上下要有统一的信号，有专人指挥，下部人员要避在安全处。吊斗上粘有泥块需铲除时，应将吊斗放在地上铲除，严禁悬空铲泥。

（4）当提升或制动钢丝绳直径减少10%时，或出现锈蚀严重、点蚀麻坑、外层钢丝松动现象时，需更换。竖井提升装置的连接装置，应根据装置类别选用安全系数适当的装置，使用前用其最大静荷重两倍的拉力进行试验。

（5）竖井中每一主要提升装置配两名司机，由一名开车，一名监护，工作中司机不能离开工作岗位和调节制动闸。所有人员应通过扶梯上下，扶梯设防护栏杆。

（6）电动葫芦露天作业应搭设防护棚，竖井口应设挡水墙，竖井内应设集水坑并备足抽水设施。

H　地面交通风险控制措施

地面交通对邻近道路的明（盖）挖施工风险主要表现在路面车辆，行人对道路上施工围挡及围挡内作业人员安全的影响，以及路面车辆等交通荷载对基坑围护结构稳定性的影响。明（盖）挖施工围挡必须按照设计要求和城市道路设施管理机构和交警部门规定的地域、范围、时间和要求进行围挡。围挡安置应整齐稳固，安置的位置应以不妨碍道路交通和行人通过为原则，除出入口外必须连续封闭，保证施工现场与外界隔离，围挡前应做好交通导向标志，施工时应指派专人维持交通秩序。地面交通荷载对明（盖）挖基坑围护结构的影响主要来自静载产生的竖向压力及由于车辆行走引起的地面振动。基坑围护结构设计时要考虑交通道路与基坑距离、车速、车型、车流量等对基坑稳定性的影响，以选择合适的围护结构嵌固深度。富水软弱地层深基坑工程的施工阶段遇交通高峰期时，应加强对围护结构的监控量测或采取一定的控制交通量的方法。

3.2.3.2　暗挖施工法施工风险控制措施

地铁暗挖区间隧道及车站施工过程中，影响和制约安全的风险较多。本节重点针对不良地质条件、超前支护、隧道开挖、隧道运输、初期支护、二次衬砌、地下水控制、穿越建（构）筑物、穿越江河等重大风险源和主要分部分项工程的施工风险，给出相应的控制措施。

A　不良地质条件的控制措施

a　总体要求

地质条件是暗挖隧道设计与施工的基础资料。在施工过程中，要把地质预报纳入隧道施工工序，做到提早防、提前防。在设计方案审查阶段，针对不良地质地段，应在地质详细勘察或补充勘察的基础上，结合断面形式、规范、工程类比和必要的结构计算对设计方案进行审查，同时结合类似地质条件下已开挖隧道的施工经验，修正设计方案，并编制专项施工方案。

对地下水位过高地段，通过采用降、堵、泄等方法处理，以提高围岩的自稳能力，提高喷射混凝土质量，防止发生流砂、突水、突泥事故。对松散无胶结岩层、低强度岩层、开挖后会发生大变形的岩层、有可能发生突泥突水的岩层等，均可采取超前小导管预注浆、全断面注浆等预加固地层与改良地层措施。

b　隧道塌方防范措施

塌方是隧道暗挖法施工中最常见的一种风险。施工过程中需根据施工现场的实际情况对施工专项方案进行动态管理，必要时调整施工方案，做到工序紧凑，不跨工序施工，及时封闭，确保每道工序的施工质量。

坚持"以地质为先导"的原则，采用掌子面地质素描、地质雷达物探等手段超前预报地层情况，时刻掌握隧道的地质状况，异常地质地段要有特殊的超前支护、初期支护措施和开挖方法。严格控制每循环进尺，开挖成型后及时进行初期支护，确保工序衔接，尽早施作仰拱并及时封闭成环，以改善受力条件，对特殊地段缩小钢格栅的间距，加强初期支护。切实做好隧道注浆堵水工序，防止地下水流失或因涌水造成的塌方事故。掌子面准备喷浆料、木材、型钢、网片、砂包等应急材料，一旦出现塌方征兆，立即喷浆封闭掌子面，并停止开挖，在采取可行的加固方案后方可开挖。遇有严重险情时，作业人员应先行撤离、紧急避险。

加强监测，开挖初期支护后，量测拱顶下沉及边墙收敛、地面下沉与隆起值以及格栅钢架内力，及时对数据进行分析，发现异常情况立即上报，并采取相应防治措施。

c　隧道冒顶片帮处理措施

冒顶是隧道暗挖法施工比较常见的一种风险。发生隧道冒顶、片帮时应立即上报，并马上组织调配抢险机械设备、抢险物资及人员，组织抢险；当险情危及（地面、地下）设备、车辆及人身安全时，人员及设备要撤离危险区，设置警戒线，防止其他人员或社会车辆进入危险区域。

用方木、工字钢等支撑塌方掌子面，及时挂网喷射混凝土封闭塌方土体并对距离掌子面5m范围内的初期支护采用工字钢支撑进行加固，喷射混凝土封闭后在塌方段径向打设注浆小导管并及时注浆回填，待土体达到强度后方可破工作面。开挖过程中采取增加小导管数量、调整超前支护注浆浆液的类型、配比及注浆压力、持压时间等措施，控制开挖进尺，避免开挖临空时间过长，防止类似事故再次发生。

如冒顶对路面、管线及周边建筑物造成影响，立即对现场采取回填处理。回填后应对回填区进行注浆加固，并及时恢复路面交通。

d　隧道涌（突）水防范及处理措施

防止隧道涌（突）水的有效措施有以下几种，针对不同情况往往需要多种措施组合：

（1）超前钻孔探水法。超前钻孔探水法是在洞内掌子面上超前钻孔（在掌子面钻3～5个15m超前深孔）进行探水，提前预报，防止突水。这是最直接有效的探水手段。红外超前探水是根据红外异常来确定含水断层、含水溶洞、地下暗河等的存在。在复杂地质条件下，特别是岩溶发育地区，相对掘进隧道的隐伏水体或含水构造，除了出现在掘进前方之外，还可能出现在顶板上方、底板下方、两边墙外部。针对复杂水文地质特点，红外探测仪可实现全空间全方位探测。

（2）超前预加固。探明隧道开挖影响范围内富含地下水时，可对该地层进行超前预加固处理。超前预加固主要采用超前深孔注浆、管棚加固、小导管注浆等方式。对富水、有突水可能或存在承压水的地段，采用挤压劈裂注浆以防止突水；在破碎围岩地段，采用渗透充填注浆对围岩进行加固。施工前要编制掌子面超前注浆加固止水方案并经审批，施工中严格按审批方案执行。

（3）留核心土。含水地段隧道开挖时，采用短台阶环形留核心土开挖，每次注浆根据注浆效果来确定是否补注以及确定开挖长度。在富水或承压水段开挖时，每循环要留6m的止浆岩盘；一般注浆段开挖，每循环要留2～3m的止浆岩盘。

（4）隧道基底先铺。进行衬砌时，富水破碎地段一定要坚持铺底先行，防止隧道基底被水浸泡软化，影响初期支护安全与结构可靠性。

当发生隧道涌（突）水事故时，隧道内掌子面立即停止作业，切断电源，所有人员撤至地面等待命令。当可确保作业人员安全的前提下，立即对掌子面挂网、喷射混凝土，当出水较大时应集中引排水，及时架设格栅，对坍体进行封堵和反压。在堵水时应随时观察洞内情况，防止掌子面或其他地方出现坍塌；从封堵墙位置打设超前大管棚，注入水泥水玻璃双液浆加固周围土体；开挖掘进隧道上台阶时，应加密格栅钢架，加强初期支护，开挖下台阶时支护要紧跟，在初期支护后及时进行二次衬砌施工；密切关注水情变化，严密监控隧道内环境。

B 超前支护的风险控制措施

a 总体要求

对于围岩自稳时间小于初期支护完成时间的地段，应根据地质条件、开挖方式、进度要求、使用机械情况，对围岩采取锚杆或小导管超前支护、小导管周边注浆等安全技术措施。当围岩整体稳定难以控制或上部有特殊要求时，可采用大管棚支护。

采用超前锚杆支护时，一般宜采用钻孔注浆锚杆支护，其孔位布设、长度、夹角、材料规格、锚杆预加拉力等参数应符合设计要求。当采用导管超前支护时，导管既作为注浆导管，又起超前锚杆作用。导管规格、间距、长度、外插角及注浆要求应符合设计规定；导管施工前应将工作面封闭严密、牢固，清理干净，并测设钻孔位置后方可施工。当采用管棚超前支护时，一般用钻机成孔或将管棚随钻进直接打入地层；管棚施工前应封闭工作面，并测定孔位；管棚管钢规格、管棚孔位、间距、钻孔深度、角度及注浆材料需符合设计要求。

施工期间，尤其在注浆时，应对支护的工作状态进行检查；当发现支护变形或损坏时，应立即停止注浆，并采取措施；注浆结束4h后，方可进行掌子面的开挖。浆液配置或存放过程中应设专人管理，对有腐蚀性的配剂应严格按操作规程试配；注浆前应对注浆管路、压力表、注浆设备等进行认真检查；注浆时应按设计压力分级逐步升压，根据注浆量、注浆压力进行双控以确定结束注浆时间；拔出注浆管时不能将管口朝向操作人员，注浆液不慎溅入眼中应尽快用清水冲洗或寻求医生帮助。注浆过程中，严格控制注浆压力。保证浆液的渗透范围，防止出现结构变形、串浆，危及地下、地面建（构）筑物的异常现象。钻孔作业中，不能靠近钻杆和机械传动部分；钻孔中遇到障碍，需停止钻进作业，待采取措施并确认安全后，方可继续钻进。钻孔中发生大量突泥涌水时，应集中全力及时注浆封堵。加强统一指挥，在钻孔、注浆作业中发生异常情况时，要及时处理，确保安全。

b 超前锚杆支护

在未扰动而破碎的岩层、结构面裂隙发育的块状岩层或松散渗水的岩层中，宜采用钻孔注浆超前锚杆支护，锚杆的尾部支撑需坚固可靠。锚杆间距应根据围岩状况确定，地质情况变化时，锚杆参数也应改变。

c 小导管注浆超前支护

当在软弱、松散岩土层中开挖隧道时，需先加固地层，而后开挖。导管安设前，应先测放出钻设位置后方可施工。采用钻孔施工时，其孔眼深度应大于导管长度；采用锤击或钻机顶入时，其顶入长度不小于管长的90%。注浆前应喷射混凝土封闭作业面，防止漏浆，喷层厚度不宜小于50mm。选择注浆材料应根据地质条件、注浆目的和注浆工艺等全面考虑。注浆结束后应检查其效果，不合格时应补注浆；注浆达到需要的强度后方可进行开挖。注浆施工期间应监测地下水是否受污染，应该防止注浆浆液溢出地面或超出注浆范围，如有污染应采取措施。

d 大管棚超前支护

在软弱土层围岩、破碎岩层中开挖浅埋大跨度地下洞室时，应采用大管棚超前支护技术。

管棚钢管环向布设间距对防止上方土体坍落及松弛有很大影响，施工中须根据结构埋深、地层情况、周围结构物状况等选择合理间距。在铁路、公路等正下方施工时，要采用刚度大的大、中直径钢管连续布设。

在软弱破碎地带，为避免钻进过程产生塌孔，常以钢管代替钻杆，在钢管前端镶焊钻具直接钻进，并随钻随接钢管，直至设计深度。大管棚钢管接长时需连接牢固。钻孔完毕应检查其位置、方向、深度、角度是否符合设计要求，并做好检查记录，符合要求后方可安装管棚。管棚安装后，应及时隔孔向钢管内及周围压注水泥浆或水泥砂浆，使钢管与周围岩体密实，并增加钢管的刚度。注浆时钢管尾部应设止浆塞，并在止浆塞上设注浆孔和排气孔，当排气孔出浆后，应立即停止注浆。

C 隧道开挖风险控制措施

a 土质隧道开挖风险控制措施

土质隧道开挖方法应根据围岩级别、断面大小、埋置深度及地面环境等条件，经过技术、经济比较后确定，必要时根据现场监测结果调整开挖方案。地下水位较高时，可在隧道开挖前采用降水井降水，设排水沟抽水，或者采用注浆、水泥搅拌桩或旋喷桩加固地层等方式降水或堵水，以确保隧道开挖掌子面和隧道底部的土体稳定及施工安全。

开挖过程中，应加强开挖面的地质素描和超前地质预报工作。隧道开挖应连续进行，每次开挖长度应严格按照设计要求、土质情况确定，并严格控制。停止掘进时，对不稳定的围岩应采取临时封堵或支护措施；开挖后，应及时进行初期支护。采用分部开挖时，应在初期支护喷射混凝土强度达到设计强度的70%以上后，方可进行下一分部的开挖。

同一隧道内相对开挖的两开挖面距离为2倍洞跨且不小于10m时，一端应停止掘进，并保持开挖面稳定。两条平行隧道（含导洞）相距小于1倍洞跨时，其开挖面前后错开距离不能小于15m。

隧道施工严格控制超挖、欠挖。超挖部分应及时用同级混凝土回填并注浆，以尽快稳定围岩变形，欠挖部分应挖除。当隧底地质软弱、下沉超限时，应及时对隧底进行加固处理。隧道开挖过程中，监控量测工作应及时跟进，实施信息化施工。

b 爆破开挖风险控制措施

爆破作业需按现行国家标准《爆破安全规程》（GB 6722—2011）要求，编制爆破设计方案，制定相应的技术措施。方案应经过专家评审和施工单位技术负责人、监理项目部总监审批。爆破作业应根据地形、地质和施工地区环境的具体情况，采取相应的防护措施。

钻眼前，应检查工作环境的安全状态，清除开挖工作面浮石及瞎炮；凿岩机支在碴堆上钻眼时，应保持碴堆的稳定；用电钻钻眼时，不能用手导引回转的钎子或用电钻处理被夹住的钎子；不能在残眼中钻眼。

爆破器材应由装炮负责人按一次需用量提取，随用随取。放炮后的剩余材料，应经专人检查核对后及时交还入库。

装药前，非装药人员应撤离装药地点；装药区内禁止烟火；装药完毕，应检查并记录装炮个数、地点；不能使用金属器皿装药；起爆药包应在现场装药时制作。

起爆前应做好下列防护工作：起爆应由值班人员监督和统一指挥；洞内爆破时，所有人员需撤离，撤离的安全距离应为：独头隧道内不小于200m；相邻上下隧道内不小于100m；相邻隧道、横通道及横洞间不小于50m；双线上半断面开挖时不小于400m；双线全断面开挖时不小于500m。

爆破后需加强通风排烟，在施工方案确定的时间（一般为15min）后检查人员方可进入开挖面检查。检查内容包括：有无瞎炮；有无残余炸药或雷管；顶板及两边有无松动围岩；支撑有无损坏与变形。

两个相向贯通开挖的开挖面之间的距离只剩下15m时，只允许从一个开挖面掘进贯通，另一端应停止工作并撤走人员和机具设备，在安全距离处设置警告标志。

c　变断面开挖风险控制措施

暗挖隧道在辅助通道与正线连接段、正线不同工法转换连接段、人防段等存在隧道断面变化的情况，隧道变断面施工应编制专项施工方案，加强施工监测，严格控制拱顶坍塌及结构失稳，确保隧道断面衔接和工法转换顺利过渡。

针对隧道断面变化的不同形式，采用大断面向小断面过渡或小断面向大断面过渡的方法。大断面向小断面变化难度较小，将大断面隧道施工到设计里程后，喷射混凝土封闭掌子面，再破口进入小断面施工。对Ⅰ、Ⅱ级围岩，采用锚杆、钢筋网、喷射混凝土封闭掌子面；对Ⅲ～Ⅴ级围岩，采用系统锚杆或超前小导管注浆、型钢拱架、钢筋网、喷射混凝土封闭掌子面。

若小断面向大断面变化的幅度不大，可采用提前渐变，逐渐抬高、加宽即可实现；若变化幅度较大则要采用增加横通道、小导洞、转换施工顺序变成由大到小施工，再对大断面反向施工等措施进行处理。在Ⅲ～Ⅴ级围岩地段，必须采取大管棚或超前小导管、加密钢架、加密监测等加强措施。

D　隧道运输风险的控制措施

a　竖井垂直运输

暗挖法的垂直运输均通过竖井进行，风险控制措施参照盖挖法中垂直运输部分。

b　洞内运输

洞内运输包括碴土、施工人员、构件、施工机械和爆破用品运输。装碴作业应符合下列规定：装碴机械在操作中，其回转范围内不能有人通过；装碴时若发现碴堆中有残留的炸药、雷管，应立即处理；机械装碴的辅助人员，应随时留心装碴和运输机械的运行情况，防止挤碰。

在洞口、平交道口、狭窄的施工场地，应设置缓行标志，必要时应设专人指挥交通；凡接近车辆限界的施工设备与机械均应在其外缘设置低压红色闪光灯，显示限界；车辆行驶时，严禁超车；会车时，两车间的安全距离应大于50cm；同向行驶的车辆，两车间的距离应大于20m；洞内能见度较差时应补充照明；洞内倒车应由专人指挥。采用无轨运输方式运送碴土时，运输车辆限制速度应符合表3-2-1的规定。

表 3-2-1 无轨运输车辆限制速度 （km/h）

项　　目	作业地段	非作业地段	成洞地段
正常行车	10	20	20
有牵引车	5	15	15
会　　车	5	10	10

采用有轨运输方式运送碴土时，行车速度与列车间距应符合表3-2-2的规定。

表 3-2-2 有轨运输行车速度与列车间距

牵 引 方 式	最大行车速度/km·h^{-1}		刹车间距/m
	洞内与成洞地段	洞内施工地段	
机动车牵引	15	5	>60

机动车牵引运输应符合下列规定：非值班司机不能驾驶机动车；司机不能擅离工作岗位；当离开时，应切断电源，拧紧车闸，开亮车灯；列车制动距离，运物料时不能超过40m。运送人员时不能超过20m。

使用运人车时，发车前应检查各车的连接装置、轮轴和车闸等；列车速度不能超过10km/h；乘车人员所携带的工具和物件不能露出车外；列车运行中尚未停稳前人员不能上下；机车和车辆之间严禁搭人。

爆破器材的运输应由专人护送，雷管与炸药分别运送，电雷管应装在绝缘箱内运送；运送前应通知卷扬机司机和井口上下的联络员；运送硝化甘油炸药或雷管时，罐笼内只准放一层炸药箱或只放雷管，罐笼提升的速度不能大于2m/s；运送其他炸药时，炸药箱堆放的高度不能超过罐笼高度的2/3，且不能高于1.2m；在装有炸药的罐笼或吊桶内，除爆破工或护送人员外，不能有其他人员；在交接班、人员上下井的时间内，不能运送；爆破器材不能放在井口房、井底车场或其他隧道内。

E　初期支护风险控制措施

a　总体要求

隧道开挖时，需在开挖过程中及时施作支撑与初期支护，确保施工安全。在稳定岩体中可先开挖后支护，支护结构距开挖面不宜大于5m；在不稳定岩土体中，支护需紧跟土方开挖工序，根据围岩稳定情况采取有效支护。

初期支护需有足够的强度和刚度，以保持围岩的稳定性和施工的安全性。喷锚构筑法施工采用的支护形式主要有"锚杆＋钢筋网＋喷射混凝土"，"钢架（格栅）＋钢筋网＋喷射混凝土"和"钢架（格栅）＋锚杆＋钢筋网＋喷射混凝土"联合支护三种。施工作业时应视不同地质条件和围岩稳定程度合理选用。施工期间，应对支护的工作状态进行定期和不定期的检查。在不良地质地段，应有专人检查。当发现支护开裂、变形或损坏时，应立即修整加固。初期支护应预埋注浆管，结构完成后，及时注浆加固，填充注浆滞后开挖面的距离不能大于 5m。暂停施工时，应将支护直抵开挖面。

构件支撑的立柱不能置于虚碴和活动石块上。在软弱围岩地段，立柱底面应加设垫板或垫梁。钢拱架就位后，支撑需稳固，及时按设计要求焊（栓）连接成稳定整体。正洞与辅助坑道的连接处，应加强支护。需爆破作业时，喷射混凝土终凝到下一循环放炮间隔时间，应不小于 3h。喷射混凝土作业应加强通风、照明，采取防尘措施降低粉尘浓度，作业人员佩戴防尘口罩。

在隧道施工过程中，应对地面、地层和支护结构的动态变化进行监测和控制，并及时反馈信息。

b　锚杆网喷混凝土支护

安装锚杆及钢筋网时，作业人员之间应协调动作，在本排锚杆或本片钢筋网未安装完毕，或与相邻的钢筋网和锚杆连接稳妥之前，不能擅自取消临时支撑。工作人员加强个人防护，眼睛、脸部或皮肤接触浆液时，应立即用清水或生理盐水彻底冲洗 20min，严重者送医院治疗。

对所需喷射机械需实行定机、定人、定岗位的"三定"制度，认真执行安全操作、保养和交接班制度。喷射机械设备应布置在安全地带，喷射机注浆罐、风包等均应安装压力表、安全阀，并在使用前进行耐压试验，合格后方可使用。

锚喷作业前需检查管道、现场环境、接头、压力表及安全阀，确认安全后方可进行操作。喷射作业场地要做到机械布置得当，运输道路畅通，风、水、电位置合理，线路顺直互不干扰，管线路应不漏风、不漏水、不漏电、场地整洁无积水。喷射作业时应随时检查开挖面情况，防止出现掉块、坍塌、冒顶等现象，地质稳定性较差时可先初喷一层混凝土封闭开挖面，然后再喷射至设计厚度。

在碴堆上作业时，应避免踩踏活动的岩块；在梯、架上作业时，梯、架安置应稳妥，且有专人监护。清除开挖面上的松动岩体、开裂的喷混凝土时，人员不能处于被清除物的正下方。手持喷射器作业时，喷口严禁对着人使用、放置，理顺输料管，严禁碾压、踩踏管路；非操作手不能动用喷射头。喷射机开始时应先给风，再开机后送料，结束时待料喷完，先停机后关风。工作中应经常检查输料管出料弯管有无磨薄击穿及连接不牢的现象，发现问题及时处理。当喷嘴不出料时，检查输料管是否堵塞，但一定要避开有人的地方，严防高压水、高压风及其他喷射物突然喷出伤人。作业中如发生风、水、输料管路堵塞或爆裂时，需依次停止风、水、料的输送。

当发生支护体系变形、开裂等险情时，应采取补救措施。险情危急时，应将人员撤出危险区。

c　钢拱支撑网喷混凝土支护

钢拱支撑应优先采用钢筋格栅拱架，当要求初期支护有较高的早期强度和刚度时，应采用各种型钢拱架。钢拱支撑的拱脚应设在稳定的岩层或为扩大承压面而设置的垫板上，保证拱脚稳定不下沉。严禁在软土地层超挖拱脚后用松土回填。

拱架或墙架安设后，纵向需连接牢固，构成整体。纵向连接可采用拉杆或钢筋焊接连接，其设置应符合设计和规范要求。焊接连接筋时，保证电焊机和焊接导线绝缘良好，同时电焊机需按要求接零，并安装漏电保护器和二次侧降压保护器，焊接人员应穿戴绝缘手套和绝缘鞋，在潮湿地段电焊时，应站在干燥的木板或缘板上进行焊接；洞内电源线布置及低压配电箱位置应符合安全用电要求，防止电源线剥皮漏电。

格栅架立时非操作人员不能停留在掌子面，确保施工操作空间，并有专人负责指挥统一操作。

超过 2m 的高处作业为高空作业，作业人员应系好安全绳，做好其临边临口的安全防护，间距、空隙均符合相关要求。在脚手架上施工时，搬料上架前，应提前检查，保证脚手架牢固可靠，并有防护栏；搬料时由专人指挥协调作业，防止出现滑落伤人事故。不能在脚手架上集中堆放钢筋或其他物品，应随用随时调运。

d 临时支护结构拆除

对于暗挖复合式衬砌隧道，初期支护受力最为危险的时期是为修筑二衬而分段拆除初支临时支撑结构的过程。临时支撑结构拆除打破了初期支护结构系统原有的平衡，拆除方式不当，会造成初期支护变形过大或局部内力超过承载极限而发生安全事故。

根据施工需要进行临时支撑结构拆除时，要编制专项拆除方案或包括临时支撑拆除方案的二衬施工方案，结合力学计算分析制定合理的拆除顺序、分段拆除方案、二衬施工时机等技术措施，并制定具有针对性的安全保障措施和应急预案。

临时支护结构拆除前，应进行技术及安全交底并检查现场具备下列条件后，方可实施拆除作业：经监测，施工现场初期支护变形已稳定，地表沉降已稳定；施工现场所需人员、设备和材料工具齐全；各种应急物资已到位，拆除应急的设备齐全并状况良好。

临时支护结构拆除过程中，加强地面沉降及洞内拱顶沉降和收敛的监测，如监测结果超过设计要求时，应及时采取措施，分析原因，调整施工方法，必要时采取加固措施，确保隧道结构及人员安全。

F 二次衬砌风险控制措施

a 总体要求

衬砌工作台上应做好安全防护措施。工作台、跳板、脚手架的承载重量，应在现场挂牌标明。吊装拱架、模板时，作业场所应设专人监护。复合式衬砌防水层的施工台架应牢固，台架下净空应满足施工需要，作业时应设警示标志或专人防护。检查、维修混凝土机械、压浆机械及管路时，应停机并切断电源、风源。

b 现浇混凝土衬砌

现浇混凝土二次衬砌一般在隧道初期支护变形稳定后进行，施工前按设计要求分段拆除初期支护的临时支撑。

模板及其支撑体系的强度、刚度、稳定性应满足施工阶段荷载的要求，并在施工设计时制定支设、移动、拆除作业的安全技术措施。模板及其支撑体系支设完成后，应进行检查、验收，确认合格并形成文件后，方可浇筑混凝土。使用模板台车和滑模时，应进行专项设计，规定相应的安全操作细则。拱墙模板架及台车下应留足施工净空，衬砌作业点应设明显的限界及缓行标志。

对于钢筋绑扎工程，钢筋骨架呈不稳定状态时，需设临时支撑架。钢筋骨架未形成整体且稳定前，严禁拆除临时支撑架。有外包防水措施的，须在绑扎二衬钢筋之前按设计和规范及时施作防水层。

每仓端部和浇筑口封堵模板需安装牢固,不能漏浆。作业中发现模板发生位移或变形时,应立即停止浇筑,经修理、加固,确认安全后,方可恢复作业。拆卸混凝土输送管道时,应先停机。

c 仰拱与隧底施工

仰拱上的运输道路应搭设牢固,当向隧道下卸混凝土时,非卸车人员应避让至安全地点。当施工仰拱超前边墙时,应加强隧道侧壁的临时支护。

G 地下水控制

a 总体要求

暗挖法施工不允许带水作业。如果不疏干含水地层,带水作业是非常危险的。开挖面的稳定将时刻受到威胁,甚至引起塌方。将地下水,尤其是上层滞水处理好是非常关键的环节。含水的松散破碎地层应采用降低地下水位的排水方案,不宜采用集中宣泄排水的方法。当采用降水方案不能满足要求时,应在开挖前进行帷幕预注浆,加固地层等堵水处理。根据水文、地质钻孔和调查资料,预计有大量涌水,或虽涌水量不大,但开挖后可能引起大规模塌方时,应在开挖前进行注浆堵水,加固围岩。

当浅埋隧道处于富水地层中,地层的渗透性较好,不会因降水而引起地面过大沉降时,为了保持开挖面的干燥或少水状态,以便安全快速施工,可在施工前降水。降水方法有洞内降水和地面降水两种方法。

b 洞内轻型井点降水

洞内轻型井点降水主要适用于渗透系数为 $0.1 \sim 80 \text{m/d}$ 的砾砂、粗砂和细砂等地层,其降低地下水位的深度受诸多条件的限制,尤其受设备条件的限制,一般单层井点系统能降低地下水位 $3 \sim 6 \text{m}$。

在隧道内实施井点成孔时,应注意选择轻型、便捷的设备,注意操作安全。井点成孔时要避免塌孔等造成水土流失,加剧隧道沉降;抽水时应控制泥砂含量和降水速度,严格监控隧道沉降、地表沉降和周边建(构)筑物的变形。洞内井点降水对隧道施工干扰大,应合理组织施工,确保作业安全。

c 地面深孔井点降水

当暗挖隧道埋设较浅、地面施工场地容许时,为了减少洞内轻型井点降水对施工的干扰,可采用地面深孔井点降水的方法。

地面深孔井点降水一般采用大型钻机成孔、下井管、回填滤料、洗井等过程,应严格作业规程,保证安全。成井后,应做好井口围蔽,防止行人等坠落;对位于道路上的井点,可采取暗管排水,井口按市政管线要求处理,满足行车要求。

地面深孔井点降水的影响范围较大,应严格控制出水中的含泥、砂率,并对暗挖隧道及周边环境严密监测,必要时采取地下水回灌等措施。

H 穿越建(构)筑物风险控制措施

a 总体要求

地铁穿越工程系指地铁施工时需上穿、下穿或侧穿地铁既有线、铁路隧道、铁道线路、立交桥梁、人行天桥、房屋、地下管线、城市道路或其他城市建(构)筑物等。

地铁穿越工程应按被穿越工程的重要程度、穿越类型、周边环境条件等情况分成不同等级，并针对不同等级设计监测方案。对于不同的既有建（构）筑物和不同的穿越条件，将穿越工程的环境风险等级划分为四个等级，见表 3 - 2 - 3。

表 3 - 2 - 3　穿越工程环境安全风险管理

环境安全风险等级	穿越条件描述	监 测 管 理
特级	下穿既有轨道线路（含铁路）的新建工程	专项监测设计
一级	下穿既有建（构）筑物，上穿既有轨道线路的新建工程	专项监测设计
二级	侧穿或邻近既有建（构）筑物、下穿重要市政管线的新建工程	根据工程具体条件和市政管线的运营状况调整监测方案
三级	下穿一般市政管线及其他市政基础设施的新建工程	根据工程具体条件和市政管线的运营状况调整监测方案

施工时应将建（构）筑物的安全监测作为监测重点，施工前需制定可靠的专项施工方案和应急预案，施工时遵循"短进尺、强支护、勤量测"的原则，应先超前支护和注浆加固土体，并经检验强度符合设计要求后方可开挖。施工支护参数、施工工序和量测等要紧密结合，确保施工过程和建（构）筑物安全。

b　地下管线的安全保护变形防范措施

施工单位应根据建设单位提供的地下管线资料，在施工前对施工影响范围采用管线探测仪进行核查，再利用人工挖槽等方法进一步明确有无其他管线通过，确定管线的各种参数。地下管线的保护应根据管线的类型和风险大小分别采取不同的保护方式。

对于具备迁改条件的管线可以对其进行迁改；对于不能迁改的地下管线，保护措施有地层加固、支托或悬吊保护等。管线保护须从控制施工引起的地层变形入手，将管线的被动变形控制在允许范围内，这是保护受地层变形影响管线的关键。同时，加强地面沉降监测，尤其对沉降敏感的管线要单独布点监测，并根据监测结果及时分析评估施工对管线的影响，根据施工和变形情况调节观测的频率，及时反馈信息指导施工，确保管线保护管理在可控状态下有效进行。

c　地表建（构）筑物变形防范措施

对建筑物的保护主要是控制基坑与建筑物之间的土体变形位移，采用注浆方法加固土体或加隔离桩、墙，提高基础抵抗变形能力，确保建（构）筑物结构安全。施工时应严格控制施工工艺，采取小分块、短进尺、快封闭的手段，以减少对地层的扰动，对隧道拱脚变形采取注浆加固或其他有效措施，拱部采用管棚和小导管联合超前支护形式，并采用全断面注浆通过；及时进行初期支护及二衬背后注浆处理；加强监控量测，变形过大时及时调整加固措施，如适当减小格栅钢架间距，增加临时支撑强化支护手段，径向设导管注浆等。

I　穿越江河的风险控制措施

穿越江河时应截流或导流，水底隧道的围岩需结构紧密，自稳能力强。施工前应按要求将围岩节理裂隙进行填充封闭、对松散软弱岩层进行预加固，施工中应遵循"超前探、严注浆、弱爆破、短进尺、强支护、重排水"的原则。

将超前地质预报作为施工工序纳入施工管理，超前探明隧道前方地质情况，特别是渗水情况，为防止涌水事故制定措施提供依据。也可以通过超前钻探探明地质条件。依据探孔中的渗水量确定采取何种方式进行注浆堵水，将渗水量控制在规定范围内，确保隧道施工安全。注浆堵水措施包括隧道超前小导管注浆、超前帷幕注浆、围岩壁面的裂缝或裂隙注浆、初支背后回填注浆、二衬背后回填注浆等。

隧道内要安设高扬程、大流量的排水设备，并考虑备用和维修的数量，为施工排水和可能出现的涌水提供安全预案，确保施工安全。

3.2.4　地铁工程安装及装修施工安全管理

3.2.4.1　地铁工程安装及装修施工特点

一般在地铁土建工程收尾（主体结构质量缺陷整治、出入口与风道等附属工程施工）的同时，就开始进入安装装修阶段。安装装修工程包括常规设备、轨道交通系统设备的安装和车站装修。安装装修工程具有以下几个特点：

（1）通常由于工期紧，需要多个施工单位和多专业在车站、区间等有限空间内交叉或同时施工，轨道车（工程车）运送轨料（设备、材料），施工安全的综合协调管理非常重要。

（2）全线隧道贯通使得所有区间和车站在空间上连成一体，原来相对独立的施工风险就具有相互关联性。

（3）安装装修使用较多可燃包装材料和油漆等危险化学品，电焊、切割甚至吸烟等火源较多，火灾风险较大。

（4）安装装修是地铁的"面子"，其质量直接关系到乘客对地铁工程的感观评价。

（5）人员及其作业点较多而且分散，人员的行为管理十分重要。

3.2.4.2　地铁工程安装及装修工程安全策划重点

在安装及装修阶段，任何一个施工单位和任何一个作业人员，应做到"不伤害自己、不伤害别人、不被别人所伤害"。根据地铁安装装修工程的特点，施工安全策划重点主要从以下几个方面着手：

（1）统一协调管理机制，包括建设单位建立车站、区间（轨行区）安全管理统一协调、指挥的体制和机制，确定地盘管理商、施工作业单位相互之间签订安全管理协议和指定安全管理人员。

（2）轨行区作业安全管理，包括进入轨行区作业的申请与审批机制、轨行区作业的安全措施、离开轨行区的完工后场地清理与销点。

（3）消防安全管理，包括可燃物品和危险化学品的储存、灭火器材的配备与管理、焊割等动火作业的申请与审批。

（4）防汛管理，包括出入口、风亭、设备材料运输井等预留洞口的防雨、防洪措施，主体结构渗漏水的抽排、涌水的预防。要高度重视车站出入口土建施工的涌水可能对车站的影响，落实出入口与车站连通后防止涌水进入车站的措施。

（5）作业人员的管理，包括工牌的统一配发与佩戴、进入车站和轨行区的许可、安全教育。对于安装装修工程易发事故（高处坠落、触电、火灾、轨行区车辆伤害事故等）的预防，提高作业人员的意识和技能，规范人的行为，及时纠正人的不安全行为等措施是关键。

（6）防护设施与文明施工管理，难点是多单位、多作业点的情况下如何保证作业场所（车站、区间）的临边防护设施完好和场地整洁有序、无尘，包括材料设备的堆放、区间积水及时抽排、余料（废料）和垃圾及时清理外运、照明的保证。

3.2.4.3 地铁工程安装及装修施工风险控制措施

A 安全统一协调管理的风险控制

开工前，施工单位除应与建设单位签订安全协议书，明确施工安全责任外，还应在建设单位的协调下与地盘管理商、供水、供电、供气、先期施工单位和防护设施的产权、管理单位以及其他相关单位签订安全施工协议，相互指定公共作业区的安全管理人员。在同一区域作业的施工单位，应服从地盘管理商的统一协调管理。

施工中，每一个施工单位应定期（如每周）向地盘管理商提交施工计划，根据地盘管理商协调、审批的施工计划，结合其他承包商的施工计划，合理安排本单位的施工任务，尽量避免交叉施工。若无法避免，则应与其他承包商探讨交叉施工时双方应注意的安全事项，制定针对性安全措施。

B 轨行区安全风险控制措施

轨行区安全管理的第一个重点是轨行区作业管理。建设单位在其轨行区运输与施工安全管理办法和地盘管理委托合同中一般都规定如下措施：

（1）车站地盘管理单位应对所有能进入轨行区的通道（包括站台层、设备房通向轨行区的通道）实行封闭。

（2）轨行区管理单位应安排专人对轨行区进行巡视，在车站站台安排专人，及时发现和制止未经批准擅自进入轨行区作业的人员。

（3）任何单位在安排人员进入轨行区作业前，都应向轨行区调度机构请示，只有在获得批准后，才能按照规定的时间进入规定的区域作业。

（4）在作业过程中，应落实安全措施，包括在作业区两端头 50～100m 远处设置安全警示灯、安排专人监护，作业人员统一穿戴反光衣等。

（5）作业完成后，做到工完场清，设备物料不得侵入轨行区范围，人员全部撤离，并及时向轨行区调度机构报告。

（6）轨道车（工程车）行驶时，要严格控制车速，司机加强瞭望，一旦发现异常情况能采取紧急刹车等措施；其他运送物料的车辆（如人力推车），应安装防溜车装置。

轨行区安全管理的另一个重点是列车冷滑与热滑管理。为保证安全，必须制定专项方案，对线路进行并通过了限界检查，对轨行区实现封闭管理，制定和落实列车上线热滑的条件确认制度。

C 火灾风险控制措施

项目经理部应成立由项目经理任组长的消防领导小组，负责领导和组织本工程消防工作；制定消防管理措施；检查和督促措施的实施；对消防工作进行监督检查。现场消防安全保障措施包括：作业现场和变配电所应配备足够的消防器材，且消防器材应放置在明显、易取处；工程用可燃物品和材料要严格管理，严禁在变电所内存放易燃、易爆物品，可燃的废弃材料和物品要及时清理出车站和区间；进行明火作业前，要向地盘管理单位申请办理动火证，经批准和现场落实防火措施后方可作业。焊接周围和下方应采取防火措施，焊接现场 10m 范围和下方焊割火星可能飘落的范围内，不得堆放木材、纸箱、氧气、乙炔及其他易燃易爆物品，特别要注意防范上部（如出入口钢结构）焊割作业产生的高温焊渣引燃下部的可燃物（如电扶梯）。焊接完成后，应及时清理场地、灭绝火种、切断电源、锁好电闸箱，待焊料余热消除后，方可离开。

供电设备通电前，安装单位要按照国家标准规定的试验项目进行电气试验，以避免设备初次通电时可能产生的爆炸、燃烧、损坏等风险。

D　触电风险控制措施

安装装修阶段，除了施工临时用电应遵守施工现场临时用电规范外，还要高度重视供电系统安装、送电的触电风险控制，以及接触网带电后的安全风险控制。

（1）临时用电的触电风险控制措施。安装装修临时用电的安全要求与土建施工临时用电的安全要求相同，但安装装修工程中，电线布设是难点，应高度重视和统一规划。使用移动式电动机械工具时，电源线应使用相应规格的橡皮软电缆，做到一台用电设备连接一个开关和一台漏电保护器，严禁在一个开关上连接多台电动设备；冲击钻、电钻等手持工具应具有二级以上绝缘等级和接零保护；在对天花板或墙壁钻孔前，应先确认钻孔位置处没有隐蔽电线、管线。

（2）供电系统安装的触电风险控制措施。供电系统安装过程中易发生触电事故，必须在施工前做好安全防护措施，编制相应的安全施工规程。开通送电过程应严格执行有关的安全规则和经批准的开通方案，按照电调命令进行受电和送电操作，时间、地点、操作步骤不得随意变更。送电前应组织开展条件验收，下发通电公告，现场张贴安全警示，让每个作业人员知晓；供电网送电后，工作现场应将所有的电气设施视为带电，各种作业（包括事故抢修）均应办理停电作业手续。各种带电设备均应悬挂"小心有电，禁止靠近"的醒目标志，必须使用经检验合格的工具和器材。供电设备需安装地线的部位必须验电；验电时，必须有旁人监护，必须戴绝缘手套、绝缘靴、安全帽，并使用合格的与电压等级适应的验电器。在全部停电或部分停电的电气设备上工作，必须完成下列措施：停电、验电、装设接地线、悬挂标示牌和装设遮拦。在带电作业过程中如设备突然停电，作业人员仍按设备带电进行操作。工作负责人应尽快与调度联系，调度未与工作负责人取得联系前不得送电。给带电设备挂设警示牌时，必须采用绝缘杆，穿好绝缘靴。

（3）接触网带电后的安全风险控制。接触网首次带电后，视为接触网永久带电，进入接触网带电区域进行作业，需经过调度室批准，做好防护措施后，方能作业。作业时，作业人员（包括所持的机具、材料、零部件等）与接触网的距离不能小于安全距离，否则作业前接触网需停电、验电、挂地线。

E　高处坠落风险的控制措施

对电缆井口、电梯井口、风道口、出入口、下料井口、预留洞口和楼梯的临边，应安装防护栏、防护网或固定的防护盖板，并经常检查，确保完好。在高处进行各种管线、接触网、电缆支架安装作业。

（1）使用移动式操作平台时，操作平台应具有必要的强度和稳定性，在操作平台的显著位置标明操作平台的允许荷载值，使用时操作人员和物料的总重量不得超过设计的允许荷载。使用平台面应满铺且牢固，制动装置有效。操作平台的周边必须设有不低于 1.2m 的防护围栏；由于空间原因操作平台无法安装围栏或防护围栏低于 1.2m 时，台上操作人员必须佩带安全带；严禁携带工、机、具、材料等物品攀爬平台。

（2）使用梯子时，梯子应牢固，具有足够的强度，下端应有防滑措施或用绳索将梯子下端与固定物缚住，梯子与地面夹角为60°，顶端与构筑物靠牢而且高出90cm以上。

F　上下立体交叉施工风险控制措施

进行上下立体交叉作业时，不能在同一垂直方向上操作；下方作业的位置，应处于依据上方作业高度确定的物体坠落范围的半径之外。不符合以上条件时，应设置安全防护层。作业区周围及进出口处，应派有专人瞭望，严禁非作业人员进入危险区域。

G　起重吊装作业安全风险控制

在安装装修工程中，起重吊装作业仍比较多。例如，轨道工程的钢轨、支撑块轨排的吊装，牵引/降压变电所的变压器吊装，环控工程的风机、消声器的吊装，电扶梯工程的电扶梯吊装等，都属于大型设备吊装，危险性大，必须采取控制措施。安装装修的起重吊装的安全措施与土建工程的起重吊装作业的安全措施基本相同，主要有：严格制定吊装方案，作业人员要取得特种作业资格证，作业过程中加强检查和安全监护。但要注意安装装修工程起重吊装作业的特殊性，如出入口电扶梯或通过出入口的构件吊装，都涉及升降和平移；车站内大型吊装作业都使用电动或手动葫芦和土建预埋吊钩，作业前应全面核查这些设备、构件的强度和可靠性。

3.3　隧道工程施工安全管理

3.3.1　隧道工程施工

3.3.1.1　隧道工程施工简介

一个多世纪以来，世界各国的隧道工作者在实践中已经创造出能够适应各种围岩的多种隧道施工方法，习惯上将它们分为矿山法（传统矿山法和新奥法）、掘进机法、盾构法、沉管法、顶进法、明挖法、暗挖法等，见图3-3-1。

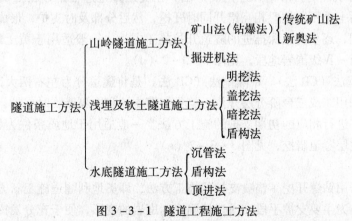

图3-3-1　隧道工程施工方法

本节主要针对山岭隧道的矿山法（钻爆法）及较为常见的盾构法加以阐述；隧道施工方法中的明挖法、盖挖法、暗挖法的相关安全管理措施这里不做再次分析，请读者参阅上一节基础施工和地铁施工中的相关知识点。

A 矿山法（钻爆法）简介

a 传统矿山法

传统矿山法是采用钻爆开挖＋钢木构件支撑的施工方法，即它是凿眼爆破、以木或钢构件作为临时支撑，待隧道开挖成型后，逐步将临时支撑撤换下来，而代之以整体式衬砌作为永久性支护的施工方法。

（1）全断面开挖法。全断面开挖法是按设计断面将隧道一次开挖成型，再施作支护和衬砌的隧道开挖方法，一般适用于地质条件较好的Ⅰ～Ⅱ级围岩，也可用在单线铁路隧道Ⅲ级围岩地段，见图3-3-2（a）。

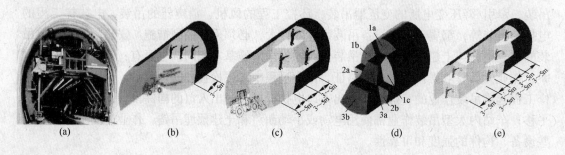

图3-3-2 开挖方法

（2）台阶开挖法。台阶开挖法是将隧道设计断面分两次或三次开挖，台阶间控制一定距离，采用同时并进的隧道开挖施工方法，一般用在Ⅲ级围岩，也可用在单线铁路隧道Ⅳ级围岩地段，见图3-3-2（b）。

（3）环形开挖预留核心土法。环形开挖预留核心土法是先开挖上部导坑弧形断面留核心土平台，再开挖下部两侧边墙、中部核心土的隧道开挖方法。一般适用在单线隧道Ⅳ～Ⅴ级围岩，也可用在双线隧道Ⅲ～Ⅳ级围岩地段，见图3-3-2（c）。

（4）弧形导坑左右台阶错开开挖支护法。在隧道开挖过程中，在三个台阶上分七个工作面，以前后七个不同位置相互错开同时开挖，然后分部及时支护，形成支护整体。缩小作业循环时间，逐步向纵深推进的隧道开挖施工方法，一般适用于黄土地区隧道施工，也可用于其他Ⅲ～Ⅳ级围岩地段，见图3-3-2（d）。

（5）中隔壁法（CD法）。中隔壁法（CD法）是将隧道分为左右两大部分进行开挖，先在隧道一侧采用二或三台阶分层开挖，施作初期支护和中隔墙临时支护，再分台阶开挖隧道另一侧，并进行相应的初期支护的施工方法。一般适用于地质条件为Ⅳ～Ⅴ级围岩，也适用于浅埋地层隧道暗挖，见图3-3-2（e）。

b 新奥法

新奥法是采用钻爆开挖＋锚喷支护的施工方法，即奥地利隧道施工新方法，是以喷射混凝土、锚杆作为主要支护手段，通过检测控制围岩的变形，便于充分发挥围岩的自承能力的施工方法。新奥法施工流程如图3-3-3所示，施工的基本原则可以归纳为"少扰动、早支护、勤量测、紧封闭"。

传统矿山法与新奥法施工的区别见表3-3-1。

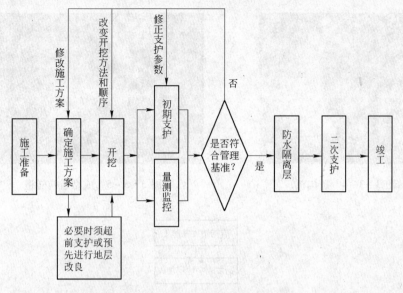

图 3-3-3　新奥法施工流程

表 3-3-1　传统矿山法与新奥法施工的区别

		新奥法	传统矿山法	相同点	不同点
支护	临时支护	喷锚支护	木支撑为主、钢支撑	均属于钻爆法	对围岩的认识和处理不同
	永久支护	复合式衬砌	单层模柱混凝土衬砌		
	闭合支护	强调	不强调		
控制爆破		必须采用	可采用		
量　测		必须采用	无		
施工方法		分块较少	分块较多		

B　盾构施工法简介

盾构施工法简称盾构法，是地下隧道暗挖施工的一种工法。它使用盾构机（见图 3-3-4）在地下掘进，利用盾构外壳防止开挖面崩塌并保持开挖面稳定，在机内进行隧道开挖作业和衬砌作业，从而构筑成隧道（见图 3-3-5）。

盾构法施工的三大关键要素为稳定开挖面、盾构挖掘和衬砌，其主要控制目标是尽可能不扰动围岩，从而最大限度地减少对地面建（构）筑物及地层内埋设物的影响。目前，地铁隧道施工中使用最多的是泥水平衡盾构机和土压平衡盾构机，这两种机型由于将开挖和稳定开挖面结合在一起，因此无需其他辅助施工措施就能适应地质情况变化较大的地层。

盾构施工过程的施工工序及流程如图 3-3-6 所示。其中"盾构掘进及管片安装"为最主要工序，重点包括掘进、碴土排运和管片衬砌安装。在掘进过程中还要对盾构机参数、掘进线形、注浆、地表沉降等进行设定和控制。盾构掘进施工以每环为单位，循环进行。

图 3-3-4　盾构机

图 3-3-5　成型盾构隧道

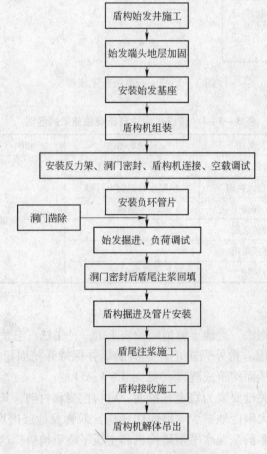

图 3-3-6　盾构施工主要工序

3.3.1.2　隧道工程施工特点

（1）不可预见因素多。地质情况的不可预见性是隧道施工的主要特点。施工前往往不可能对地质情况准确掌握，对围岩的变化、地下水、溶洞、泥石流、涌砂及瓦斯地层等不良地质无法预见。

（2）工程风险性大。由于隧道地质的变化无法事先准确预报，所以施工过程中塌方事故发生概率较大，施工过程中的安全隐患较多，工程风险性大。

（3）隐蔽工程多。隧道是地下工程，由于隧道结构的特点和工程的时效性，绝大部分的后一道工序都是在前一道工序的基础上立即进行，隐蔽部分较多。如果内在质量出现问题，事后很难发现，并且也很难采取措施补救。

（4）施工空间狭小，交叉作业多。隧道施工是在一个狭小的空间中进行，开挖、支护、防排水、衬砌、附属设施预埋件、路面等施工工序多，尤其是围岩条件差的部分段落尤为突出，施工过程中的水、风、电、气管线复杂，相互干扰大，施工管理难度较大。

（5）施工环境恶劣。由于隧道施工是在一个半封闭的空间内进行，开挖和施工过程污染很大，虽然目前采取了很多的施工通风措施，但施工环境依然比较恶劣。

3.3.2 隧道工程施工风险源及安全策划重点

3.3.2.1 隧道工程施工安全风险源

隧道施工由于具有围岩稳定的不确定性、施工机械化程度低、施工环境条件恶劣、职工素质低等安全特殊性，是一个复杂的系统工程，若某一方面、阶段、环节的工作没有做好都有可能酿成事故。因此应从事故原因分析入手，从本质安全和系统管理的角度加强隧道施工安全技术控制和安全管理工作，以预防和减少事故的发生。2004~2008 年隧道施工事故类型及发生次数见表 3-3-2，2004~2008 年发生的事故类型占总事故数的百分比见图 3-3-7。

表 3-3-2 2004~2008 年隧道施工事故类型及发生次数

事故类型	坍塌	物体打击	触电	透水	冒顶片帮	放炮	瓦斯爆炸	其他爆炸	中毒和窒息	火灾	其他
事故次数	24	4	1	4	4	1	1	3	2	1	1

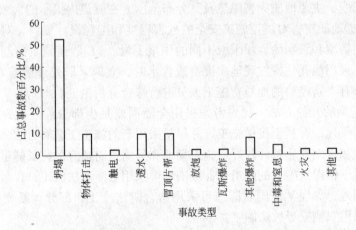

图 3-3-7 2004~2008 年发生的事故类型占总事故数的百分比

国际隧道工程保险集团对施工现场发生安全事故的原因的调查结果表明，地下工程发生事故原因是多方面的，其中，地质勘察不足占 12%，设计失误占 41%，施工失误占 21%，缺乏信息沟通占 8%，不可抗力占 18%。众所周知，隧道工程具有地质复杂多变，作业空间狭小，不可预见性因素多，各种危险有害因素相互交织等特点，因此施工风险极高，工伤事故屡见不鲜。一般来说，隧道施工事故主要有塌方、冒顶片帮、物体打击、透水、机械伤害、车辆伤害、火灾、爆炸、淹溺、中毒和窒息等。

（1）开挖过程中的安全风险。开挖过程的事故一般占隧道总事故率的50%，事故类别主要有坍塌、冒顶片帮、透水、机械伤害、爆炸、中毒窒息等。主要原因：1）当隧道穿过断层、岩溶、破碎带及其他不良地质段时，由于对工程地质、水文地质勘察不力，认识不足，施工方案选择不合理、（临时）支护不及时或支护偏弱等，在开挖后潜在应力释放，承压快，围岩易失稳而发生塌方、透水、突泥等突发性灾害事故且难于治理；2）当隧道穿过附近含瓦斯地段的岩层时，常因检测不力，通风不良造成瓦斯积聚，当遇电火或明火，极易引燃瓦斯发生爆炸、火灾及有害气体导致的中毒窒息等重大事故；3）采用钻爆法和掘进机法开挖或搭设钢架进行支护时，使用凿岩及掘进机等未按照操作规程操作，易产生机械伤害，高处坠落等事故。

（2）装岩过程中的安全风险。装岩运输过程中的事故（包括运输设备引起的事故）一般占隧道施工总事故的25%。因隧道洞内工作面狭窄，空气污浊，能见度不高，装岩过程中车辆的调度和衔接不当等都可能造成事故。一般地，隧道装岩运输过程中发生的事故可以分成两类，一类是施工人员被自卸汽车、电机车或其他运输车辆碰撞；另一类是施工人员与岩块或其他障碍物相撞而受伤。

（3）施工过程中的其他安全风险。在一些长、大、宽的公用设施隧道、地下通道和地铁隧道中常采用大型高效的施工机械设备施工，隧道内铺设的施工电缆和高压风水管路也较多，因此触电、机械伤害、高压风水管路接头脱落击伤施工人员等事故也时常发生。

3.3.2.2　隧道工程安全策划重点

（1）做好超前地质预报，必要时做好超前支护：1）研究区域地质、工程地质资料，必要时进行地表补充测绘和勘探，对整个地区地质情况做到比较全面和深刻的认识，分析主要工程地质问题、主要地质灾害隐患及其分布范围、在隧道内揭示的大致位置，制定预报方案。2）根据地质灾害对隧道施工安全的危害程度和工程设计资料，对不同地段地质预报分级，不同类型和级别的地段采取不同的预报手段。3）隧道施工前制定好不良地质地段应急预案，采用浅孔钻探发现地质突变或含水时，立即采取处理措施。4）及时配备先进仪器，结合有丰富经验的地质、施工人员进行综合分析论证。

（2）选用正确的开挖方法。优先考虑采用全断面或是少部分的开挖方法，以便减少隧道施工工序的干扰，有利于机械施工，并尽量采用新的施工工艺和方法，以保证施工安全。对工程地质和水文地质条件较好、施工场地和运输道路适宜的特长隧道应优先采用掘进机法施工。对于钻爆法施工的隧道，Ⅱ级围岩可采用全断面法施工，Ⅳ级围岩采用台阶法施工，Ⅲ级围岩、深埋Ⅴ级围岩隧道可采用微台阶法施工，部分大断面隧道的洞口浅埋、偏压段可采用双侧壁导坑法施工。

（3）强化爆破安全作业与瓦斯治理。钻爆设计应根据工程地质条件、开挖断面、开挖方法、掘进循环进尺、爆破材料和出碴能力等因素综合考虑。采用光面爆破或预裂爆破技术，根据预测的岩性及时调整爆破参数，必须严格控制周边眼间距、外插角、装药量等参数及装药、连线的质量，尽量减少对围岩的扰动及超欠挖数量。当穿过瓦斯地层或从其附近通过而围岩破碎、节理发育时，必须预先确定瓦斯探测方法，及时监测瓦斯浓度，加强机械通风，采用超前周边全封闭预注浆等防止瓦斯积聚；使用防爆安全型机械和电器设备，爆破作业使用安全炸药及毫秒电雷管等，以防止瓦斯爆炸事故。

（4）及时加强支护。隧道开挖尤其在不良地质段隧道的开挖作业，应在超前支护的保护下进行；开挖后，及时喷射混凝土封闭岩面，施作锚杆，安装钢拱架、钢筋网，复喷混凝土至设计厚度。分部开挖时，应使初期支护尽快封闭成环，台阶长度不应超过 1.0 倍洞径；初期支护封闭后，可尽快施工仰拱和填充，并尽早施作二次衬砌。支护作业应随时观察围岩动态或喷射混凝土的情况，防止落石、坍塌等引起伤人事故。

（5）做好防排水：1）洞口及地表防排水。隧道施工前应对地表及隧道附近的井泉、池沼、水库、河流进行调查，并应进行观测与试验，分析其对隧道渗漏水的影响，并按设计要求进行处理。隧道覆盖层较薄或地表水有可能渗入隧道时，施工前应对地表积水、坑、洼等进行处理。2）洞内排水。隧道施工期间要加强洞内排水工作，减小地下水对施工、运输及结构的影响。3）结构防排水。结构防排水施工作业是在隧道初期支护完成，且隧道净空经检查满足设计要求后进行的有关结构防排水施工作业，一般包含基面检查处理、排水盲管（沟）安装、防水板铺设、施工缝、变形缝处理、混凝土灌注等工序。

（6）隧道通风保证。隧道开挖过程中，因工作面狭窄，施工人员多，洞内空气污浊，大大地影响洞内施工的开展和危及施工人员的健康。洞内空气污浊的原因主要是爆破时炸药分解放出一氧化碳、二氧化碳，隧道内施工人员的呼吸要消耗洞内的氧气，并呼出二氧化碳；支撑坑木氧化腐朽、机具运转摩擦亦会放出二氧化碳；隧道穿经煤层或某些地层还会释放出瓦斯、硫化氢；钻眼、爆破和装碴等作业则会产生大量岩尘以及污浊空气。此外，随着导坑不断地向山体深部延伸，温度和湿度相对提高，对人体亦产生有害影响。隧道通风的目的，就是为了更换并净化坑道内的空气，冲淡有害气体的浓度，降低粉尘含量，保证施工人员的健康与安全，提高劳动生产率。

3.3.2.3 盾构法施工风险源

盾构法施工按阶段划分为施工前期、盾构井施工及始发端头加固期、盾构进场及组装期、盾构始发期、盾构正式掘进期、盾构接收及解体运输、附属结构施工期。施工前期、盾构井施工及始发端头加固期的安全风险及管理同明挖法施工，此部分内容可参照明挖部分，但盾构端头加固是保证盾构始发和接收的重要环节，要特别注意和严格控制施工质量；联络通道等附属结构施工多采用暗挖法施工，其安全风险及管理与隧道暗挖法基本相同，此部分内容可参照暗挖部分，但要特别注意开马头门的安全。除各阶段的主要安全风险因素以外，一些风险源存在于施工的多个阶段，也应予以关注。

（1）盾构机装车、卸车和组装时的吊装伤害。比如，在基座构件、反力架构件、土斗、管片、渣土或浆液的吊装以及盾构的组装过程中，应注意避免重型设备砸伤人员，以及由于吊车支垫位置地基承载力不足而造成吊车倾覆等事故的发生。

（2）高空作业坠落伤害。盾构机械的体积较大，工作面相对于地面来说比较高，容易发生高空作业坠落伤害。如进行反力架、洞口密封、凿除、通风设备与风筒安装、盾构组装、调试、设备维修以及盾构解体等作业时，需要注意防止坠落伤害的发生。

（3）触电伤害。盾构施工的各个过程都需要用电（包括高压电或一些临时用电）。盾构施工用电应重点注意以下方面：基座焊接、反力架焊接、洞口密封安装焊接、盾构解体切割或焊接时的用电伤害；机械操作不当碰坏高压电缆造成伤害；供电系统（发电机、变电站、架空线、埋地线、配电箱）不符合安全规范造成伤害；使用临时用电设备和照明的伤害；用电设备或其防护设施不符合安全规范造成伤害；非电工操作或电工违规操作造成伤害；设备修理与维护时未断电、无人监护，或者未悬挂"正检修作业，不能合闸"标识造成意外合闸引起的触电伤害。

3.3.2.4　盾构法施工安全策划重点

盾构法施工是一项先进的隧道施工技术，开挖面处在盾构体的保护下，可以最大程度避免土体失稳或冒顶带来的人身伤亡事故。近年来，盾构施工技术在北京、上海、广州和深圳等城市的地铁工程中得到了较为广泛的应用。结合该工法特点，盾构法施工的安全策划重点应该放在以下几个方面：

（1）盾构机重量大、体积大、设备贵重，其吊装属于大型设备吊装，甚至需要两台以上起重机械协同作业，且作业在盾构井附近进行，安全风险大。因此，在吊装作业过程中应严格遵守起重作业操作规程作业安全要求。

（2）盾构机采用高压输供电系统，对高压用电安全需引起高度重视，施工过程中要严格遵守安全用电规定。

（3）盾构机集成化、系统化程度高，科技含量高，使用不当会影响整体系统运行，造成较大的安全隐患。因此，要求施工作业和机械操作人员具有较高的素质，具备相应的施工经验，熟悉相关的施工要点。

（4）机械作业多，协调性要求较高，不但对施工作业人员的素质要求高，而且要求施工管理人员具备丰富的盾构施工经验，熟悉整个施工流程，以便更好地管理、协调施工进程。

（5）盾构法施工安全与地层地质水文的适应性关系密切，需在地质勘察及盾构机选型方面做好工作。

（6）盾构法施工通常处于恶劣环境，如下穿水体、桥梁、道路、危旧民房、铁路、既有地铁线路等，这在一定程度上增加了安全管理难度。

3.3.3　隧道工程施工风险控制措施

3.3.3.1　岩爆施工风险控制措施

岩爆多发生在埋藏很深、整体、干燥和质地坚硬的岩层中。产生岩爆的时间，一般在开挖后几小时内，但有的是在较长时间后发生；隧道中常遇见的岩爆以顶部或拱腰部位为多。

（1）岩爆的主要特点：1）岩爆在未发生前，并无明显的预兆。一般认为不会掉落石块的地方，也会突然发生岩石爆裂，石块有时应声而下，有时暂不坠下。在没有支撑的情况下，对施工安全威胁甚大；它与隧道施工中的一般掉块落石现象有明显的不同。2）岩爆时，石块由母岩弹出，常呈中间厚、周边薄、不规则的片状。3）岩爆发生的地点，多在新开挖工作面及其附近，但个别的距新开挖工作面较远。岩爆发生的时间，多在爆破后 $2 \sim 3h$。4）在溶孔较多的岩层里，则不发生岩爆。

（2）施工安全注意事项：1）如设有平行导坑，则平行导坑应掘进超前正洞一定距离，以了解地质情况，分析可能发生岩爆的地段，以便正洞施工达到相应地段时加强防护，采取必要措施。2）使用光面爆破，并严格控制用药量，以尽可能减少爆破对围岩的影响。3）可选用预先释放部分能量的方法，如松动爆破法、超前钻孔预爆法，或喷射高压水冲洗法，先期将岩层的原始应力释放一些，以减少岩爆的发生。4）加强支护工作。支护的方法是在爆破后立即向拱部及侧壁进行喷射混凝土，再加设锚杆及钢丝网。衬砌工作要紧跟开挖工序进行，以尽可能减少岩层暴露时间，减少岩爆发生和确保人身安全。

3.3.3.2 塌方施工风险控制措施

隧道开挖时，导致坍塌的原因有多种，概括起来可归结为：一是自然因素，即地质状态、地下水影响等；二是人为因素，即不适当的设计，或不适当的施工作业方法等。由于塌方往往会给施工带来很大困难和巨大经济损失。因此，需要尽量排除会导致塌方的各种因素，尽可能避免塌方的发生。

A 发生塌方的主要原因

（1）地质因素：1）隧道穿过断层及其破碎带，一经开挖，潜在应力释放，围岩失稳而坍塌。2）当通过各种堆积体时，由于结构松散，颗粒间无胶结或胶结差，开挖后引起坍塌。3）在挤压破碎带、岩脉穿插带、节理密集带等碎裂结构地层中，岩块间互相挤压牵制，一经开挖则立即失稳。在软弱结构面发育的情况下，或泥质充填物过多时，也易产生较大的坍塌。4）在构造运动的作用下，薄层岩体形成的小褶曲、错动发育地段等，在施工中也常发生塌方。5）岩层软硬相间，或有软弱夹层的岩体，在地下水的作用下，软弱面的强度大大降低，因而发生滑坍。6）地下水的软化、浸泡、冲蚀、溶解等作用加剧岩体的失稳和坍塌。

（2）施工方法和措施不当：1）施工方法选择不当，工序间距安排不合理，各工序间距拉得较长，地层暴露时间过久，引起围岩松动、风化，导致塌方的发生。2）喷锚不及时，或喷混凝土质量、厚度不符合要求。3）采用钢支撑时，支撑架设质量欠佳，支撑与围岩不密贴，两者间的空隙填塞不密实，或连接不够牢固，不能满足围岩压力所需要的强度要求。4）抽换支撑操作不当，或者当支撑已出现受力过大的现象而未及时加固。5）爆破作业不当，用药量过多。6）处理危石措施不当，引起危石坠落，牵动岩层坍塌。

B 塌方前的征兆

（1）量测信息所反应的围岩变形速度或数值超过允许值。

（2）已喷射混凝土产生纵横向的裂纹或龟裂。

（3）在坑顶或坑壁发现不断掉下土块、小石块或构件支撑间隙不断漏出砂、屑。

（4）岩层层理、节理缝或裂隙变大、张开。

（5）支撑梁、柱变形或折断，楔子压扁压劈，填塞木弯曲折断，扒钉受力变形，支撑发出"噼啪"响声。

（6）坑道内渗水、滴水突然加剧或水变浑。

C 预防塌方的施工安全措施

预防隧道施工坍塌，应首先做好地质预报，选择相应安全合理的施工方法和施工计划。

（1）先排水。在施工前和施工中均应采取相应的防排水措施，尽可能将坑外之水截于坑道外。

（2）短开挖。各部开挖工序间的距离要尽量缩短，以减少围岩暴露时间。

（3）弱爆破。在爆破时，要用浅眼、密眼，并严格控制用药量或用微差毫秒爆破。

（4）强支护。针对地压情况，确保支护结构有足够的强度。

（5）快衬砌。衬砌工作须紧跟开挖工作面进行，力求衬砌尽快成环。

（6）勤检查、勤量测。发现围岩有变形或异状时，要立即采取有效措施及时处理隐患。

D　隧道塌方安全处理措施

（1）一般处理坍塌的步骤与方法。

1）塌方发生后防止塌方扩大范围，首先应防止塌方继续扩大：①对塌方范围顶部、侧壁上的危石及大裂缝应先行清除或锚固。②对塌方范围前后原有的支护进行加固，以防止塌方扩大。③在塌方范围内架设支撑或喷射混凝土，必要时加设锚杆。④加快衬砌。对塌方两端应尽快做好局部衬砌，以保证塌方范围不再扩大。

2）处理塌方措施：①如塌方体积较小，且塌方范围内已进行了喷锚，或已架设好较为牢固的构件支撑时，可由两端或一端先上后下逐步清除坍碴，随挖随喷射混凝土，并随架设临时构件支撑支顶。②如塌方体积较大，或地表已下沉，或因坍体堵塞，无法进入塌方范围进行支护时，则可注浆加固坍体，然后用"穿"的办法在坍体内进行开挖、衬砌。③在处理塌方的同时，应加强排水，即"治坍先治水"。

（2）处理塌方常用支护方式。

1）喷锚处理。采用喷锚处理较大型塌方，较之采用架设支撑，更加安全、快速，且省工省料。①由外向内、由上而下，逐段随清坍碴随向岩壁先喷射一薄层砂浆，然后再喷射混凝土。混凝土宜分层喷射，每层厚5cm左右。②喷射1～2层混凝土后，可随即加设锚杆再喷射混凝土。③坍碴清除后，随即做好衬砌。

2）构件支撑处理：①在坍体不太高、坍穴略呈锥形、坍壁不太松散的情况下，使用人字架支撑。②当坍体较高，但坍体两侧壁形状较整齐，且侧向压力不大时，可按垂直于隧道中线的方向架设横向排架。先将坍体顶的石碴扒平，铺上横梁，再在其上架设排架，排架间距根据坍穴围岩情况而定，一般为1～2m。须注意在排架间用剪刀撑撑稳，下部横梁要随坍碴的清除随时倒换撑稳。③当塌方较大，且围岩压力也较大时，宜在塌方范围内全部用纵向棚架支撑。先将坍碴顶部适当扒平，沿隧道中线方向平行设置纵向地梁数根（地梁下预铺横梁），于纵向地梁上按照导坑支撑的形式以1m左右的间距架设箱形棚架。以后逐层向上架设至塌方顶部，用填塞木塞紧。随着坍碴的清除，加设立柱，并以纵撑撑牢。④当塌方直至地表而深度不大时（小于10m），可设置井箍。由地面向下逐步清除坍碴，随即架设箍架支撑。箍架的形式可为多边形、矩形或方形，视坍穴的形状而定，架距不大于1m。当塌方较深时，则可先将井口至坍碴顶面一段箍好，不进行清理坍碴，而在洞内采用穿过塌方的施工方法。如坍井较大，宜采用喷锚支护井壁的方法。⑤当坍塌穴成斜孔时，处理方法应根据斜度而定。倾角小于30℃时，可按斜井的施工方法进行出碴及支撑；倾角大于30℃时，可用井箍支撑及由上而下清碴。

（3）衬砌措施与回填方法。

1）衬砌施工：①随着坍碴的逐渐清除，衬砌应逐段推进，快速成环。最好由坍体的两端对向施工，随即回填密实。在坍穴最高处或两端衬砌接头处应预留回填及进出料孔。②如坍塌方范围的围岩不够稳定，在处理坍塌方中有继续坍塌的可能时，可在坍方范围内选择适当位置做坍体护拱，以保护施工操作。护拱上应以碎碴铺填2m厚左右作为缓冲层。③如坍塌体未进行预先注浆加固，而采用"穿过"的施工法时，拱脚处的衬砌坍工应加宽，以便保证拱脚稳固。

2）坍体回填：①坍塌方清除坍碴后，则拱背应先以浆砌片石回填 2~3m 厚，其上再用干砌片石回填，回填高度应尽量填满坍方范围，坍体内木支撑应尽量拆除。②在坍塌体的护拱与拱圈间应全部回填密实，坍体护拱以上的回填厚度可根据具体情况而定，但不应小于 2m。③如坍塌方范围高大，在坍塌穴内进行回填操作不便时，可选择适当位置另行开凿专供回填用的坑道。④如坍塌方直达地表，除按规定做好拱部回填外，另用一般土石回填夯实至距地表 1~2m，再用黏土回填至略高于地表，周围做好排水沟。

3.3.3.3 瓦斯地层施工风险控制措施

瓦斯是地下坑道内有害气体的总称，其成分以沼气（甲烷 CH_4）为主，一般习惯称沼气为瓦斯。当隧道穿过煤层、油页岩或含沥青等岩层，或从其附近通过，而围岩破碎、节理发育时，可能会遇到瓦斯。如果洞内空气中瓦斯浓度达到爆炸限度时，与火源接触就会引起爆炸，对隧道施工会带来很大的危害和损失。因此，在有瓦斯的地层中修建隧道，必须采取相应措施，才能安全顺利施工。

A 瓦斯从岩层中放出的类型

（1）瓦斯的渗出。瓦斯是缓慢地、均匀地、不停地从煤层或岩层的暴露面空隙中渗出，延续时间很长，有时带有一种"嘶嘶"的声音。

（2）瓦斯的喷出。瓦斯从煤层或岩层裂缝或孔洞中放出，比渗出强烈，喷出的时间有长、有短，通常伴有较大的响声和压力。

（3）瓦斯的突出。在短时间内，瓦斯从煤层或岩层中突然猛烈地喷出，喷出的时间可能从几分钟到几小时，喷出时常有巨大轰响，并夹有煤块或岩石下落。

以上三种瓦斯放出类型中，以第一种放出的瓦斯量为最多。

B 防止瓦斯事故的安全措施

（1）隧道穿过瓦斯溢出地段时，应预先确定瓦斯探测方法，并制定瓦斯稀释措施、防爆措施和紧急救援措施等。

（2）隧道通过瓦斯地区的施工方法，宜采用全断面开挖，因其工序简单、面积大、通风好，随掘进随衬砌，能缩短煤层的瓦斯放出时间和缩小围岩暴露面，有利于排除瓦斯。上下导坑法开挖，因工序多，岩层暴露的总面积多，成洞时间长，洞内各工序交错分散，易使瓦斯积聚浓度不匀。采用这种施工方法，要求工序间距离应尽量缩短，尽快衬砌封闭瓦斯地段，并保证混凝土的密实性，以防瓦斯溢出。

（3）加强通风是防止瓦斯爆炸最有效的办法。把空气中的瓦斯浓度吹淡到爆炸浓度以下，将其排出洞外。有瓦斯的坑道，决不允许用自然通风，必须采用机械通风。通风设备必须防止漏风，并配备备用的通风机。一旦原有通风机发生故障时，备用机械能立即供风，保证工作面空气内的瓦斯浓度在允许限度内。当通风机发生故障或停止运转时，洞内工作人员应撤离到新鲜空气地区，直至通风恢复正常，才准许进入工作面继续工作。

（4）洞内空气中允许的瓦斯浓度应控制在下述规定范围内：1）洞内总风流中小于 0.75%。2）从其他工作面进来的风流中小于 0.5%。3）掘进工作面在 2% 以下。4）工作面装药爆破前 1% 以下。如瓦斯浓度超过上述规定，工作人员必须立即撤到符合规定的地段，并切断电源。

（5）开挖工作面风流中或电动机附近 20m 以内风流中瓦斯浓度达到 1.5% 时，必须停工、停机，撤出人员，切断电源，进行处理。在开挖工作面20m以内，局部积聚的瓦斯浓度达到2%时，必须停止工作，切断电源，进行处理。切断电源的电气设备，必须在瓦斯浓度降到1%以下时，方可开动机器。

（6）瓦斯隧道必须加强通风，防止瓦斯积聚。由于停电或检修，使主要通风机停止运转时，必须有恢复通风、排除瓦斯和送电的安全措施。恢复正常通风后，所有受到停风影响的地段，必须经过监测人员检查，确认无危险后方可恢复工作。所有安装电动机或开关地点的20m范围内，必须检查瓦斯浓度，符合规定后才可启动机器。局部通风机停止运转时，在恢复通风前，亦必须检查瓦斯，符合规定后方可开动局部风机，恢复正常通风。

如开挖进入煤层，瓦斯排放量较大，使用一般的通风手段难以稀释到安全标准时，可使用超前周边全封闭预注浆。在开挖前沿掌子面拱部、边墙、底部轮廓线轴向辐射状布孔注浆，形成一个全封闭截堵瓦斯的帷幕。特别对煤层垂直方向和断层地带进行阻截注浆，其效果会更佳。开挖后要及时进行喷锚支护，并保证其厚度，以免漏气和防止围岩的失稳。

（7）采用防爆设施：1）遵守电器设备及其他设备的安全规则，避免发生电火。瓦斯散发区段，必须使用防爆安全型的电器设备，洞内运转机械须具有防爆性能，避免运转时发生高温火花。2）凿岩时用湿式钻岩机，防止钻头发生火花，洞内操作时，防止金属与坚石撞击、摩擦发生火花。3）爆破作业必须使用安全炸药及毫秒电雷管，采用毫秒雷管时，最后一段的延期时间不得超过130ms。爆破电闸应安装在新鲜风流中，并与开挖面保持200m左右距离。4）洞内只准用电缆，不准使用皮线；使用防爆灯或蓄电池灯照明。5）铲装石碴前必须将石碴浇湿，防止金属器械摩擦和撞击发生火花。

C　严格执行相关制度

（1）瓦斯检查制度。指定专人定时进行检查，严格执行瓦斯允许浓度的规定。瓦斯检查手段可采用瓦斯遥测装置、定点报警仪和手持式光波干涉仪。发现异常时，应及时报告技术负责人，采取措施进行处理。

（2）洞内严禁使用明火，严禁将火柴、打火机、手电筒及其他易燃品带入洞内。

（3）进洞人员必须经过瓦斯知识和防止瓦斯爆炸的安全教育。抢救人员未经专门培训不准在瓦斯爆炸后进洞抢救。

（4）对于瓦斯检查人员，必须挑选工作认真负责、有一定业务能力、经过专业培训、考试合格者上岗。以上仅介绍了瓦斯隧道施工的几项主要制度，施工时要按照瓦斯防爆的技术安全规则与有关制度严格执行。

3.3.3.4　通风与防尘风险控制措施

A　隧道施工通风及防尘的一般安全措施

（1）隧道内空气成分每月至少取样分析一次，风速、含尘量每月至少检测一次。

（2）隧道施工时的通风，应设专人管理，并保证每人每分钟得到4m³的新鲜空气。

（3）无论通风设备是否运转，严禁人员在风管的进出口附近停留，通风机停止运转时，任何人员不得在靠近通风软管的地方行走和停留，不得将任何物品放在通风管或管口上。

（4）施工时宜采用湿式凿岩机钻孔，用水炮泥进行水封爆破以及湿喷混凝土等有利于减少粉尘的施工工艺。

（5）在凿岩机和装渣工作面上应做好防尘工作，放炮前后应进行喷雾与洒水，出渣前应用水淋透渣堆和喷湿岩壁，在吹入式的出风口宜放置喷雾器。

（6）防尘用水的固体物质含量不应超过 50kg/L，大肠杆菌不得超过 3 个/L，水池应保持清洁，并有沉淀或过滤设施。

B　通风方式

在施工中；通风方式有自然通风和强制机械通风两类。自然通风是利用洞室内外的温差或风压差来实现通风的一种方式，一般只限于短直隧道，且受洞外气候条件的影响极大，因而完全依赖自然通风是较少的，绝大多数隧道施工必须采用强制机械通风，机械通风是利用通风机和管道（或巷道）组成通风系统，以解决隧道通风问题。按照风道类型和通风机安装位置，机械通风可分为以下几种方式：

（1）风管式通风。风管式通风是用小型通风机通过风管和管道（或巷道）输送新鲜空气或吸出污浊空气的通风方法。其设备简单，灵活方便，易于拆装，是施工中常用的一种通风形式。风管式通风可分为压入式、吸出式和混合式三种。

（2）巷道式通风。由于风管式通风在长度超过 1000m 时，往往风管损坏，漏风量很大，加上风管直径有限，管路过长，风流阻力加大，通风效果达不到要求，所以长隧道都采用巷道式通风。巷道式通风的优点是节省通风管，风量大，阻力小，通风距离长，是目前解决长隧道施工通风比较有效的方法。

（3）风墙式通风。风墙式通风适用于隧道比较长，一般巷道式通风难以解决但又没有平行导坑可以利用的情况。

洞内通风设备的安装、拆除、使用、检查、维修等工作应有专职人员负责，发现漏风应及时进行维修。管道要做到平顺、接头严密，压入式和吸出式的管口均应设在洞外。人员不得在封管的进出风口停留，不得把工具和硬物放在通风管上。通风巷道内不得停放闲置的斗车，不得堆放料具和废碴，减少阻力。

C　防尘安全技术

在隧道施工中，有害气体的危害比较明显，故一般为人们所重视；粉尘对人体的危害不能立即反映出来，因而往往被忽视。特别是粒径小于 $10\mu m$ 的粉尘，极易被人吸入，或沉附于支气管中，或吸入肺部，隧道施工人员常见的硅肺病就是因此而形成的，此病极难治愈，病情严重发展会使肺功能完全丧失而死亡。因此，防尘工作是十分重要的。粉尘的产生主要来自凿岩作业，约占洞内空气中含尘量的 85%，爆破占 10%，装碴运输只占 5%。目前，推行湿式钻眼是防尘工作的主要措施，但要使坑道内的含尘量降到 $2mg/m^3$ 的标准，只靠湿式凿岩是不够的，必须采取综合措施，即湿式凿岩、喷雾洒水、机械通风和个人防护相结合。

（1）湿式凿岩。湿式凿岩俗称打"水风钻"，在钻眼时，高压水通过钻头冲洗孔眼，润湿粉尘，防止粉尘飞散到空气中。根据现场测定，采用这种方法可降低粉尘量 80%。使用湿式凿岩时，高压水到达工作面处的压力应不小于 0.3MPa；水量应充足，每台风钻不少于 3L/min；操作应正规，即先开水后开风，先关风后关水；凿岩机不得上下左右摇摆。对于缺水、易冻害或岩石不适于湿式凿岩的地区，可采用干式凿岩孔口捕尘，其效果也较好。

（2）喷雾洒水。喷雾是利用喷雾设备将水用高压风喷射出来，使爆破后产生的粉尘和水珠凝积在一起，随水珠降落下来，从而达到降尘效果。

（3）机械通风。虽然采用了湿式凿岩和喷雾洒水，但仍有部分粉尘和废气在空气中飞扬，机械通风是排除洞内这部分粉尘的重要手段，但现场有的作业点往往将炮烟吹散后，就将通风机关闭，实际上未能发挥机械通风在降低粉尘含量方面的作用。因此，必须要求在主要作业（钻眼、装碴等）进行期间经常保持通风。

（4）个人防护。个人防护主要是指佩戴防护口罩，在凿岩、喷射混凝土等作业时还要佩戴防噪声的耳塞及防护眼镜。

3.3.3.5　不良地质与特殊地质隧道施工风险控制措施

A　不良和特殊地质地段隧道施工安全管理

不良地质和特殊地质地段隧道围岩变形大，变化快，事故具有突发性的特点。因此，积极采取现场围岩变形量测，及时了解变形量、变形时间及变化规律是非常有益的。这样，施工开挖与支护衬砌就有了较充分的科学依据，可以减少施工中人为主观因素的影响等。隧道通过不良地质、特殊地质地段时，施工技术要求和注意事项如下：

（1）施工前应对设计所提供的工程地质和水文地质资料进行详细分析了解，深入细致地做施工调查，制定相应的施工方法和措施，备足有关机具材料，认真编制和实施施工组织设计，使工程达到安全、优质、高效的目的。反之，即便地质并非不良，也会因准备不足，施工方法不当或措施不力导致施工事故，延误施工进度。

（2）特殊地质地段隧道施工，应以"先治水、短开挖、弱爆破、强支护、早衬砌、勤检查、稳步前进"为指导原则。隧道选择施工方法（包括开挖及支护）时，应以安全为前提，综合考虑隧道工程地质及水文地质条件、断面形式、尺寸、埋置深度、施工机械装备、工期和经济的可行性等因素而定。同时应考虑围岩变化时施工方法的适应性及其变更的可能性，以免造成工程失误和增加投资。

（3）隧道开挖方式应视地质、环境、安全等条件，合理选用钻爆开挖法、机械开挖法或人工和机械混合开挖法。如用钻爆法施工时，采用光面爆破和预裂爆破技术，既能使开挖轮廓线符合设计要求，又能减少对围岩的扰动破坏。爆破应严格按照钻爆设计进行施工，如遇地质变化时，应及时修改、完善设计。

（4）隧道通过自稳时间短的软弱破碎岩体，浅埋软岩和严重偏压、岩溶流泥地段，砂层，砂卵（砾）石层，断层破碎带以及大面积淋水或涌水地段时，为保证洞体稳定，可采用超前锚杆、超前小钢管、管棚、地表预加固地层和围岩预注浆等辅助施工措施，并可对地层进行预加固、超前支护或止水。

（5）采用新奥法施工的隧道，为了掌握施工中围岩和支护的力学动态及稳定程度，保证施工安全，应实施现场监控量测，充分利用监控量测指导施工。对软岩浅埋隧道须进行地表下沉观测，这对及时预报洞体稳定状态，修正施工都十分重要。

特殊地质地段隧道，除大面积淋水地段、流砂地段、穿过未胶结松散地层和严寒地区的冻胀地层等，施工时应采取相应的措施外，均可采用锚喷支护施工。爆破后如开挖工作面有坍塌可能时，应在清除危石后及时喷射混凝土护面。如围岩自稳性很差，开挖难以成型时，可沿设计开挖轮廓线预打超前锚杆。锚喷支护后仍不能提供足够的支护能力时，应及早装设钢架支撑加强支护。

（6）当采用构件支撑作临时支护时，支撑要有足够的强度和刚度，能承受开挖后的围岩压力。围岩出现底部压力，产生底部膨胀现象或可能产生沉陷时应加设底梁。当围岩极为松软破碎时，应采用先护后挖，暴露面应用支撑封闭严密。根据现场条件，可结合管棚或超前锚杆等支护，形成联合支撑。支撑作业应迅速、及时，以充分发挥构件支撑的作用。

（7）围岩压力过大，支撑受力下沉侵入衬砌设计断面，必须挑顶（即将隧道顶部提高）时，其处理方法是：拱部扩挖前发现顶部下沉，应先挑顶后扩挖；当扩挖后发现顶部下沉，应立好拱架和模板，先灌注满足设计断面部分的拱圈，使混凝土达到所需强度并加强拱架支撑后，再行挑顶灌注其余部分。挑顶作业宜先护后挖。

（8）对于极松散的未固结围岩和自稳性极差的围岩，当采用先护后挖法仍不能开挖成型时，宜采用压注水泥砂浆或化学浆液的方法，以固结围岩，提高其自稳性。

（9）特殊地质地段隧道衬砌，为防止围岩松弛，地压力作用在衬砌结构上，致使衬砌出现开裂、下沉等不良现象，在采用模筑衬砌施工时，除遵守隧道施工技术规范的有关施工规定外，还应注意：1）当拱脚、墙基松软时，灌注混凝土前应采取措施加固基底。2）衬砌混凝土应采用高强度混凝土或早强水泥，或采用掺速凝剂、早强剂等措施，提高衬砌的早期承载能力。3）仰拱应在边墙完成后立即施工，或根据需要在初期支护完成后立即施作，使衬砌结构尽早封闭，改善受力状态，确保衬砌结构的长期稳定、坚固。

B　黄土围岩隧道施工安全管理

（1）施工有关规定：1）认真调查黄土地层中节理的产状与分布状况。对因构造节理切割而形成的不稳定部位加强支护。2）施工中遵循"短开挖、少扰动、强支护、及时密贴、实回填、严治水、勤量测"的施工原则，紧凑施工工序，精心组织施工。3）开挖方法宜采用短台阶开挖方法或分部开挖法（留核心法）；初期支护紧跟开挖面施作。

（2）施工注意事项：1）做好洞口、洞门及洞顶的排水系统，并妥善处理好陷穴、裂缝，以免地面积水浸蚀洞体周围，造成土体坍塌。2）施工中如发现坑道有失稳现象时，应及时用喷射混凝土封闭、加设锚杆、架立钢支撑等加强支护。3）施工时要特别注意拱脚与墙脚处断面，如超挖过大，应用浆砌片石回填。如发现该处土体承载力不够时，应立即加设锚杆或采取其他措施进行加固。钻锚杆孔时，宜采用干钻。4）在开挖与灌注仰拱前，为防止边墙向内位移，宜加设横向撑梁顶紧。5）锚杆宜采用药包式或早强砂浆式锚杆。若拱部位于砂层时，为防止喷射混凝土层塌落，可用 $\phi 4 \sim 6 \text{mm}$ 的密钢筋网，紧贴开挖面作固定初喷混凝土层之用。6）施工中如发现不安全因素时，应暂停开挖，加强临时支护，以便适应调整工序安排。

C　松散地层施工安全管理

（1）松散地层的特点是：结构松散，胶结性弱，稳定性差，在施工中极易发生坍塌，若有地下水时则更甚。松散地层隧道施工原则是：先护后挖、密闭支撑、边挖边封闭。在这类地层中开挖坑道，最主要的是减少对围岩的扰动，必要时可采用超前注浆预加固地层方法，及早控制地下水。在松散地层中，常采用超前支护的施工方法。

（2）超前支护施工安全技术。隧道开挖前，先向岩体内打入钢钎、钢管、钢板等构件，用以预先支护松散围岩，防止坑道掘进时松散岩体发生坍塌。

（3）超前预支护的主要类型：

1）超前锚杆（或小钢管）。这种方法是在爆破前，将超前锚杆或小钢管打入掘进前方稳定的岩层内，其末端支承在径向悬吊锚杆或格栅拱支撑上，使其起到支护掘进进尺范围内拱部上方的围岩，有效地约束围岩在爆破后的一定时间内不致发生松弛坍塌。施工中，因超前锚杆与悬吊锚杆外露端往往不易直接相交，故用 $\phi22$ 的横向短钢筋焊接相连。

2）超前管棚。当隧道处于松软地层中，地表沉陷量要求较小时，可采用管棚进行预支护。管棚是开挖前在隧道开挖工作面的上半部分（成扇形）或沿隧道整个断面周边间隔一定距离，用大型水平钻机钻孔，然后在钻孔内压入钢管而形成的钢管群体。为了增加钢管的刚度，可向钢管内灌入水泥砂浆。管棚适用于围岩为砂黏土、黏砂土、亚黏土、粉砂、细砂、砂夹卵石夹黏土等非常松软、破碎的土壤，凿孔后极易坍孔的地层。超前管棚法通常使用外径 $\phi40mm$、$\phi80mm$、$\phi108mm$ 或其他直径的无缝或普通焊接钢管插入围岩，插入的倾角较超前锚杆略为减小，一般在十分软弱的地层可直接将钢管顶入，或借助手动液压千斤顶、凿岩机、液压钻的冲击力，将钢管顶入未开挖的地层中。

3）超前小导管预注浆。此法是将松散地层固结为整体，再进行开挖。压浆孔沿开挖断面周边布置，其间距视围岩松散情况一般为 $0.6\sim0.8m$，压浆后要求在开挖断面处有约 1m 厚的加固层。它是在松散地层中施工使用较多的一种方法，适用于中砂、粗砂或砾石层等空隙率较大的松散地层。导管的前端做成尖楔状，在管前部 $2.5\sim4.0m$ 范围内按梅花形布置 $\phi6mm$ 的注浆孔，以便钢管顶入地层后对围岩空隙注浆。在砂夹砾石、粗砂且有侵蚀性水的地层中，采用水泥砂浆压注；在粉、细砂地层或有侵蚀性水时，可压注化学浆液。

（4）超前支护施工注意事项：1）当遇砂、软土等过于松软的地层时，应慎重选择支护方法及其参数，以免造成支护失效。2）悬吊锚杆和结构锚杆均应保证施工质量，并将各种锚杆（钢管）末端焊接牢固。3）保证格栅拱的架设质量及拱脚处的地基有足够的承载能力。4）注浆锚杆的砂浆应达到设计强度后方可进行爆破。5）合理运用微振动爆破，以免引起围岩过大的扰动和破坏。6）喷锚支护既要及时，又要保证质量。7）当采用半断面掘进时，掘进长度不大于 2 倍洞径时就应施作临时仰拱。其构造可用 16 号工字钢加工成横向底梁，在拱脚处焊上 $\angle100mm\times100mm\times10mm$ 的角钢，使底梁与其顶紧。若地压大时，采取焊接后再喷射 20cm 厚的混凝土。待下部开挖施作正式仰拱后再拆除临时仰拱。8）及时检查、量测，对有异状或变形量较大处进行加固。

（5）降水、堵水施工安全。松散地层中含水时，对隧道施工的危害极大；排除施工部位的地下水，有利于施工。降水、堵水的方法较多，如降水可在洞内或辅助坑道内井点降水。在埋深较浅的隧道中，可在洞外地面隧道两侧布点进行深井泵降水；当地下水丰富，而且排水条件或排水费用太高，经过技术、经济比选后，可采用注浆堵水措施。注浆堵水又分地面预注浆和洞内开挖工作面预注浆两种方法。二者采用哪种方法，应根据隧道埋深、工程地质和水文地质情况，钻孔和压浆设备能力，以及技术、经济、工期等方面进行综合分析后采用。

D 断层施工安全管理

（1）断层对隧道施工的主要影响。隧道穿过断层地段时，施工难度取决于断层的性质、断层破碎带的宽度、填充物、含水性和断层活动性以及隧道轴线和断层构造线方向的组合关系（正交、斜交或平行）。此外，与施工过程中对围岩的破坏程度、工序衔接的快慢、施工技术措施是否得当等，均有很大关系。当隧道轴线接近于垂直构造线方向，断层规模较小，破碎带不宽，且含水量较小时，条件比较有利，可随挖随撑。但当隧道轴线斜交或者平行于构造方向时，则隧道穿过破碎带的长度增大，并有强大侧压力，应加强边墙衬砌，及时封闭。

（2）断层地带隧道施工一般步骤：

1）探明断层地带情况。施工前，切实掌握所遇断层带的所有情况。当断层破碎带的宽度较大，破坏程度严重，破碎带的充填物情况复杂，且有较多地下水时，应在隧道一侧或两侧开挖调查导坑。利用调查导坑详细测绘地质状况后，应及时做好导坑的封闭衬砌；调查导坑穿过断层后，宜在较好的岩层中掘进一段距离再转入正洞，开辟新的工作面，以加快施工进度。如设有平行导坑时，可超前于正洞，能预先了解正洞断层的实际地质情况，并有利于排水。

2）选择合理施工方法。在断层带施工，应根据有关施工技术与机具设备条件、进度要求、材料供给等，慎重选择通过断层地段的施工方法。当断层带内充填软塑状的断层泥或特别松散的颗粒时，可比照松散层中的超前支护，采用先拱后墙法。墙部的首轮马口，可用挖井法施工，如断层带特别破碎，则二、三轮马口应以扩井法施工，最后挖去核心，随即施作抑拱。如断层地段出现大量涌水时，则宜采取排堵结合的治理措施。

（3）施工注意事项：

1）防排水作业：①如断层带地下水是由地表水补给时，应在地表设置截排系统引排。对断层承压水，应在每个掘进循环中，向巷道前进方向钻凿2个以上的超前钻孔，其深度宜在4m以上，以探明地下水的情况。②随工作面的向前推进挖好排水沟，并根据岩质情况，必要时加以铺砌。如为反坡掘进，则除应准备足够的抽水设备外，还应安排适当的集水坑。③坑壁或坑顶有水流出时，应凿眼安置套管集中引排，使其不漫流。

2）施工工序：①通过断层带的各施工工序之间的距离宜尽量缩短，并尽快地使全断面衬砌封闭，以减少岩层的暴露、松动和地压增大。②当采用上下导坑，先拱后墙法施工时，其下导坑不宜超前过多，并改用单车道断面，掘进后随即将下导坑予以临时衬砌。上下导坑间的漏斗间距宜加大到10cm左右，并全部以框架框紧。

3）开挖作业：①采用爆破法掘进时，应严格掌握炮眼数量、深度及装药量。原则上应尽量减小爆破对围岩的震动。②采用分部开挖法时，其下部开挖宜左右两侧交替作业。如遇两侧岩石软硬不同时，应用偏槽法开挖，按先软后硬顺序交错进行。

4）支护作业：①断层地带的支护应宁强勿弱，并应经常检查加固。②断层地带的开挖面要及时喷射一层混凝土，并架设有足够强度的钢架支撑。③当采用分部开挖，使用以往木支撑时，要注意上导坑和扩大两工序间的支撑倒换工作，并需预留足够的支撑沉落量，防止因倒拆横、纵梁及反挑顶而引起塌方。这种塌方往往处理费事，且对安全威胁很大。此外，当拱圈封顶后应立即设置拱脚卡口梁，并应以木楔切实塞紧。

5）衬砌作业：①衬砌应紧跟开挖面。②衬砌断面应尽早封闭。

E 溶洞施工安全管理

（1）岩溶对隧道施工的主要影响。当隧道穿过可溶性岩层时，有的溶洞位于隧道底部，充填物松软且深，隧道基底难于处理；有的溶洞岩质破碎，容易发生坍塌；遇到大的水囊或暗河时，岩溶水或泥砂夹水会大量涌入隧道；遇到填满饱含水分的充填物溶槽，当坑道掘进至其边缘时，含水充填物会不断涌入坑道，难以遏止，致使地表开裂下沉，山体压力剧增；有时溶洞、暗河迂回交错，分支错综复杂，范围宽广，处理十分困难。

（2）隧道遇到溶洞的安全处理措施。隧道在溶洞地段施工时，应根据设计文件有关资料及现场实际，查明溶洞分布范围、类型情况（大小、有无水、溶洞是否在发育中，以及充填物）、岩层的稳定程度和地下水流情况（有无长期补给来源、雨季水量有无增长）等，分别以引、堵、越、绕等措施进行处理。

1）引排水。①当暗河和溶洞有水流时，宜排不宜堵。在查明水源流向及其与隧道位置的关系后，采取设暗管、涵洞、小桥等设施，渲泄水流，或开凿泄水洞，将水排出洞外。②当水流的位置在隧道上部或高于隧道时，应在适当距离外，开凿引水斜洞（或引水槽），将水位降低到隧道底部位置以下，再行引排。

2）堵填。①对已停止发育，径跨较小，无水的溶洞可根据其与隧道相交的位置及其充填情况，用混凝土、浆砌片石或干砌片石予以回填封闭，再根据地质情况决定是否需要加深边墙基础。②拱部以上空溶洞，可视溶洞的岩石破碎程度采用喷锚支护加固，或加设护拱及拱顶回填的办法处理。

3）跨越。当溶洞较大较深时，可采用梁、拱跨越。但梁端或拱座应置于稳固可靠的基岩上，必要时用圬工加固。

（3）隧道在不同部位遇到溶洞时的跨越措施。

1）当隧道一侧遇到狭长而较深的溶洞时，可加深该侧的边墙基础通过。2）当隧道底部遇有较大溶洞并有流水时，可在隧底以下砌筑浆砌片石支墙，支承隧道结构，并在支墙内套设涵管引排溶洞水。3）当隧道边墙部分遇到较大、较深的溶洞，不宜加深边墙基础时，可在边墙部位或隧底以下筑拱跨过。4）当隧道中部及底部遇有深狭的溶洞时，可加强两边墙基础，并根据情况设置桥台架梁通过。5）溶洞上大下小，且有部分充填物时，可将隧道顶部的充填物清除，然后在隧道底部标高以下设置钢筋混凝土横梁及纵梁，横梁两端嵌入岩层。6）隧道穿过大溶洞，情况较为复杂时，可根据情况，以边墙梁及行车梁通过。

（4）绕行。施工中遇到一时难以处理的溶洞时，可采用迂回导坑绕过溶洞区，继续进行隧道施工，再行处理溶洞。

（5）岩溶地段隧道施工注意事项。

1）施工前，应对地表进行详细勘察，注意研究岩溶状态，估计可能遇到溶洞的地段。2）了解地表水、出水地点的情况，并对地表进行必要的处理，防止地表水下渗。3）当施工达到溶洞边缘时，各工序应紧密衔接。如采用下导坑引进，则应将上部工序赶前，迅速将拱圈砌到适当地段。同时设法探明溶洞的形状、范围、大小、充填物及地下水等情况，据以制定施工处理方案及安全措施。4）当在下坡地段遇到溶洞时，应准备足够数量的排水设备。5）施工中注意检查溶洞顶板，及时处理危石。当溶洞较大较高时，应设置施工防护架或钢筋防护网。6）溶蚀地段的爆破作业，应尽量做到多打眼、打浅眼，并控制药量。7）在溶洞充填体中掘进时，如充填物松软，可用超前支护法施工。如充填物为极松散的砾、块石堆积或有水时，可于开挖前采取预注浆加固。8）溶洞未做出处理方案前，不要将弃碴随意倾填于溶洞中。9）处理情况复杂的溶洞，要根据现场具体情况制定安全措施，以确保施工安全。

3.3.3.6 盾构法施工风险控制措施

A 风险控制的总要求

(1) 盾构施工前,应详细核对设计、图纸和相关技术文件,同时对施工现场进行调查研究,针对盾构工程制定相应的安全技术措施;盾构施工通过风险较大的地段时,应对施工安全技术措施做专题研究,采取切实可靠的技术、设备和防护措施;单项工程开工前,应制定安全操作细则,向施工人员进行安全技术交底。对于盾构机进出洞、开仓换刀等风险大的施工,应进行施工前条件验收。

(2) 盾构工程施工的辅助结构、临时工程及大型设施等,均应按有关规定做好安全防护措施,安全防护设施完成后,需经检验合格。

(3) 起重吊装作业安全防护措施。起重作业属于特种作业,信号司索工、司机应持建设行政主管部门颁发的建筑施工特种作业人员操作资格证。同时,应安排专人进行安全监控;设吊装作业警戒区,无关人员不能进入。

在进行起重吊装作业前,应对钢丝绳、钢丝夹、吊钩等索具装备进行检查,根据索具受损程度对其起吊能力进行折减和检算,对磨损严重的索具及时更换,以保证施工过程中的吊装安全。

吊装作业时应严格执行"十不吊"的规定,即:1) 起重机支腿不全伸不吊。2) 斜面斜挂不准吊。3) 吊物重量不明(含埋地物件、斜拉物件)或超负荷不准吊。4) 散物捆扎不牢或物料装放过满不准吊。5) 吊物上有人不准吊。6) 指挥信号不明不准吊。7) 起重机安全装置失灵或"带病"不准吊。8) 现场光线阴暗、看不清吊物起落点不准吊。9) 棱刃物与钢丝绳直接接触无保护措施不准吊。10) 六级以上强风等恶劣天气不准吊。

吊装过程中提升和降落速度要均匀,动作要平稳,严禁忽快忽慢、突然制动和左右回转;严禁在运行中对起重机进行修理、调整和保养作业;在起重满负荷或接近满负荷时不能同时进行两种动作。使用汽车吊时,起重机行驶和工作的场地应平坦坚实,保证在工作时不沉陷;视土质情况,起重机的作业位置应离盾构井有必要的安全距离。

(4) 焊接作业安全防护措施。焊接作业人员需是经过电、气焊专业培训和考试合格,取得特种作业操作资格证的电、气焊工并持证上岗;电焊作业人员作业时应使用头罩或手持面罩,穿干燥工作服、绝缘鞋和耐火、绝缘防护手套等安全防护用品。电焊机应安装二次侧降压保护器,气瓶应经定期检测合格。施工现场应配备两个以上的合格灭火器,现场派人监控。

电焊作业时,如遇到以下情况应切断电源:改变电焊机接头时;更换焊件需要改接二次回路时;转移工作地点搬运焊机时;焊机发生故障需要进行检修时;更换保险装置时;工作完毕或临时离开操作现场时。气焊作业前,明火作业区外 2m 内和作业点下部应清除易燃物、电缆、管线及可燃或怕热物体需用阻燃布严密覆盖;作业时氧气瓶与焊炬、割炬及其他明火的距离应大于 10m,与乙炔瓶的距离不小于 5m。

(5) 施工现场用电安全防护措施。施工现场用电应严格执行《施工现场临时用电安全技术规范》JGJ46—2005 等有关安用电规定和规范标准,电工每天对现场用电设备、设施、线路进行两次例行巡视检查,发现问题及时停电并监护,同时报电气管理人员处理。

(6) 盾构机选型。盾构机的性能及其与地质条件、工程条件的适应性是盾构隧道施工成败的关键。盾构机选型是盾构施工的第一步，也是盾构施工最基础和最关键的一步，往往决定着盾构施工的成败。盾构机选型应充分考虑地质水文条件、现场施工环境条件、施工水平、安全要求、环境保护、当地法律法规等各种因素，应注意以下几个方面：

1）盾构机选型前，应充分收集工程的工程地质及水文地质等工程现场资料，对盾构机厂商所生产的盾构机在同类或类似工程的使用情况进行详细的实地考查，组织经验丰富的盾构土建、机械、电气等专业技术人员根据工程实际情况编制盾构技术性能需求文件，必要时邀请专家进行评审。

2）采用盾构机的类型、动力驱动设备、主轴承、密封系统、注浆系统、应急设备应作为盾构机选型的关键要素。

3）盾构机选型需适应地质和水文条件，地下水位较高的环境应优先选用泥水平衡型盾构机。

（7）盾构端头井地层加固。盾构端头井土体加固质量效果往往直接影响盾构始发或接收的成败。因此，加强盾构井端头土体加固施工管理和加固质量效果检验是盾构施工安全管理中一项重要任务，主要有以下措施：

1）熟悉设计图纸及文件，对端头土体、地质情况进行详细调查、勘察，分析加固方案的预期加固效果，特别是边角部位的加固效果，分析加固效果对盾构施工的影响，并根据实际情况建议调整设计或制定应急措施。

2）盾构端头井土体加固的方法很多，有冻结法、旋喷加固、静压注浆、素桩、玻璃纤维桩、钢板桩及各种组合方法，以适应不同的地质条件。应根据实际情况及设计要求选择其中适用的方法。

3）施工前应根据设计资料及现场实际勘察编制详细、可行、可靠的施工方案，对于高水位及重大工程盾构端头土体加固方案应请经验丰富的专家进行论证，所有方案需施工单位技术负责人和总监审批后执行。

4）在施工过程中严格按要求进行施工，采取中间检验和旁站监督对过程施工质量进行严格控制。

5）盾构端头井土体加固完成且龄期达到设计要求后，按照设计文件或施工方案设计的检验方法进行加固效果检测。经检测验收合格后方可进行盾构始发或接收工作。检测不合格的，应制定补强加固方案，按规定程序申报审批后进行补强加固，直至强度及渗透系数等参数达到规定的要求。

6）盾构始发或接收过程中，应派专人24h巡视端头加固土体有无异常变化。如有异常现象，应立即停止掘进，研究并采取应急措施防止情况恶化。

7）盾构端头井处地下水位较高时，加固段内外一定距离处应设置水位观测孔，及时观测水位变化，并制定应对措施。

B　盾构进场及组装风险控制措施

（1）盾构机进场。盾构机进场运输前，应制定盾构机进场方案，成立盾构机进场指挥小组，委托有资质的大件运输公司承担盾构机进场运输任务，组织运输公司调查清楚运输线路沿线桥梁、道路的限高、限宽、限重、道路的拐弯半径和坡度以及架空管线的限高等条件，选择合适的运输车辆；对现场构配件存放地的基础进行预处理，清除影响吊装存放的障碍物。

盾构机吊装（盾构机构件装卸车、下井）作业（见图3-3-8）的安全要求见本节的"总体要求"部分。

（2）盾构机组装。盾构机组装前应由相关技术和生产管理人员编制可行性施工方案，内容包括：吊车配置、吊点的设置、吊装设备的组装顺序、吊装平面布置图。在组装前应召开组装交底会，明确参施人员的职责和任务以及需要注意的事项，对新型盾构机应征询盾构机制造商的意见。组装前安排好设备的组装顺序，并严格按顺序进行组装。组装中的盾构机如图3-3-9所示。

图3-3-8　盾构机正在吊装　　　　　图3-3-9　正在组装的盾构机

C　盾构始发作业风险控制措施

（1）始发基座安装。始发基座（见图3-3-10）安装前需进行平面位置和高程的精确测量定位。避免由于始发基座安装位置的偏差引起安全隐患。新型的基座应进行详细设计和受力计算，强度和稳定性应符合规范和盾构机始发要求。应严格控制基座的焊接质量，确保盾构始发安全。

（2）反力架施工。反力架（见图3-3-11）是提供盾构机始发反力的重大构件，其安全性直接影响盾构的始发安全，在安装和使用过程中需确保反力架的安全。反力架应根据现场使用受力状态进行受力和变形核算，核算安全合格后方可使用；反力架定位和焊接质量直接影响盾构始发的安全，需对其严格把关。

图3-3-10　盾构机基座　　　　　　图3-3-11　反力架

反力架施工中，施工作业人员除应满足总体要求中对施工作业人员的要求外，在高于2m（含2m）的高空作业时，需系好合格的安全带。同时，盾构端头井边1m以内不能堆土、堆料、停置机具，四周应设高1.2m以上的安全栏杆。

（3）洞口密封施工。洞口密封是盾构施工进出洞防止流砂流水的关键设施，对始发安全非常重要。洞口密封的安装应严格按设计的技术要求和质量要求进行施工；需对现场施工人员进行进场安全教育和安全考核；严格按照施工交底各步骤执行，确保施工安全；井边及墙体禁止悬挂杂物，严禁在孔口临边堆料，摆放机具；轨道平台表面用大板或方木铺严绑实，无探头板。

（4）始发推进。受基座、反力架及洞口端头土体加固情况等诸多因素的影响，同时施工操作人员对地层也需要一个适应过程，盾构始发推进时，盾构机的姿态往往不稳。盾构的合理施工参数尚需摸索。这个阶段是盾构施工的关键环节，其安全性至关重要。

盾构始发应制定专项方案，必要时还应进行专家论证；始发前应对盾构机操作人员和其他现场操作人员进行技术交底和安全交底。盾构始发期间，项目经理和总工程师需时刻关注始发参数，特别是关注始发推力和出土量；始发期间如有紧急情况发生，应立即停机，经排除故障和采用妥善措施后方可继续推进。

D　盾构掘进风险控制措施

（1）推进施工。盾构机操作与施工人员需经培训合格后方可持证上岗，盾构机操作手原则上应具备大专以上学历。与操作无关的人员严禁进入主控室，非司机严禁操作任何操作手柄及按钮。在掘进过程中，受地质条件变化、盾构机自身设备状态和地表沉降变化等影响。需要对盾构机施工参数（出土量、上土压、推进速度、注浆量、注浆压力）进行大的调整时，应按施工组织设计规定的程序进行，如有必要，尚需召开专家论证会，严禁擅自调整。

（2）管片吊运及拼装。管片拼装机需由专人负责，严格执行三定制度（定机、定人、定岗位）和操作规程，其他人员禁止操作；所有动力设备在接通电源前，液压控制阀的手柄应在"终止"位置上；在隧道内用管片吊车运输管片时，需保证吊具与管片连接牢固；在吊运管片时要注意检查吊具是否完好，防止吊具在吊装或拼装时脱落、断裂；定期对管片吊具进行检查，以保证吊具的安全性；管片在运至拼装区过程中，管片运输区内严禁站人；启动拼装机前，拼装机操作人员应对旋转范围内空间进行观察，在确认没有人员及障碍物时方可操作，拼装机作业前先进行试运转，确认安全后方可作业；在拼装管片时，非拼装作业人员应退出管片拼装区，拼装机工作范围内严禁站人；如拼装机在操作中发生异常，应立即停止拼装作业，查明原因，进行处理，使其恢复至正常工作状态后方可继续施工。

（3）背后注浆。背后注浆也称同步注浆。盾构施工过程中，在盾构开挖外径与盾构机外壳之间一般有20～40cm的间隙，它是盾构施工中地层损失的主要组成部分，在掘进过程中需要对管片外侧的环形空隙进行注浆。同步注浆是控制地表沉降的关键工序，其安全管理措施主要有：

1）设计和优化浆液的配合比，使其与地层状况和推进参数相匹配。

2）严格按设计和施工方案确定的同步注浆压力、注浆量等参数进行施工，并根据洞内管片衬砌变形和地面及周围构筑物变形监测结果，及时进行信息反馈，修正注浆参数和施工方法，发现情况及时解决，保证施工质量。

3）需有专人维护注浆设备及仪器仪表的正常运转，确保同步注浆连续正常进行。

4）停止注浆或设备损坏需长时停用注浆设备时，应立即派人员及时清理注浆设备及管道，防止浆液堵塞管路。

5）注浆设备的易损件应备足，以便损坏后及时更换。

6）采用加大注浆泵压力疏通管道时，畅通的瞬间，管道内的砂浆将会高速喷出，极易对周围的人员造成伤害。因此，在管道出口处要选用结实、坚固的编织物或加帆布，并用铁丝绑扎牢固，操作人员不可求快，压力要逐渐增加，不可突然急剧加压。

7）检查注浆压力表准确、有效。注浆中常常发生堵管造成压力表失效，致使一些注浆操作是在没有压力表这个眼睛的情况下"盲"注或仅凭经验来完成的。如果注浆压力大幅度超出容许范围，将会造成管片错台、开裂和漏水，重者会直接将管片压脱掉入隧道中，造成严重事故。

8）由于背后注浆不到位、掘进过程中地层局部沉降形成地层内局部空洞等原因，在盾构机通过一定距离后，可能会产生地面沉降过大甚至坍陷。因此，宜在盾构机通过地段进行地层空洞的探测和处理。

（4）土体改良。为改善盾构机刀盘前方的土体的可塑状态，减少对刀具、刀盘及泥渣输送设备的磨损，维护刀盘前方土体压力稳定，盾构机刀盘前方通常需加入添加剂对土体进行改良。土体改良效果较差时，会造成刀具刀盘磨损较大，刀盘前方较难建立土压，从而使推进困难。为有效地使用好添加剂，保证土体改良效果，应注意以下几方面的事项：

1）应根据具体的工程地质、土质、水文情况选择添加剂。要注意即使产品属同一类型但属不同产地或厂商的，有时差异性也会较大，应通过试配试验选择适应工程的产品。

2）由于盾构掘进过程中地质情况在不断变化，应根据地质条件分段选择适用的添加剂和配合比或发泡率。

3）施工过程中应对添加剂配合比和发泡率情况进行记录和分析，根据使用情况由技术管理人员进行调整。

4）每个工程施工完成后，应及时分析和总结添加剂使用情况，以供后续工程作为参考。

（5）纠偏、线形控制及曲线段推进控制。由于各种条件的限制，盾构隧道不总是直线形，常需要盾构机在曲线上推进。同时，施工过程中由于盾构推进受地层、液压系统、管片拼装误差等各种因素影响，会使隧道的线形在一定程度上偏离隧道设计轴线。因此，需要严格控制推进线形，通过纠偏来控制推进线路，特别是在曲线段，避免超出设计允许误差。盾构线形控制主要靠控制测量、推进、管片拼装等作业的精度及纠偏来实现。线形控制及曲线推进控制的措施如下：

1）为确保隧道沿设计轴线推进，需建立一套严密的人工测量和自动测量控制系统，严格控制测量精度。

2）盾构隧道控制性测量数据及输入计算机的测量数据，需按程序进行审核及审批；数据输入计算机时要实行"双人确认制"。

3）合理设置洞内的测量控制点及导线，根据工程的实际情况合理控制测量和复核的频率。

4）在掘进过程中严格控制千斤顶的行程、油压和油量，根据测量结果及时调整盾构机和管片的位置和姿态。

5）按"勤纠偏，小纠偏"的原则，通过计算合理选择和控制各千斤顶的行程量，使盾构机和隧道轴线沿设计轴线，在容许偏差范围内平缓推进，切不可纠偏幅度过大。

6）盾构机进入曲线段前，不可通过在外侧超挖来实现转弯施工，否则易造成盾构机偏出外侧曲线。

7）在曲线段施工时，尽量利用盾构机自身千斤顶的纠偏能力进行纠偏，只有在小半径曲线下才允许使用仿形刀进行超挖纠偏。

8）在曲线段掘进时，管片单侧偏压受力易变形，因此应及时进行同步注浆，可用早强快凝浆液。

（6）防喷涌。喷涌发生后，一方面会造成盾构机前方泄压，使前方工作面不稳定，可能引发掘进面上方塌方。另一方面，喷涌发生后在管片拼装区淤积大量的泥渣，清理工作量极大，往往需要较长时间，而长时间无法恢复管片拼装和正常推进，会引发注浆系统堵塞等其他问题。在盾构施工过程中，应采取以下措施防止喷涌发生：

1）在盾构机选型和制造时，应注意防喷涌应急装置的设置。

2）选择适当的土体改良添加剂，调整土体的可塑状态，防止渣土含水量过大增加喷涌的风险。

3）控制推进质量，防止强推猛推使前方工作面土压力过大而产生喷涌的风险。

4）操作螺旋输送机等渣土输送设备时，开口速率应稳定而平缓地增加，不能猛开猛关。

5）开启螺旋输送机时，在渣土出口处应有专人监督，发现喷涌预兆时，及时发信号给操作室，要求立即关闭螺旋输送机。

6）发生喷涌时，应立即关闭螺旋输送机，及时清理喷涌渣土，尽快恢复推进。

（7）防盾尾漏浆、漏水。当盾尾或盾尾处其他密封装置损坏后，盾尾会出现漏浆漏水，浆液流失引起注浆不实，导致地面产生较大沉降，严重时会造成盾尾涌浆涌水，导致无法正常推进或淹没盾构机的事故。防止盾尾漏浆及漏水的主要措施如下：

1）在盾构机选型时，选择声誉较好和质量有保证的盾构机厂商和盾构机，选择可靠和耐用的盾尾密封。

2）盾构机组装和使用过程中，要防止损坏盾尾密封装置，损坏后应及时更换。防止异物进入盾尾中，当有异物进入盾尾时应及时清理。

3）在地下水位较高的工程中，盾构机应考虑设有可靠的盾尾应急密封装置，有条件时应设置多道防线。

4）当盾构施工距离较长，需中途更换盾尾刷等盾尾密封装置时，更换的地点、时机应提前做好计划，更换的盾尾密封装置需保证质量。

5）同步注浆时禁止采用过大的注浆压力，以免注坏盾尾密封装置。

6）盾构掘进过程中，应派专人对盾尾注脂系统进行查看和维护，及时加注油脂。注入的油脂需保证质量，不能使用有杂质和劣质的油脂产品。

7）盾构推进过程中，避免纠偏量过大造成盾尾密封装置受挤压破坏。

（8）压气作业。盾构机更换刀具或出现故障时，人员需要进入前舱作业。为平衡外侧土体压力，需向刀盘舱内注入空气，使其压力升高。操作人员进入这样密闭的环境中工作时。由于刀盘舱内空间狭窄，压入空气的质量也可能含有一定的杂质，工作面环境温度很高。操作人员很容易出现不适。因此，压气作业是盾构安全施工中值得特别注意的风险源。

盾构施工中尽量避免和减少在不良地质条件下进入刀盘舱的作业，尽可能在基本可以自稳的地层中进行开舱作业，这样可以不用压气作业。压气作业也要根据地质条件的变化，选择适当的时机，提前或推迟进入刀盘舱内，预见性地安排更换刀具。

要挑选身体健康、强壮的工人作为进入刀盘舱的操作人员，并经过职业病医院严格的身体检查，确保对恶劣环境的抵抗力。一般压气作业一人一天不宜超过 4h。

压气作业务必选用无油型空压机，确保空气质量，并准备好通信工具，不间断地保持联络。

此外，还应做好应急准备，必要时要能在减压舱（刀盘与盾构前体间的密封过渡通道）内抢救伤员，并与有关医院签好急救协议。有条件的要配备专用的流动医疗舱，以便在送往医院的过程中，保持伤员所受体外压力差基本一致。

（9）刀具更换。更换刀具时，需要操作人员进入刀盘舱。刀盘舱内空间狭窄，不能多人同时作业，也很难借助机械；刀盘舱内往往又比较湿滑，刀盘舱下部充满泥土或泥浆，刀盘开口处还可能有不稳定岩土掉入。因此，刀盘舱存在较大的安全风险。在岩石强度较高的地层中，需要更换滚刀时，由于滚刀重量大、四周光滑、没有固定点、搬运困难，其安装和拆卸比刮刀、割刀的更困难，安全风险更大。另外，如果作业人员在搬运刀具过程中遇岩土掉块等意外打击，极易失衡，轻则将刀具掉入刀盘舱内，要花费相当长的时间才能打捞上来，重则人被滚刀碰伤，甚至有可能滑入刀盘舱底部，被滚刀二次击伤，造成严重后果。因此，进入刀盘舱内更换刀具是盾构施工过程中一项相对比较危险的作业。

在刀具更换作业前，应制定详细的作业方案，对刀具更换的每个细节进行部署，并由技术负责人进行交底。作业前应切断盾构机的驱动电源，主控室和刀盘舱作业区均须有人监护。

当地质条件不好、开挖面地层有可能失稳时，应预先采取注浆或洞内加支撑等办法对地层进行加固处理，防止岩土掉块对作业人员的伤害。此外，还要对刀盘舱内的积土、淤泥或泥浆进行清理，尽量保持刀盘舱内作业空间位置，搭设稳固的临时支架和作业平台，并提供充足的照明（包括行灯等局部照明工具）。

选派技术娴熟、配合默契的作业人员进行刀具更换以尽量缩短盾构机停止时间，防止土体失稳。软土地层中盾构机停止时间一般不要超过两天。如有土体严重失稳，可分次完成刀具更换。一般此时土体强度不大，盾构机可掘进数环后再更换另一批刀具。

应尽量借助机械装置安装和拆卸滚刀，比如合理运用葫芦等起重装置、滑轨等移动装置以及支架等固定装置。刀盘舱内潮湿、水气大，随着温度的升高会产生雾化现象，对电器、电线绝缘性能要求高，故应选用 24V 以下的安全电压。刀盘意外转动伤人在盾构施工过程中屡有发生，因此，重新启动盾构机时应确认刀盘舱内没有操作人员而且工具材料已全部回收。

（10）施工用电。盾构机掘进用电一般是采用双回路专供电缆，供电电压达 10kV。隧道内环境潮湿，随着盾构向前不断推进，高压电缆也要经过多次连接，接头应选用优质的专用接驳器，电缆要在隧道内固定好，并留有一定活动余地，悬挂高度合适，至少要比运输车辆高，防止运输车辆脱轨后击断电缆，造成严重后果。

除了盾构机用电之外，盾构隧道施工其他临时用电也很多，需采用"三级配电二级保护"，尤其要配备足够的分配电箱。电箱要用铁皮制作，不能用木板或胶板等其他材料代替。要真正做到"一机、一闸、一箱、一漏"，一箱多机、一箱多闸等现象极易合错闸，从而导致触电事故。

（11）隧道运输。和隧道其他工法施工不同，中小直径的盾构隧道几乎均采用轨道运输系统。由于盾构机的掘进速度很快，运输往往是限制施工速度的一个瓶颈。因此，运输车辆一般设计得较长，渣土斗也设计得很大，占用了隧道很大空间。管片底部为圆弧形，对轨枕的稳定性有一定影响，运输车辆容易脱轨，有可能威胁人行道上人员的安全，尤其是碰到盾构机专用高压电缆时，后果更是不堪设想。因此，轨道运输系统要严格按有关技术规范执行，对轨距、轨道高差、弧度、接缝等重要参数要重点检查；轨枕应保证足够的刚度，并和管片上的螺栓保持固定或焊接，避免滑动变形。

隧道内运输容易引发事故，且一旦发生安全事故，后果大多比较严重。因此，严禁各类人员搭乘管片车进出隧道，严禁人员挤在操作室内。如隧道距离较长，应使用专门的人员运输车辆，车辆应外设围栏。在盾构机位置，电瓶车与盾构机之间几乎没有空隙，非常狭窄，稍不注意，人员易被挤卡在中间，应尤其注意。

吊运管片的吊带应认真保管，专物专用，不能用于吊运其他构件（尤其是铁件），以免损坏。管片吊运时，其他小件不应在管片上放置随同吊运下井。吊运构件时应支垫稳妥，捆绑牢固。

水平运输发车前，应检查并确认电瓶车和平板车拖挂装置、制动装置、电缆接头等连接良好，经试运行情况良好方可进行操作。禁止运载超宽物体，禁止两辆板车同时运载同一超长物体。

（12）隧道通风及防噪声。盾构机仅推进系统往往就要消耗1000kW以上的功率，机内持续高温，当遇到较硬或耐磨性较高的岩石时，机内温度可超过50℃。隧道内环境具有湿、闷、热的特点，在南方施工时尤为突出。尽管盾构机配备了送风系统以降低温度，但隧道内温度与地面作业相比还是要高很多。如有必要，除送风系统外，可增设抽风系统或冷却系统，加强空气对流。

盾构机在推进过程中，噪声常达到80dB以上，作业人员长时间处于高噪声环境下易产生疲劳感而诱发安全事故。因此作业人员要佩戴耳塞，并保证足够的休息时间，上班不超过8h。

（13）不良地质条件下的施工。

1）地下水。在富水地层盾构施工时，应勘察地下水的埋深、水压、流速和地层的渗流系数等，制定专项施工方案，必要时经专家论证、技术负责人审批后再实施。盾构施工过程中，应加强盾构姿态、排土和注浆的控制，防止盾尾刷的磨损和流砂的喷涌。

2）孤石。在盾构施工前，发现孤石时，应尽可能调查出孤石的位置、大小、强度等影响盾构施工的因素，有条件的尽可能提前进行处理；需穿过时，应制定专项施工方案，必要时经专家论证、技术负责人审批后再实施。在盾构施工过程中，应密切注意盾构机施工参数的变化，研究采取相应措施。

3）砂卵石地层。卵石坚硬、不易破碎，砂中的石英对刀具的磨损较严重，渣土不易改良。砂卵石地层中盾构掘进是盾构施工的一大难题。

在盾构施工前，应尽可能调查砂卵石地层位置、层厚，砂卵石级配和最大粒径等影响盾构施工的因素，以便采取相应的应对措施。掘进过程中应根据经验和盾构施工的参数提前选择换刀具的合理位置，不能让盾构机带病工作。盾构施工过程中，要加强盾构掘进参数的管理，发现异常需立即停机分析原因，排除故障后方可继续推进。须进行刀具更换时，应想尽办法更换完刀具后才能施工。

4）厚回填土。回填土土质松散，易坍塌，地层沉降反映到地表的速度快，盾构在厚回填土中施工安全风险较大。

在盾构施工前，应尽可能调查厚回填土地层位置、层厚等影响盾构施工的因素，以便采取相应的应对措施。若条件允许，宜对回填土进行加固处理，加固的范围和强度以不影响盾构施工为准。在回填土层盾构施工时，不应在渣土改良剂中加过多的水和液体制剂。宜在不引起过大的地表隆起和管片受力允许的情况下适当提高总推力，以提高土仓及工作面的压力，维持土体的稳定。在盾构施工期间，应加强地面的监测和巡视，发现异常应立即研究采取相应的应急措施。

5）瓦斯。若施工区域的地层中富含瓦斯时，所有用于盾构地下施工用的机械设备及用电设备等，需具有防爆和防瓦斯的功能。所有下井工作人员的用具和服装需符合防瓦斯规范要求，下井和作业需按防瓦斯相关规范进行，禁止携带火源和易燃易爆物品下井，应有专项管理制度和专门的监管人员进行严格管理。施工中加强通风管理工作，确保施工工作面瓦斯浓度不超标。设专职的瓦斯检查员按规范对各工作面进行瓦斯检测，一旦超标，应立即通知作业人员停止作业。

6）有毒气体及污染土。在盾构施工前，对可能存在有毒气体及污染土的地层，应采取调查和勘察等各种手段，将有毒气体及污染土的地层位置、深度、范围、数量、浓度等调查清楚。对有毒气体及污染土地层，应请专门的部门处理完成并经检验合格后方可进场施工。有毒气体及污染土地层处理，应有安全措施和防止二次污染的措施。在施工中应设专人进行有毒气体及污染土的地层检测工作，检查出有毒气体及污染土应立即上报并采取处理措施。除此之外，应有防止有毒气体及污染土地层的应急措施，要配备防毒面罩等防有毒气体及污染土地层的设备和设施。

（14）穿越工程周边环境的施工。盾构施工法因其在控制地表沉降方面具有独特优势，而在地铁隧道需穿越道路、重要管线、危旧民房、铁路、桥梁、高压线塔、文物、河流及湖泊等风险源地段时常被采用。尽管如此，盾构穿越这些地段时，仍应高度关注。

在盾构施工前，应对盾构沿线工程周边环境进行调查、分析和分级管理。对于重大风险源，施工前建设单位宜请有经验和资质的单位对建筑物和构筑物进行评估，并提出沉降控制指标和建议处理措施；施工单位应编制专项施工方案，并与产权单位、建设单位、设计单位及监理单位会审，必要时应请专家进行论证。在有条件时，宜进行建（构）筑物、地基基础或地层的预加固处理，以提高建筑物及构筑物本身的抗沉降变形的能力。

在盾构施工过程中，应严格控制盾构的掘进参数，加强建（构）筑物及地表的监控量测和巡视管理，监控量测数据和巡视信息应及时反馈，以指导施工，一旦发现建（构）筑物异常应立即研究采取相应的应急措施。

E 盾构到达及解体运输风险控制措施

（1）盾构机到达。盾构接收施工主要包括接收端土体加固、接收基座安装、接收洞门密封和止水设施安装、洞门桩凿除和接收段推进施工。在整个接收过程中应加强对各参数的观察与控制，发现异常及时汇报，待确认安全后再继续施工。

在接收端土体的加固经检验达到设计强度合格后，才能开始进行此段的掘进施工；接收施工阶段实行地面隆沉的24h监控，并应尽快将结果送达项目经理及总工，确保及时调整施工参数。接收基座在盾构到达前要提前安装好；接收洞门密封和止水设施的安装经验收合格后，方可进行盾构接收作业；盾构刀盘距接收洞门5m前搭好洞门凿桩的脚手架，将洞门松动物清凿干净，并确认洞门防水物件已做好保护，盾构刀盘距接收洞门小于5m以后须确保接收洞门四周5m范围内不能有人。

盾构从刀盘出洞门的围护桩开始须停止转动，之前需解除盾构推进与刀盘转动的联锁。从盾构出洞门至全部被推上接收基座的整个过程都须慢速前进，且需有专人指挥。技术员、专职安全员应旁站观察盾构的姿态、接收基座的状态、洞门密封装置状态、盾尾管片间隙（不小于12mm），发现异常情况立即通知盾构停止前进。需经技术员、专职安全员对盾构接收基座的位置、固定情况最终核实符合要求后，盾构方可进入基座。盾构在被推上基座过程中，距盾构接收基座5m范围内不能有人；洞门注浆作业前须进一步紧固洞门密封装置，确保其不漏浆，并撤出洞门5m范围内人员，盾尾出洞门密封装置前1m，须全部完成注浆作业，之后盾构应及时全部出洞，以防盾尾被浆液固住。

（2）盾构机解体运输。将各台车间的连接放松并将各台车进行可靠定位后，方可解除台车间的管线连接，以确保其解除时台车不会滑移。台车一般不随盾构主机同步移动，若需移动时，应由电瓶车牵引或推移，移动前后注意检查两者的连接和台车的固定，以确保台车不发生滑移、跑车；在拆除皮带架、拉杆及管片运输架前需确认已有可靠的吊拉设施吊住，并确保拆除过程中不会坠落；盾构调头过程中须有专人指挥，不能随意靠近盾构设备，并须有专人观察设备在调头过程中的状态，发现异常或不安全现象须立即停止移动，待处理安全后方可继续作业；电缆的拆除应由持有上岗证的专业电工完成，拆除电缆前应先确认已经断电。有压力管道、设备拆除时需先松动连接，待压力释放后方可拆除连接，作业人员面部不能正对接口。

在台车运输通道内运输设备、行车时，运输段通道内不能有人，且有信号工指挥，发现异常情况立即停止前进；进入盾构隧道运输道内作业需经当班负责人同意，并按其安排的时间及范围作业，作业过程中须有专人注意观察，发现异常立即将人员撤至安全地点；隧道内严禁吸烟，使用明火作业（如气割、电焊）需经当班负责人批准并清除作业点10m范围内易燃物品（如油等）后方可作业，作业前还须准备好灭火器材，并有专人负责消防工作。

3.4　地下管道工程施工安全管理

3.4.1　地下管道工程施工概述

3.4.1.1　地下管道工程施工简介

A　开槽法

开槽法适用于场地允许及敞挖经济合理的工程，如图3-4-1所示。

（1）测量放线。

（2）开槽。挖运土方、边坡、支撑、施工排水。

（3）基础。基底清理、基础、标高控制、位置控制。

（4）排管、下管、稳管、接口、养护。

（5）砌筑管道构筑物。砌筑检查井、阀门井等。

（6）质量检验及回填压实。

B 开槽法下管分类

图3-4-1 开槽法

（1）人工下管。管径小、重量轻、沟槽浅、施工现场狭窄、不便于机械操作的地段。

1）压绳下管法。400~600mm。

2）吊链下管法。三脚架+手动葫芦。

3）溜管下管法。易碎管道、DN<300。

（2）机械下管。管径大、沟槽深、工程量大且便于机械操作的地段。吊车：DN>1000，混凝土强度大于50%才可下管。

C 不开槽法

（1）顶管法。顶管法施工是继盾构施工之后发展起来的一种地下工程施工方法，主要用于地下供水管、排水管、煤气管、电讯电缆管等的施工。它不需开挖面层，且能够穿越公路、铁道、河川、地面建筑物、地下构筑物以及各种地下管线等，是一种非开挖的敷设地下管道的施工方法。地下管线的非开挖施工法主要内容包括：地下管线的铺设、更换和修复。顶管法的工艺流程如图3-4-2所示。

（2）顶管法施工原理。是在管道的沿线按设计的方案设置工作井和接收井，工作井内设置坚固的后座，吊进油压千斤顶以及要顶进的钢管或混凝土管，接好照明、泥浆管、油管等管线，然后用油压千斤顶缓慢顶进，通过压浆系统使管道周围形成泥浆套，管道在泥浆套中滑行，在顶进的过程中通过激光经纬仪测量顶管的方向，边顶进、边排土、边调整，直至将钢管或混凝土管顶至接收井内。

（3）施工过程。一般是先在工作坑内设置支座和安装液压千斤顶，借助主顶油缸及管道间中继间等的推力，把工具管或掘进机从工作坑内穿过土层一直推到接收坑内吊起，与此同时，紧随工具管或掘进机后面，将预制的管段顶入地层。

顶管法是边顶进，边开挖地层，边将管段接长的管道埋设方法，如图3-4-3所示。施工时，先制作顶管工作井及接收井，作为一段顶管的起点和终点，工作井中有一面或两面井壁设有预留孔，作为顶管出口，其对面井壁是承压壁，承压壁前侧安装有顶管的千斤顶和承压垫板（即钢后靠），千斤顶将工具管顶出工作井预留孔，而后以工具管为先导，逐节将预制管节按设计轴线顶入土层中，直至工具管后第一节管节进入接收井预留孔，完成一段管道。为进行较长距离的顶管施工，可在管道中间设置一至几个中继间作为接力顶进，并在管道外围压注润滑泥浆。顶管施工可用于直线管道，也可用于曲线等管道。

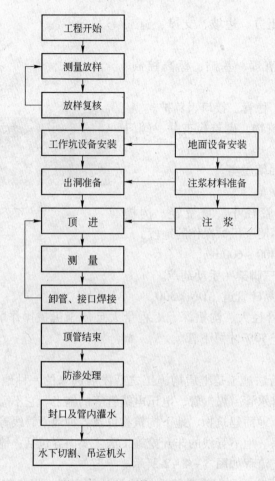

图 3 - 4 - 2 顶管法的工艺流程

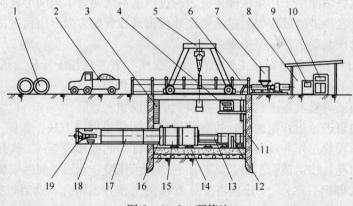

图 3 - 4 - 3 顶管法

1—预制的混凝土管；2—运输车；3—扶梯；4—主顶油泵；5—行车；6—安全护栏；7—润滑注浆系统；
8—操纵房；9—配电系统；10—操纵系统；11—后座；12—测量系统；13—主顶油缸；14—导轨；
15—弧形顶铁；16—环形顶铁；17—已顶入的混凝土管；18—运土车；19—机头

（4）顶管施工的分类。

1）按所顶进的管子口径大小分。分为大口径、中口径、小口径。

2）按一次顶进的长度分。分为普通距离顶管和长距离顶管。

3）按顶管机的类型分。分为手掘式人工顶管、挤压顶管、水射流顶管和机械顶管（泥水式、泥浆式、土压式、岩石式）。

4）按管材分。分为钢筋混凝土顶管、钢管顶管以及其他管材的顶管。

5）按顶进管子的轨迹分。分为直线顶管和曲线顶管。

3.4.1.2 地下管道工程施工特点

（1）开槽法特点：1）需土体开挖、管道需机械频繁吊装、需人工参与稳管。2）整个工作环境完全暴露在室外，受天气因素影响较大。

（2）顶管法特点：1）一次连续顶进的距离，越来越长。2）顶管直径，向大小直径两个方向发展。3）管材，向钢筋混凝土管、钢管、玻璃钢顶管发展。4）挖掘技术，机械化程度越来越高。5）顶管线路的曲直度，曲线形状越来越复杂，曲率半径越来越小。

3.4.2 地下管道工程施工风险源及安全策划重点

3.4.2.1 地下管道工程施工风险源

A 开槽法施工常见风险源

开槽法施工，其施工过程决定了其施工过程中的可能发生的危险因素，主要的危险因素发生在土方开挖、吊装作业、排管及下管、管道的焊接连接作业的过程中，本节基于某工程的风险源辨识结果来分析和认识施工过程中的风险源，见表3-4-1。

表3-4-1 某开槽法施工风险源

序号	作业活动/工序/部位	危 害 因 素	可能导致的后果	事故类别	控 制 措 施
1	土方开挖	突降暴雨连续大雨	土地稳定性遭到破坏	坍塌	坑外做好排水沟，坑内做好排水沟、积水井并及时抽排
2	施工用电	随地拖线电线破皮漏电	人员触电	触电	编制用电方案，绘制电线走向平面图，架空走线
3	吊装作业	汽车吊站位过远、支腿不牢	汽车吊倾覆、人员伤亡	起重事故	编制安装方案、绘制安装平面布置图，控制汽车吊荷载
		吊点设置不合理，吊运时发生歪斜碰撞	管道损坏人员伤亡	起重伤害	预先根据吊装材料的重心设置吊点
4	焊接作业	未采取有效防火措施	人员烧伤物质烧毁	火灾	严格动火审批，配置消防器材，跟踪监控检查
5	排管、下管	未对有害气体进行监测	有害气体溢出	中毒	对开挖的基槽进行有害气体监测，做好安全防护措施

    B　顶管法施工常见风险源

    顶管法施工，其施工过程决定了其施工过程中的可能发生的危险因素，主要的危险因素发生在工作井的开挖、顶进设备的组装、吊装等作业，本节基于某工程风险源辨识及有害因素辨识结果来分析和认识施工过程中的风险源，见表3-4-2。

表3-4-2　某工程顶管法施工风险源

序号	作业活动/工序/部位	危害因素	可能导致的后果	事故类别	控制措施
1	工作井开挖	突降暴雨连续大雨	土地稳定性遭到破坏	坍塌	坑外做好排水沟，坑内做好排水沟、积水井并及时抽排
2	机械组装	人员操作不当	千斤顶等机械伤害人员	机械伤害 物体打击	严格执行机械组装安全规定，对组装人员进行安全培训及技术交底
3	顶进作业	支座失稳未采取机械防护措施	人员受到机械伤害	机械伤害	编制施工现场机械使用安全方案，切实落实安全培训及机械使用方案
4	吊装作业	吊点设置不合理，吊运时发生歪斜碰撞	管道损坏人员伤亡	起重伤害	预先根据吊装材料的重心设置吊点。
5	土方外运	人员指挥不当	土方外吊因指挥不当高空坠落	物体打击 高空坠落	专职的土方提升信号员、切实落实机械使用安全交底
6	焊接作业	未采取有效防火措施	人员烧伤物质烧毁	火灾	严格动火审批，配置消防器材，跟踪监控检查

3.4.2.2　地下管道工程施工安全策划重点

    （1）开槽法。管道施工期间的安全管理、沟槽的开挖，应视土质情况放好边坡。较深的沟槽应分层开挖。按规定弃土，以防止出现塌方。机械挖土要防止挖掘臂触碰高压电缆。采用人工往管沟槽下管时，使用的绳索和地桩必须牢固可靠，两端放绳速度应一致，沟内不得有人。

    （2）顶管法。

    1）工程地质和水文地质条件。管道施工沿管线土层变化频繁，所以在顶管施工前必须了解土层的变化情况；此外对于要经过的回填土地段，需要提前加固处理，以防顶管施工后地表有过大的下沉。同时要控制好顶管时的高程变化，防止由于土层被突破造成河水涌入。

    2）有毒气体的检测与防护。顶管施工的地层一般会通过淤泥层，腐烂动、植物体会在地下形成有毒气体聚集体，危害施工人员的健康和生命。因此，有人员在顶管内操作的情况下，需要定时监测管内有毒气体含量，采用通风装置予以解决。

    3）超前探查地下管线。尽管先进的顶管设备具有在施工时探查前进路线不远距离管线的能力，但是采用在地面提前查明地下管线仍是值得开展的，这对于保证通信、电力、上水、排水、煤气等其他管线安全运营，确保公众正常生活很有必要。

4）穿越建筑时对基础的探查。顶管在建筑物基础下施工时，需要明确施工路线上所遇到的基础类型，对于部分基础在顶管顶进前可采取托换、加固措施。

3.4.3 地下管道工程施工风险控制措施

3.4.3.1 一般安全要求

起吊时要坚持"十不吊"，坚持先试吊再正式起吊。管道吊装时要由专人指挥，统一口径、统一行动，并与吊车司机配合密切。高空吊装大件要冷静沉着，发现问题要采取果断措施，防止发生意外事故。黑夜工作必须有良好的照明。施工现场文明施工要堆放整齐、道路畅通、举止文明、定期考核、推行标准化作业，共创文明工地，把文明施工作为考核工程质量和综合考评的一个指标。在与当地政府或有关部门办理签证、审批手续后，应按报批的施工方案审批要求认真遵章作业，干净收场，保障交通顺畅，环保整洁。在施工中，要逐项落实安全技术措施，施工方案（安全措施）如有变化，需经建设单位工程师批准，报上级安全主管部门备查，并重视组织交底。工作前要认真检查工具、机具和作业环境及各种安全设施，经确认无误后方可进行工作。施工用的设备、构件、施工用料、工程用料要堆放整齐、稳妥，防止倒塌伤人，同时要控制堆放高度和距离。

3.4.3.2 顶管法安全规定

（1）管径小于、等于800mm时，不得采用人工方法掘进。

（2）采用敞开式掘进顶管，土层中有水时，必须采取降水等控制措施。

（3）人工挖土，土质为砂、砂砾石时，应采用工具管或注浆加固土层的措施。

（4）顶管施工中，渗漏、遗洒的液压油和清洗废液等应及时清理，保持环境清洁。

（5）采用密闭式掘进顶管，管口与掘进机、中继间的连接和管道间的接口必须严密，不得漏水。

（6）施工前，应根据顶进方法、管径、最大顶力等对后背结构、顶进设备、中继间等进行施工设计，确定安全技术措施，并制定监控量测方案。

（7）利用已完成顶进的管段作后背时，顶力中心应与已完成管段中心重合；顶力必须小于已完成管段与周边土壤之间的摩擦阻力；后背管口应衬垫可塑性材料保护。

（8）在城区、居民区、乡镇、机关、学校、企业、事业单位等人员密集区和穿越房屋、轨道交通、铁路、道路、公路和地下管道等建（构）筑物时，宜采用密闭式机械掘进顶管。

（9）施工过程中应按监控量测方案的要求布设监测点，设专人对施工影响区内的地面、地下管线和建（构）筑物的沉降、倾斜、裂缝等进行观察量测并记录，确认正常；发现异常应及时分析，采取相应的安全技术措施。

3.4.3.3 工程地质和水文地质条件的风险控制

沿管线土层变化频繁，所以在顶管施工前必须了解土层的变化情况；此外如要经过回填土地段，需要提前加固处理，以防顶管施工后地表有过大的下沉。同时要控制好顶管时的高程变化，防止由于土层被突破造成河水涌入。

3.4.3.4　有毒气体的检测与防护

顶管施工的地层一般会通过淤泥层，腐烂动、植物体会在地下形成有毒气体聚集体，危害施工人员的健康和生命；同时随顶管深度和长度的增加会造成内部空气含氧量降低，对人员造成窒息；所以有人员在顶管内操作的情况下，需要定时监测管内有毒气体含量，采用通风装置予以解决。

3.4.3.5　工作坑施工风险控制措施

（1）顶管工作坑的位置设置应便于排水、出土和运输，并易于对地上与地下建筑物、构筑物采取保护和安全生产措施。

（2）采用的装配式后背墙由方木、型钢或钢板等组装而成，组装后的后背墙具有足够的强度和刚度。

（3）工作坑的支撑应形成封闭式框架，矩形工作坑的四角应加斜撑。

（4）施工现场应采用标准硬质围挡。按照安全生产要求设有警示标志，夜间安装警示灯。必须保证工作坑安全可靠后方可进行下一工序的施工。

3.4.3.6　设备安装及辅助装置风险控制措施

（1）导轨。选用钢质材料制作，两导轨安装牢固、顺直、平行、等高，其纵坡与管道设计坡度一致。

（2）千斤顶。安装时固定在支架上，并与管道中心的垂线对称，其合力的作用点在管道中心的垂线上。

（3）油泵。应与千斤顶相匹配，并用备用油泵；安装完毕后进行试运转。顶进过程中油压突然增高时，应立即停止顶进，检查原因并经处理后方可继续顶进。

（4）顶铁。分块拼装式顶铁应有足够的刚度，并且顶铁的相邻面相互垂直。安装后的顶铁轴线应与管道轴线平行、对称，顶铁与导轨之间的接触面不得有泥土、油污。更换顶铁时，先使用长度大的顶铁，拼装后应锁定。顶进时工作人员不得在顶铁上方及侧面停留，并随时观察顶铁有无异常现象。顶铁与管口之间采用缓冲材料衬垫，当顶力接近管节材料的允许抗压强度时，管口应增加 U 形或环形顶铁。

（5）起重设备。正式作业前应试吊，检查重物捆扎情况和制动性能；严禁超负荷吊装。

（6）施工前，应根据顶进中的最大顶力选择顶进设备和辅助装置。

（7）施工前，必须对顶进设备和辅助装置进行检查，经试运行，确认合格。

（8）安装导轨应安装在稳固的基础上；导轨应安装直顺、牢固；设在混凝土底板上的导轨，应在混凝土达到设计强度的 50%，且不得低于 5MPa 时，方可安装。

（9）拆除顶进设备必须在停机、断电、卸压后进行；拆除的设备和材料，应随时运走或按指定地点码放整齐。

（10）顶进设备和辅助装置应完好；防护装置应齐全有效；后背结构及其安装应符合施工设计的要求；油泵压力表使用前应经具有资质的检测单位标定，并形成文件。

（11）安装后背墙体应平整，并与管道顶进轴线垂直；方木、型钢等组装的后背，组装件之间应连接牢固；后背墙体应与后背土体贴实，缝隙应用粗砂等料填充密实；现浇混凝土后背的结构尺寸和强度应符合施工设计要求；后背墙体埋入工作坑底板以下的深度应符合施工设计要求，且不得小于 50cm。

（12）安装（或拆除）洞口密封装置需高处作业时，应支设作业平台，不得垂直交叉作业；脚手架应置于坚实的地基上，搭设稳固；脚手架的宽度应满足施工安全的要求，在宽度范围内应满铺脚手板，并稳固；上下平台应设供作业人员使用的安全梯；平台临边必须设防护栏杆；作业中应随时检查，确认安全。

（13）安装顶铁前，应检查顶铁的外观和结构尺寸，确认完好和符合施工设计要求；顶铁应安装平顺，不得出现弯曲和错位现象；顶铁、千斤顶轴线的中心线应在通过管道轴线的铅垂面上；安装前，应将顶铁表面和导轨顶面的泥土、油污擦拭干净；顶铁与管口顶接处应采用带有柔性衬垫的弧形顶铁；顶铁顺向使用长度，应根据顶铁的截面尺寸确定；当采用20cm×30cm顶铁时，单行顺向使用的长度不得大于1.5m；双行使用时应在顺向1.2m处设横向顶铁，顺向总长度不得大于2.5m。

（14）安装工具管和顶管机底板混凝土应达到设计强度；导轨应安装牢固，符合设计要求；安装管径2000mm以上（含2000mm）的工具管、顶管机时，应支搭作业平台；工具管、顶管机安装完成后，应检查其主要尺寸、紧固或焊接质量，确认合格；油、气、水等管路应经检查，确认畅通、严密；机械设备经调试和试运行，确认合格，并形成文件后方可使用；顶进设备应按照设备使用说明书的要求安装。

（15）使用液压千斤顶前应检查其活塞阀门和管路，确认完好、无漏油；一旦损坏和漏油应立即更换检修；千斤顶必须按规定的顶力使用，不得超载。其使用顶力应按额定顶力的70%计算；最大工作行程不得超过活塞总长度的75%；千斤顶应放置在干燥，且不受暴晒的地方，搬运时不得扔掷，千斤顶和油箱应单独搬运；顶管同时使用的各台千斤顶的规格型号应一致。

（16）安装液压千斤顶、液压泵、管路和控制系统的配置，应符合施工设计规定；使用一台液压千斤顶时，其顶力线应位于通过管道轴线的铅垂面上，且与后背保持垂直；使用多台液压千斤顶时，宜对称布置在钢制支架上，支架中心线应位于通过管道轴线的铅垂面上，且与后背保持垂直；千斤顶液压系统应采取并联方式，且每台千斤顶都应有独立的控制装置。

（17）使用起重机吊装，应符合下列要求：

1）作业现场及其附近有电力架空线路时，应设专人监护，确认作业现场符合施工用电安全要求。

2）起重机与竖井边缘的安全距离，应根据土质、井深、支护、起重机及其吊装物件的质量确定，且不得小于1.5m。

3）作业前施工技术人员应对现场环境、电力架空线路、建（构）筑物和被吊重物等情况进行全面了解，选择适宜的起重机。

4）配合起重机的作业人员应站位于安全地方，待被吊物与就位点的距离小于50cm时方可靠近作业，严禁位于起重机臂下。

5）起重机作业场地应平整坚实，地面承载力不能满足起重机作业要求时，必须对地基进行加固处理，并经验收确认合格，形成文件。

6）起重机吊装作业必须设信号工指挥。作业前，指挥人员应检查起重机地基或基础、吊索具、被吊物的捆绑情况、架空线、周围环境、警戒人员上岗情况和作业人员的站位情况等，确认安全，方可向机械操作工发出起吊信号。

3.4.3.7　顶进作业风险控制措施

（1）采用手掘式顶管时，将地下水位降至管底以下不小于1m处，并采取措施，防止其他水源进入顶管管道。

（2）全部设备经过现场试运转合格后可进行顶进。

（3）工具管开始顶进5～10m的范围内，允许偏差为：轴线位置3mm，高程0～3mm。当超过允许偏差时，采取措施纠正。

（4）采用手工掘进顶进时，应符合下列规定：工具管接触或切入土层后，自上而下分层开挖；在允许超挖的稳定土层中正常顶进时，管顶以上超挖量不得大于15mm。

（5）顶管结束后，管节接口的内侧间隙按设计要求处理，设计无规定时，可采用石棉水泥、弹性密封膏或水泥砂浆密封。填塞物应抹平，不得凸入管内。

（6）顶进时测量工具管的中心和高程采用手工掘进时，工具管进入土层过程中，每顶进0.3m，测量不少于1次，管道进入土层后正常顶进时，每1.0m测量1次，纠偏时增加测量次数。在每个管节接口处测量其轴线位置和高程；有错口时测出相对高差。人员在管内施工时必须有送风设备，保证管内空气通畅，管外有工作人员留守。

（7）纠偏应采用小角度、顶进中逐渐纠偏。纠偏方法有：1）挖土校正法：适用于偏差为10～20mm时。2）木杠支撑法：通常在偏差大于20mm时采用。使用工具管时，可预先在工具管后面安装校正环，在环的上下左右各安设1个小千斤顶，当发现管端有误差时，可开动相应的小千斤顶进行校正。

（8）顶进过程中，出现下列紧急情况时应采取措施进行处理：1）工具管前方遇障碍。2）后背墙变形严重。3）顶铁发生扭曲现象。4）管位偏差过大且校正无效。5）顶力超过管端的允许顶力。6）油泵、油路发生异常现象。7）接缝中漏泥浆。

（9）顶进前现场工作坑起重系统、工作坑口平台、顶管机械和配套设备、管路与配电线路应完好；机械设备安装应稳固，防护装置应齐全有效。使用前应经检查、试运行，确认合格；穿越铁路、轨道交通、道路、公路、房屋等建（构）筑物时，加固、防护措施已完成，顶进作业已得到管理单位的同意；监测点已按监控量测方案的要求布设完成，并明确了专人负责。

（10）顶进中，施工人员不得站在顶铁上或两侧。

（11）土质松软、管径较大时，封门宜在空顶完成后拆除。

（12）顶进开始后，应连续作业，实行交接班制度，并形成文件。

（13）穿越铁路、轨道交通顶管，列车通行时，轨道范围内严禁挖掘、顶进作业。

（14）开始顶进时，千斤顶应缓慢地启动，待各个接触部位密贴后，方可正常顶进。

（15）拆除封门应编制方案，规定拆除程序和安全技术措施。封门宜采用静力法拆除。

（16）每班作业前，应对机械、设备进行检查和试运行，确认合格并记录后，方可作业。

（17）顶进过程中，严禁工作坑内进行竖向运输作业；进行竖向运输作业时，必须停止顶进作业。

（18）封门拆除后，应立即将首节管或工具管、顶管机顶入土体内。洞口与管道之间的空隙应采取密封措施。

（19）掘进过程中，必须由作业组长统一指挥，协调掘进、管内水平运输、顶进和竖向运输等各个环节的关系。

（20）一个顶进段结束后，管道与周边土壤间的缝隙，应及时填充注浆；填充注浆应遵守相应规定。

（21）顶进过程中，应对监控量测情况随时分析，确认正常，当发现异常时，应及时调整施工方法或采取安全技术措施。

（22）掘进中，拆接电路、油管和泥、浆、水管时，必须在卸压、断电后进行；接长的管路不得进入运输限界，并及时固定在规定位置；管路拆接后，应检查接口密封状况，确认无渗漏方可使用；拆接泥、浆、水管时，应在作业点采取控制和收集遗洒物的措施。

（23）采用敞开式掘进顶管应符合下列要求：1）敞开式掘进顶管，严禁带水作业。2）每一循环掘进完成后，应立即将管道推至开挖面前壁。3）掘进过程中，人员必须在管道内或工具管刃脚内作业。4）使用设有格孔和正面支撑装置的工具管时，应在施工组织设计中规定挖掘程序。5）当土质较松软时，宜在管道前端安装带有刃脚的工具管；掘进过程中，必须保持刃脚切入土体内。6）管端前挖土长度，土质良好时，不得大于50cm，不良土质地段不得大于30cm。7）掘进时，管顶部位超挖量不得大于15mm；管底部135°范围内不得超挖；在不允许土层沉降的地段，管子周围均不得超挖。

（24）顶进过程中出现下列情况之一时，必须立即停止顶进，待采取安全技术措施并确认安全后，方可恢复顶进：1）开挖面发生严重塌方。2）遇到障碍物无法掘进。3）后背变形、位移超过规定。4）顶铁出现弯曲、错位现象。5）顶力骤然增大或超过控制顶力。6）管道接口出现错位、劈裂或管道出现裂缝。7）工作区内地面、地下管线、建（构）筑物的沉降、倾斜度、结构裂缝和变形等量测数据有突变或超过限值。8）密闭式掘进机械的切削功率（或切削扭矩）和密封舱的压力大于额定值。

（25）采用密闭式机械掘进顶管应符合下列要求：1）顶管设备操作工必须遵从掘进机械操作工的指令。2）掘进机械操作工，必须按照机械使用说明书的规定程序操作。3）顶进时，应设专人观察管道状况，确认管口无错位、损伤等情况。4）使用泥水平衡掘进机械时，应设泥水分离装置和排水设施，不得泥水漫流。5）掘进过程中，应随时观察密封舱压力，并保持压力稳定，且不得大于控制压力。6）顶管设备和掘进机械操作工必须经安全技术培训，考核合格方可上岗；严禁未经培训人员上岗操作。7）掘进时，应随时观测掘进机械切削功率变化情况，并进行控制，保持切削功率稳定，且不得大于额定功率。8）掘进机械运行中，出现故障必须立即报告项目经理部主管领导研究处理；处理故障前必须编制方案，针对处理中可能出现的不安全状况采取相应的安全技术措施。

3.4.3.8　中继顶压站（中继站）风险控制措施

（1）中继顶压站的运输道路（轨道）接顺后，运输车辆方可通过。

（2）启动中继顶压站前，应检查其电气、液压系统情况，确认合格。

（3）中继顶压站拼装前应检查各组成部件、配件，确认符合施工设计的要求。

（4）中继顶压站顶进中，作业人员不宜进入站内，人员必须避离油泵和千斤顶油管接头。

（5）在工作坑内顶进和中继顶压站的顶进作业，应由作业组长统一指挥、协调，有序进行。

（6）拼装中继顶压站的壳体宜在工作坑外拼装；壳体各组成部件和配件应拼装牢固，经验收确认符合施工设计要求，并形成文件；拼装时，壳体应挡掩牢固；拼装管径大于1600mm的壳体时应支搭作业平台；拼装作业应由作业组长统一指挥，作业人员协调一致。

（7）三角架的三支腿应根据被吊设备的质量进行受力验算，确认符合要求；三角架应立于坚实的地基上，并支垫稳固；三角架的三支腿宜用杆件连成等边状态；吊装作业和移动三角架必须设专人指挥；三角架顶部连接点必须连接牢固。

（8）使用倒链应符合下列要求：

1）重物需暂时在空间停留时，必须将小链拴系在大链上。

2）需将链葫芦拴挂在建（构）筑物上起重时，必须对承力结构进行受力验算，确认结构安全。

3）链葫芦外壳应有额定吨位标识，严禁超载。当气温在−10℃以下时，不得超过额定重量的一半。

4）拉动链条必须由一人均匀、慢速操作，并与链盘方向一致，不得斜拉猛拽；严禁人员站在倒链正下方操作。

5）使用前应检查吊架、吊钩、链条、轮轴、链盘等部件，发现锈蚀、裂纹、损伤、变形、传动不灵活等，严禁使用。

6）起重时应先慢拉牵引链条，待起重链承力后，应检查齿轮啮合和自锁装置的工作状态，确认正常后方可继续吊装作业。

7）作业中应经常检查棘爪、棘爪弹簧和齿轮的技术状态，不符合要求应立即更换，防止制动失灵。齿轮应经常润滑保养。

8）倒链使用完毕应清洗干净，润滑保养后入库保管。

9）中继顶压站的千斤顶必须安装牢固，油泵压力表安装前必须经具有资质的检测单位标定，并形成文件。

10）中继顶压站顶进设备出现故障或检修时，必须在断电、卸压后进行，严禁带电、带压作业。

11）多级中继顶压站作业时，前中继顶压站一个循环顶进完成，并卸压处于自由回程状态时，后中继顶压站方可开始顶进，其一个循环顶进长度，不得大于前中继顶压站千斤顶的行程。

12）中继顶压站开始顶进时，其千斤顶应与前后管道端部处于紧密顶接状态；工作坑中的千斤顶应与管道端部处于紧密顶接状态。

13）当顶进段中设一个中继顶压站时，中继顶压站一个循环顶进完成，并卸压处于自由回程状态时，工作坑顶进设备方可开始顶进，其一个循环顶进的长度，不得大于中继顶压站千斤顶的行程。

14）中继顶压站宜设独立的液压系统和电气系统，当与工作坑顶进设备的液压系统和电气系统并用，并集中控制时，中继顶压站应设手动控制装置。

15）拆除中继顶压站作业应设经验丰富的技工指挥；拆除设备前，必须断电、卸压；当管径大于1600mm时，应支搭作业平台；拆除千斤顶和导向壳体的配件，应自上而下进行；拆除中继顶压站壳体应符合下列要求：①拆除壳体必须按施工设计规定的程序进行。②拆除壳体，宜控制在3h以内完成。③拆除前，必须向全体作业人员进行安全技术交底，并形成文件。④当土壤松软或拆除壳体不能在 3h 内完成时，必须采取临时支护空挡的措施。⑤采用千斤顶推顶方法拆除壳体时，必须设牢固的后背；采用倒链牵引方法拆除时，必须有牢固的锚固点。

3.4.3.9　触变泥浆风险控制措施

（1）注浆压力不得超过控制压力值。

（2）泥浆池周围应设护栏和安全标志。

（3）注浆过程中出现故障，必须在停机、断电、卸压后处理。

（4）注浆作业中应及时清理遗洒浆液，作业后的余浆应妥善处置。

（5）补浆顺序应保持向顶进方向逐个进行，不得与顶进方向相反。

（6）顶进过程中，应设专人观察注浆压力表，当表值低于规定压力时，应进行补浆。

（7）注浆前，应检查泥浆搅拌设备、空气压缩机、注浆泵、压力表、安全阀和管路等状况，确认完好、有效。

（8）注浆施工应具备下列条件：1）控制压力值已确定。2）压力表已经检测单位检测、标定。3）封门洞口与管道之间的缝隙已密封。4）经检查，确认机械设备完好，输浆管接口严密，防护装置齐全有效。

3.4.3.10　土方外运风险控制措施

（1）运输司机必须持证上岗，车辆证件齐全。

（2）为减少扬尘，施工场地应按规定硬化处理；沿线安排洒水车，洒水降尘，并设专人清扫社会交通路线。

（3）施工过程中做到"活完、料净、脚下清"。

3.4.3.11　管道闭水实验风险控制措施

管道闭水实验必须按照验收规范要求进行，完工一段闭水一段，人员需要进入检查井内或管内工作的必须保证内部空气通畅，检查井外有专人值守。

管道进行压力试验时，必须有可靠的安全措施，管道压力试验压力应缓慢地提升，停泵稳压后方可进行检查。检查时，检查人员不得对着盲板、堵头等处站立。处理管道泄漏等缺陷必须在泄压后进行，严禁带压处理。

3.5　人防工程施工安全管理

3.5.1　人防工程施工概述

3.5.1.1　人防工程及施工简介

人防工程也称为人防工事，是指为保障战时人员与物资掩蔽、人民防空指挥、医疗救护而单独修建的地下防护建筑，以及结合地面建筑修建的战时可用于防空的地下室。人防工程是防备敌人突然袭击，有效地掩蔽人员和物资，保存战争潜力的重要设施，是坚持城镇战斗，长期支持反侵略战争直至胜利的工程保障。

A　现代人防工程

现在，新建的人防工程在建设前都经过了可行性论证，既考虑到战时防空的需要，又考虑到平时经济建设、城市建设和人民生活的需要，具有双重功能。同时，人防工程严格按建设程序办事，从土建到装修都注重质量，建成投入使用后，取得了显著的战备效益、社会效益和经济效益。许多大中型人防工程成为城市的重点工程，如哈尔滨奋斗路地下商业街、沈阳北新客站地下城、上海人民广场地下停车场、郑州火车站广场地下商场等，在社会上产生了巨大的影响。

B　人防工程等级划分

按抗力等级划分，可分为1、2、2B、3、4、4B、5、6、6B 九个等级，工程可直接称为某级人防工程；

按战时用途划分，可分为指挥通信、人员掩蔽、医院、救护站、仓库、车库等；

按平时用途可分为商场、游乐场、游馆、影剧院（会堂）等；

按防化等级可分为甲、乙、丙、丁四个等级。

C　构筑形式

人防工程按构筑形式可分为地道工程、坑道工程、堆积式工程和掘开式工程。

（1）地道工程。地道工程是大部分主体地面低于最低出入口的暗挖工程，多建于平地。

（2）坑道工程。坑道工程是大部分主体地面高于最低出入口的暗挖工程，多建于山地或丘陵地。

坑地道人防工程从施工方法讲，是指采用暗挖（掘进爆破）施工的人防工程。从结构上讲，坑地道工程是利用工程上部覆盖层与工程支护结构共同组成的承载结构的工程。

坑地道工程按施工口的不同形式又分为坑道工程和地道工程。

根据坑地道工程构筑地域的地质条件，又分为土质工程和石质工程。

（3）堆积式工程。堆积式工程是大部分结构在原地表以上且被回填物覆盖的工程。

（4）掘开式工程。掘开式工程是采用明挖法施工且大部分结构处于原地表以下的工程，包括单建式工程和附建式工程。单建式工程上部一般没有直接相连的建筑物；附建式工程上部有坚固的楼房，亦称防空地下室。

掘开式人防工程是指采用首先开挖工程基坑土石方至设计标高，然后浇筑工程，再复土回填的方法构筑的人防工程。对于采用掘开方式构筑的平时战时用途为地下通道即地道，也应归入掘开式工程范畴。掘开式人防工程，根据工程上部地面是否有地面建筑，又分为单建式人防工程和附建式人防工程。

由于受建设工期限制或因其他要求，采用逆作法施工的工程，即先掘开工程顶板部位土方，钻孔灌筑柱身，再浇筑顶板，复土恢复地面交通，然后在顶板掩盖下暗挖出土，浇筑底板、墙体等完成工程结构，按逆作法构筑的人防工程从施工方法上讲，介于掘开式和坑地道工程之间；但从受力结构形式上讲又完全不同于坑地道工程，仅仅是构筑方式略有不同的掘开式工程。

D　地铁人防工程

人防工程是地铁建设的重要组成部分。平时地铁以交通运营为主，战时则承担着人员转运、重要物资输送的重要生命线作用。

3.5.1.2　人防工程施工特点

人防工程施工现场是人流、物流、信息流的集散地，同时也是人防工程项目实体的形成地。施工现场安全管理是人防工程建设管理的重要组成部分，对人防工程建设质量、造价控制、施工进度、施工安全具有决定性影响。当前，人防工程施工现场管理不断优化，管理水平明显提高。但少数工程施工现场管理松弛混乱，"脏、乱、差"现象仍然存在，人员伤亡、塌陷事故仍有发生，严重影响了施工的进度和质量，阻碍了人防工程建设的健康发展。

3.5.2 人防工程施工风险源

（1）雨水、洪水的隐患。人防工程施工高峰均在夏季，多雨期间容易出现雨水或洪水倒灌。一旦发生大的雨水、洪水袭击，其向基坑流泄的速度非常之快，会使整个工程遭受灭顶之灾。

（2）地下管线的隐患。工程建设地点多在大中城市，地下管线复杂。其中，给水排水管线对工程影响较大。管线一旦泄露，将给工程安全造成威胁，甚至酿成安全事故。

（3）施工项目的隐患。人防工程主体结构施工中，其深基坑工程、暗挖土方工程、高大模板工程等，均为《建设工程安全生产管理条例》（国务院令）确定的危险性较大的施工项目。

3.5.3 人防工程施工风险控制措施

3.5.3.1 人防工程施工安全风险控制总体要求

人防工程施工现场是个动态的多工种立体作业，生产设施的临时性、作业环境的多变性、人机的流动性，形成了人、机、料的动态集中，导致安全隐患的大量存在。深基坑边坡支护系统、大面积模板支撑系统、坑地道施工排水系统等是人防工程施工安全的关键部位，也是应重点检查控制的施工薄弱环节。

在施工事故多发的作业现场，控制人的不安全行为和物的不安全状态，落实安全管理决策和目标，以消除一切事故，避免事故伤害，减少事故损失为管理目的，是施工现场安全管理的重点。直接从事施工操作的人经常受到确定或不确定的危险因素威胁和伤害，造成人员伤亡，将导致工期延误，达不到如期完工的预期效果，最终将损害到施工企业的经济效益。

施工安全管理，要从安全教育、监督检查、生产责任制与管理保证体系等方面展开。人防工程施工企业应从上至下地开展安全教育，普及安全知识，加强安全意识，提升安全与效率、效益的辩证统一关系。企业应从安全生产方针政策法规宣传教育，施工现场安全技术知识教育等方面，不断升华企业职工的安全意识。通过加强现场安全巡逻，建立安全监督体系，完善现场安全措施等，来保证安全生产。

（1）人防工程开工前，建设单位应与施工单位签订安全生产责任书，分工明确，责任到人。

（2）施工单位应制定详细的安全生产管理制度，此制度应包括安全生产纪律、安全技术措施、安全生产检查制度、安全教育制度、伤亡报告制度、安全技术交底制度、安全生产例会制度、施工现场电气安全管理规定、机械设备事故处理规定、防火制度、特种作业人员持证上岗制度、安全生产资金投入管理制度等。

由人防工程构筑形式可知，基坑支护与降水工程，土方开挖工程，模板工程，起重吊装工程，脚手架工程，施工用电，塔吊，物料提升机及其他垂直运输设备，拆除、爆破工程等，在人防工程施工过程存在较大的危险因素，基于人防工程构筑形式的特点，在建造过程中危险性较大的工程的安全风险控制措施，可参阅本章基础工程及相关内容。

人防工程因所处环境特殊，安全管理工作与其他场所相比有其特有的一面，由于人防工程环境和结构的特殊性，人防工程现场安全管理比地面设施更复杂，安全事故的救援和消除比地面设施难度更大，安全管理的责任比其他责任更重大。总结经验，要做好人防工程的安全管理和安全生产，保障人民生命财产安全，就要科学防范，防、管结合。

3.5.3.2 专项安全施工方案落实制度

（1）安全生产组织设计编制内容。

1）平面布置。在施工组织设计中，必须有详细的施工平面布置图，各种设施布局合理，道路坚实平坦，排水畅通，物料堆放整齐有序，符合安全、文明施工要求。

2）土方工程。应根据基坑、沟渠、地下室等挖土深度和土质情况，选择合理开挖方法，确定边坡和采用支撑、支护等，以防坍塌。

3）编制施工临时用电方案，应按照《施工现场临时用电安全技术规范》（JCJ 46—2005）进行编制。

4）脚手架搭设方案要符合规范，"四口"、"五临边"和立体交叉作业的防护要可靠，安全网（平网、立网）布设合理有效，网要有出厂合格证，不能以次充好，要保证质量。

5）施工电梯、塔吊、井架位置恰当，牢固性、稳定性好，安全装置齐全、可靠。

6）防火、防雷、防毒、防爆措施正确、有效。

7）文明施工，减少噪声，控制烟尘，临街、近居民区工程采用全封闭作业。

（2）特殊工程安全技术措施要求。所谓特殊工程是指结构复杂、超高层、跨度大、工艺要求高、所处位置特殊的工程，这些工程应编制单项安全技术措施。如爆破工程、大型吊装、沉箱、沉井、烟囱、水塔工程、特殊架设、超高层脚手架、井架搭设和拆除等，特殊工程的安全技术措施要有设计依据，强度计算，并有详图和文字说明。

（3）季节性施工的安全技术措施。

1）雨季施工，重点防坍塌、防雷击、防触电、防台风等。

2）夏季施工，重点是做好防暑降温工作。

3）冬季施工，重点防冻、防滑、防火防中毒等。

（4）安全技术措施落实。

1）开工前，工程项目经理或技术总负责人对施工员、班长和作业人员应进行交底，除口头外，应有书面材料，并履行双方签字手续，并注明交底日期。

2）项目经理要注重在实施过程中的监督检查。

3）项目部应建立实施技术措施计划目标管理考核制。

3.5.3.3 安全管理工作的控制要点

（1）安全生产责任制。建立、执行安全责任制，并考核；经济承包有安全生产指标；制定各工种安全技术操作规程；按规定配备专（兼）职安全员；管理人员责任制考核。

（2）目标管理。制定安全管理目标；进行安全责任目标分解；责任目标考核，落实考核办法。

（3）施工组织设计。施工组织设计中有安全措施，并经审批；专业性较强的项目，单独编制专项安全施工组织设计；安全措施要全面，有针对性，并落实。

（4）分部、分项工程安全技术交底。需进行安全技术交底，交底全面、有针对性，并履行。

（5）安全检查。制定定期检查制度；有安全检查记录；检查出事故隐患整改定人、定时、定措施；

（6）安全教育。制定定期检查制度；有安全检查记录；检查出事故隐患整改定人、定时、定措施；

（7）班前安全活动。建立班前安全活动制度；记录班前安全活动。

（8）特种作业安全活动。经培训后，持证上岗。

（9）安全标志。有现场安全标志布置总平面图；并按安全标志平面图设置安全标志。

3.5.3.4　部分专项安全技术方案交底

A　土方工程安全技术交底

（1）进入现场必须遵守安全生产纪律。

（2）挖土时要注意土壁的稳定性，发现有裂缝及倾坍可能时，人员要立即离开并及时处理。

（3）每日或雨后必须检查土壁及支撑稳定情况，在确保安全的情况下继续工作，并且不得将土和其他物件堆在支撑上，不得在支撑下行走或站立。

（4）开挖出的土方，要严格按照组织设计堆放，不得堆于基坑外侧，以免引起地面堆载超荷引起土体位移、板桩位移或支撑破坏。

（5）基坑（槽）的支撑，应按回填的速度，按施工组织设计要求及时依次拆除，即填土时应从深到浅分层进行，填好一层拆除一层，不能事先将支撑拆掉。

（6）机械不得在输电线路下工作，在输电线路一侧工作，不论在任何情况下，机械的任何部位与架空输电线路的最近距离应符合安全操作规程要求。

B　模板工程安全技术交底

（1）进入施工现场人员必须戴好安全帽，高处作业人员必须佩带安全带，并应系牢。

（2）经医生检查认为不适合高处作业的人员，不得进行高处作业。

（3）安装与拆除5m以上的模板，应搭脚手架，并设防护栏杆，防止上下在同一垂直面操作。

（4）高处、复杂结构模板的安装与拆除，事先应有切实的安全措施。

（5）不得在脚手架上堆放大批模板等材料。

（6）装、拆模板时，作业人员要站在安全地点进行操作，防止上下在同一垂直面工作；操作人员要主动避让吊物，增强自我保护和相互保护的安全意识。

（7）拆模必须一次性拆清，不得留下无撑模板。拆下的模板要及时清理，堆放整齐。

（8）封柱子模板时，不准从顶部往下套。

C　钢筋工程安全技术交底

（1）钢筋断料、配料、弯料等工作应在地面进行，不准在高处操作。

（2）搬运钢筋要注意附近有无障碍物、架空电线和其他临时电气设备，停止钢筋在回转时碰撞电线或发生触电事故。

（3）现场绑扎悬空大梁钢筋时，不得站在模板上操作，必须要在脚手板上操作；绑扎独立柱头钢筋时不准站在钢箍上绑扎，也不准将木料、管子、钢模板穿在钢箍内作为立人板。

（4）起吊钢筋骨架，下方禁止站人，必须待骨架降到距模板 1m 以下才准靠近，就位支撑好方可摘钩。

（5）切割机使用前，须检查机械运转是否正常，是否有漏电；电源线须进漏电开关，切割机后方不准堆放易燃物品。

（6）高处作业时，不得将钢筋集中堆在模板和脚手板上，也不要把工具、钢箍、短钢筋随意放在脚手板上，以免滑下伤人。

（7）在雷雨时必须停止露天操作，预防雷击钢筋伤人。

（8）钢筋骨架不论其固定与否，不得在上行走，禁止从柱子上的钢箍上下。

D 混凝土工程安全技术交底

（1）用塔吊、料车浇捣混凝土时，指挥扶斗人员与塔吊驾驶员应密切配合，当塔吊放下料斗时，操作人员应主动避让，应随时注意料斗磁头，并应站立稳当，防止料斗磁头人坠落。

（2）离地面 2m 以上浇捣过梁、雨篷、小平台等，不准站在搭头上操作，如无可靠的安全设备时，必须戴好安全带，并扣好保险钩。

（3）使用振动机前应检查电源电压，输电必须安装漏电开关，保护电源线路是否良好，电源线不得有接头，机械运转是否正常，振动机移动时，不能硬拉电线，更不能在钢筋和其他锐利物上拖拉，防止割破拉断电线而造成触电伤亡事故。

（4）物料提升机起吊或放下时，必须关好井架安全门，头、手不准伸入井架内，待物料提升机停稳后，方能进入物料提升机内工作。

E 砌筑工程安全技术交底

（1）砌基础时，应检查和经常注意基坑土质变化情况，有无崩裂现象，堆放砖块材料应离开坑边 1m 以上，当深基坑装设挡板支撑时，操作人员应设梯子上下，不得攀跳，运料不得碰撞支撑，也不得踩踏砌体和支撑上下。

（2）墙身砌体高度超过地坪 1.2m 以上时，应搭设脚手架，在一层以上或高度超过 4m 时，采用里脚手架必须支搭安全网，采用外脚手架应设护身栏杆和挡脚板后方可砌筑。

（3）脚手架上堆料量不得超过规定荷载，堆砖高度不得超过 3 皮侧砖，同一块脚手板上的操作人员不应超过 2 人。

（4）在楼层施工时，堆放机械、砖块等物品不得超过使用荷载，如超过荷载时，必须经过验算采取有效加固措施后方可堆放和施工。

（5）不准站在墙顶上做划线、刮缝和清扫墙面或检查大角垂直等工作。

（6）不准用不稳固的工具或物体在脚手板面垫高操作，更不准在未经加固的情况下，在一层脚手架上随意再叠加一层，脚手板不允许有空头现象，不准用小木料或钢模板作立人板。

（7）砍砖时应面向内打，注意碎砖跳出伤人。

（8）使用垂直运输的吊笼、绳索具等，必须满足负荷要求，牢固无损，吊运时不得超载，并须经常检查，发现问题及时修理。

（9）冬季施工时，脚手板上有冰霜、积雪，应先清除后才能上架子进行操作。

（10）如遇雨天及每天下班时，要做好防雨措施，以防雨水冲走砂浆，使砌体倒塌。

（11）在同一垂直面内上下交叉作业时，必须设置安全隔板，下方操作人员必须戴好安全帽。

F　金属扣件双排脚手架搭、拆工程安全技术交底

（1）搭设前应严格进行钢管的筛选，凡严重锈蚀、薄壁、严重弯曲裂变的杆件不宜采用。

（2）严重锈蚀、变形、裂缝、螺纹已损坏的扣件不宜采用。

（3）高层钢管脚手架座立于槽钢上的，必须有地杆连接保护，普通脚手架立杆必须设底座保护。

（4）同一立面的小横杆，应对等交错设置，同时立杆上下对直。

（5）脚手架的主要杆件，不宜采用木、竹材料。

（6）高层建筑金属脚手架的拉杆，不宜采用铅丝攀拉，必须使用埋件形式的钢性材料。

（7）拆除现场必须设警戒区域，张挂醒目的警戒标志。

（8）仔细检查吊运机械包括索具是否安全可靠。

（9）如遇强风、雨、雪等特殊气候，不应进行脚手架的拆除。夜间实施拆除作业，应具备良好的照明设备。

（10）拆除人员进入岗位以后，先进行检查，加固松动部位，清除步层内留的材料、物件及垃圾块。所有清理物应安全输送至地面，严禁高处抛掷。

（11）所有杆件与扣件，在拆除时应分离，不允许杆件上附着扣件输送地面，或两杆同时拆下输送地面。

（12）输送至地面的所有杆件、扣件等物件，应按类堆放整理。

G　塔式起重机安全技术交底

（1）塔吊整体安装或每次爬升后，均须经规定程序验收通过后，才能使用。

（2）起重机必须有安全可靠的接地。

（3）工作前应检查钢丝绳、安全装置、制动工作传动机构等。如有不符合要求的情况，应予修整，经试运转确认无问题后才能投入施工。

（4）操作工应持证上岗，应由持有有效指挥证的指挥工实施指挥。

（5）禁止越级调速和高速时突然停车。

（6）当机械出现不正常时，应及时停车，将重物放下，切断电源，找出原因，排除故障后才能继续工作，禁止在工作过程中调整或检修。

（7）必须遵守"十不吊"等有关安全规程。

（8）爬升操作时，应按说明书规定步骤进行。注意校正垂直度，使之偏差不大于0.1%，按施工组织设计固定好套架，四级风以上不准爬升。

（9）工作完成后，应把吊钩提起，小车收进，所有操作手把置于零位，切断电源，锁好配电箱，关闭司机室门窗。

H　电工安全技术交底

（1）进入现场必须遵守安全生产六大纪律。

（2）在拉设临时电源时，电线均应架空，过道处须用钢管保护，不得乱拖乱拉，电

线被车辗物压。

（3）电箱内电气设备应完整无缺，设有专用漏电保护开关，必须按标准一只漏电开关控制一只插座。

（4）所有移动电具，都应在漏电开关保护之中，电线无破损，插头插座应完整，严禁不用插头而用电线直接插入插座内。

（5）管道烧焊接时，要持特种操作证工作，开具动火证，有监护人员和备配灭火器材。

（6）各类电动工具，要管好、用好，经常清洗、注油，严禁机械带"病"运转，各类防护罩应完整无缺。

（7）材料间、更衣室不得使用超过 60W 灯泡，严禁使用碘钨灯和家用电加热器（包括电炉、电热杯、热得快、电饭煲）取暖、烧水、烹饪。擅自使用者，一经查获，按供电局规定处于罚款处理。

（8）电气设备所用保险丝的额定电流应与其负荷容量相适应。禁止用其他金属代替保险丝。现场所用各种电线绝缘不准有老化、破皮、漏电等现象。

以上仅仅列举了一部分主要、常见的项目安全技术交底，施工单位应根据现场实际施工项目作更全面的安全技术交底。

复习思考题

3-1　简述地下工程施工安全事故多发的原因。

3-2　简述基础工程施工过程中主要事故类型及其特点。

3-3　深基坑开挖与支护施工风险控制措施主要有哪些？

3-4　常见地铁施工方法有哪些，各自安全管理控制要点是什么？

3-5　简述隧道工程施工安全控制要点。

3-6　地下管道施工主要危险源有哪些？

3-7　人防工程设计及施工的特点是什么？

3-8　简述地下工程施工常见危险源类型及其安全控制要点。

4 地上工程施工安全管理

4.1 高层建筑施工安全管理

4.1.1 高层建筑施工概述

4.1.1.1 高层建筑施工简介

（1）地基与基础。施工工序为：开挖基坑（基槽）→做基础→回填。

（2）主体结构。砖混、钢筋混凝土、钢结构等。

1）砖混结构。施工工序为：砌砖→浇筑构造柱、圈梁→现浇（预制）顶板。

2）钢筋混凝土。施工工序为：绑扎钢筋（柱、梁板）→支模板（柱、梁板）→浇筑混凝土→填充墙。

3）钢结构。施工工序为：加工、安装钢柱→加工、安装钢梁、钢架→屋面板。

（3）屋面。分刚性、柔性屋面，水泥砂浆、混凝土属于刚性屋面，卷材、防水涂料等属于柔性屋面。

（4）装饰与装修。地面、墙面、门窗安装等。

（5）设备管道。电缆电线、灯具安装，给排水管道器具，通风空调设备与管道安装，暖气，消防等。

高层建筑施工一般流程：基础→主体→屋面→内外装修→室内设备管道，如图4-1-1所示。

上述为一般施工流程，对于超高层建筑根据具体情况，目前采用居多的为上部主体施工与下部已建成主体内外装修和设备管道并行施工。

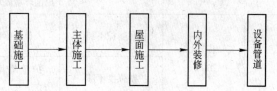

图4-1-1 高层建筑施工一般流程

4.1.1.2 高层建筑施工特点

我国《民用建筑设计通则》规定，高层建筑指10层及以上的住宅及总高度超过24m的公共建筑及综合建筑。高度为100m以上的建筑为超高层建筑。

建筑高度不断增加，"第一高楼"的记录屡屡被刷新，高层建筑的设计与施工不断完善和改进，呈现了许多新特点和亮点。施工特点主要表现在"高、深、长、密"这几个方面：

"高"指层数多、高度高，工程量大，技术复杂，露天、高空作业多，平行流水、立体交叉作业多，机械化程度高，高空安全防护要求严，垂直运输量大，防火、通信联络、用水及建筑垃圾的处理难度大。结构装修、防水质量要求高。操作人员高流动性，生产工艺过程、操作场地不断变化，建筑施工为高风险性与意外倾向性行业。

"深"指基础埋置深度深。为保证高层建筑地下埋深嵌固要求，设计地下室作为人防层、设备层、地下车库及辅助用房，基础埋深通常在室外地坪 5m 以下。

"长"指施工周期长。施工工期在 2 年左右，跨越冬季和雨季，冬、雨期季节性施工工效低、投入大，建设单位工期要求紧。必须周密细致地进行高层建筑施工方案设计和施工组织技术经济分析，合理布置组织施工，缩短工期。

"密"指施工工序多、配合复杂，新技术、新工艺、新材料、新设备应用多，施工准备工作量大，基坑支护和地基处理复杂，市区内施工用地紧张，周边环境复杂。须周密设计，合理安排现场临时设施工程，加快周转，减少材料的二次搬运和材料、设备的储存量。

4.1.2　高层建筑施工风险源及安全策划重点

4.1.2.1　高层建筑施工风险源

高层建筑结构形式多样，施工方法不尽相同，这里取一典型的某高层建筑施工工程项目举例，该项目施工过程分为四个阶段：基础施工阶段；主体结构施工阶段；塔楼钢结构施工阶段；装修、机电安装阶段。基坑开挖阶段风险较大，可参照上一章基础工程施工安全管理内容。该项目施工各阶段的主要风险源如表 4-1-1~表 4-1-4 所示。

表 4-1-1　某工程项目基础施工阶段风险源识别

序号	作业活动/工序/部位	危害因素	可能导致的后果	事故类别	控制措施
1	基坑	突降暴雨连续大雨	基坑变形、坍塌，周围环境破坏	坍塌	坑外做好排水沟，坑内做好排水沟、积水井并及时抽排
		监测、检查不及时	基坑变形、坍塌，周围环境破坏	坍塌	定期分析监测结果，如有安全隐患，及时采取应对措施
2	人工挖孔桩作业	桩孔防护不到位	人员坠落伤害	高处坠落	进行安全教育，加强工人安全意识，及时封盖孔口
		护壁强度不够	护壁坍塌、人员伤亡	坍塌	进行质量交底，强化工人的质量意识，保证护壁施工质量
3	施工用电	随地拖线电线破皮漏电	人员触电	触电	编制用电方案，绘制电线走向平面图，架空走线
4	塔吊安装及群塔作业	汽车吊站位过远、支腿不牢	汽车吊倾覆、人员伤亡	起重事故	编制安装方案、绘制安装平面布置图，控制汽车吊荷载
		交叉干扰碰撞	塔机受损、人员伤亡	起重事故	编制群塔作业方案，高度上错开，平面上分片，对司、指人员交底培训
5	坑边作业	防护欠缺	人员坠落伤害	高处坠落	做好防护栏杆，并检查维护其完好
6	脚手架搭设、使用	防护欠缺	人员坠落伤害	高处坠落	搭设过程拴挂好安全带，搭设完毕防护设施应完好，验收后方可使用

表4-1-2 某工程项目主体施工阶段风险源识别

序号	作业活动/工序/部位	危害因素	可能导致的后果	事故类别	控制措施
1	爬模工程	主要支撑料具材质差	支撑体系坍塌	坍塌	对主要支撑料具进行验收，不合格的禁止使用
		爬架支撑格构设置间距过大	支撑体系坍塌	坍塌	严格按经审批的方案搭设、验收
2	吊装工程	吊点设置不合理，吊运时发生歪斜碰撞	材料损坏人员伤亡	起重伤害	预先根据吊装材料的重心设置吊点
3	外脚手架	未严格按方案搭设、维护	脚手架坍塌	坍塌	严格按照方案确定的立杆间距、步距搭设，检查维护连墙杆，确保其完好有效
4	外脚手架搭设、使用	防护欠缺	人员坠落伤害	高处坠落	搭设过程拴挂好安全带，搭设完毕防护设施应完好，验收后方可使用
5	塔吊顶升、附墙	未按该塔机的使用说明书作业	塔机损毁人员伤亡	起重事故	严格按说明书的要求交底，实施时旁站监控
6	临边、洞口作业	防护欠缺	人员坠落物件坠落	高处坠落物体打击	及时做好防护设施并检查维护，督促作业人员拴挂好安全带
7	施工用电	保护零线未接装至机械设备	人员触电	触电	对电工进行培训，并定期检查维护
		漏电保护器失灵	人员触电	触电	定期检查维护，失灵的及时更换
8	焊接作业	未采取有效防火措施	人员烧伤物质烧毁	火灾	严格动火审批，配置消防器材，跟踪监控检查

表4-1-3 某工程项目塔楼钢结构施工阶段风险源识别

序号	作业活动/工序/部位	危害因素	可能导致的后果	事故类别	控制措施
1	钢结构的制作	切割、卷板等机械转动部位防护不到位	人员伤害	机械伤害	对所用设备进行验收，合格的方可使用，并定期维护保养
2	钢结构构件的堆码、转运	超高、失稳	构件损坏人身伤亡	坍塌	限制堆放高度，采取固定措施
3	钢结构吊装	超载吊运	起重设备倾覆	起重事故	严格按照起重机的起重力，在既定的作业半径内作业
		作业人员无可靠作业平台	人员高处坠落	高处坠落	起吊前设置好作业平台，作业人员拴挂好安全带
4	钢结构焊接	未采取有效防火措施	人员烧伤物质烧毁	火灾	严格动火审批，配置挡风围圈、消防器材，跟踪监控检查

表 4-1-4　某工程项目装修、机电安装施工阶段风险源识别

序号	作业活动/工序/部位	危 害 因 素	可能导致的后果	事故类别	控 制 措 施
1	幕墙安装	作业人员无可靠作业平台	人员高处坠落	高处坠落	制定专项方案，事先做好平台，作业人员拴挂好安全带
2	施工电梯的使用	楼层出入口防护不善	人员高处坠落	高处坠落	及时做好防护门，并检查维护，确保完好
3	外脚手架	防护不严密	工具、料具坠落	物体打击	搭设完毕即做好防护，验收后方可使用，定期检查维护
4	井道、孔洞部位施工	防护设施被移动	人员高处坠落	高处坠落	采取替代防护措施，作业人员拴挂好安全带
5	焊接作业	未采取有效防火措施	人员烧伤物质烧毁	火灾	严格动火审批，配置消防器材，跟踪监控检查

4.1.2.2　高层建筑施工安全策划重点

（1）深基坑施工的安全防护。高层建筑的基坑开挖一般都在5m以上。在开挖施工过程中应根据基坑的形状、基槽、地下室的开挖深度和土质类别选择科学可靠的方法。基坑、边坡、基础桩、模板和临时建筑作业前，施工单位应根据地质情况、施工工艺及作业条件、周边环境编制施工方案，单位分管负责人审批报经监理同意后方可作业。重点检查边坡坡度的安全系数、围护，基槽边坡和基础桩及模板作业时，施工单位应指定专人指挥，监理人员进行旁站。出现坍塌、位移、开裂及渗水现象时应立即停止施工，将作业人员撤离现场，待险情排除后方可施工。

（2）脚手架工程。脚手架搭拆方案应根据工程的特点进行编制，要有针对性；方案中必须具有搭设图纸；重点审查施工单位的脚手架基础做法，立杆、大横杆纵横向的间距，小横杆与墙的距离、连杆件和剪刀撑的设置方法是否符合安全规范要求；超过50m的应有设计计算书和卸荷方法；搭设方法必须符合安全强制性条文的规定要求；作业人员在施工时必须系好安全带，戴好安全帽，穿上防滑鞋；并审查脚手架公司的资质。

（3）大型机械安全。审查塔吊、货运电梯等重点运输设备的安装、使用维护和拆卸方案，重点审查塔吊是否取得使用合格证，塔吊基础必须经过验算，塔吊的附墙设置符合规范要求，在安装、顶升、拆除时安全监理人员必须进行旁站监理。对安全拆卸的施工程序，安全技术措施、注意事项以及特殊情况的防范措施应有详细说明。安装后经过主管部门验收后可投入使用，使用过程中必须做好保养记录，顶升记录等。

（4）临时用电。审查施工现场的临时用电方案和安全措施方案中应有临时用电施工机械的汇总表，施工组织设计中列表的所有用电设备须列入其中，以便正确计算最大用电量，以此为依据确定各级配电的导线断面、隔离开关、漏电保护器熔断体的型号；包括主要回路用电量的汇总，以便正确计算该线路的用电量，以选定相应开关、漏电保护器、导线截面和熔断体型号。审查安全用电的技术措施，严格执行"一机、一闸、一漏保"，在潮湿和易触及带电作业场所的照明必须使用安全电压。当施工现场没有专供施工用的低压侧为380/220V中性点直接接地的变压器时，其低压侧应采用保护导体和中性导体分离接

地系统（TN－S系统）。施工现场和临时生活区的高度在20m以上的井字架、脚手架、已在施工的建筑以及塔式起重机等，均应装设防雷保护。在雷雨季节，督促施工单位做好接地电阻的测试，确保施工安全。

（5）高空作业。审查高处（高空）作业的安全防范措施。高处作业主要指施工现场"网口"和"五临边"的防护，以及独立悬空作业所采取的安全防范，落实执行"三宝四口"规定，杜绝高空坠落、物体打击打等意外伤害。在易发生安全问题的场所做好安全标志，提醒作业人员保持警惕。

4.1.3 高层建筑施工风险控制措施

4.1.3.1 施工安全通道规划

（1）主体施工阶段楼层入口安全通道。采用钢管扣件搭设，通道棚长度根据建筑物坠落半径确定，一般为5000～8000mm，通道棚宽度大于3500mm，并要满足宽于建筑物进出口两侧各500mm的要求；通棚高度为4500mm；安全棚采用双层脚手板满铺，两层板之间600mm间距；安全通道棚两侧搭设剪刀撑并用密目安全网封闭，某工程楼层入口安全通道如图4－1－2所示。

（2）施工电梯安全通道。某工程根据工程总进度计划，在主体施工期间插入砌筑等施工，为满足材料转运及人员上下需要，安装2部外施工电梯和2部内施工电梯作为垂直运输工具，为防止进入外施工电梯这段距离出现高空坠物等危险，在施工电梯前将搭设安全通道，其电梯安全通道如图4－1－3所示。

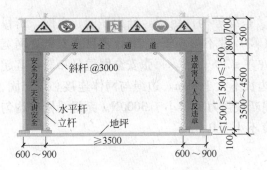

图4－1－2 楼层入口安全通道

图4－1－3 施工电梯安全通道

4.1.3.2 安全管理标志标示方案

为了起到警示作用，在一些醒目或易发生安全事故区域，如安全通道入口、电箱等区域，应悬挂或张贴各种安全标志标示，如图4－1－4所示。

（1）在现场入口、出口处布置安全标志标示牌，重点加强现场存在的重大危险源，通过图像文字等形式进行说明，起到对现场进出人员的安全教育和警示。

（2）在现场悬挂醒目的安全标语牌，达到项目宣传安全生产的目的。

（3）在各机械、用电设备旁边悬挂安全警示牌，说明机械设备操作需要注意的安全事项，以及安全制度方案。

4.1.3.3 安全用品防护措施

安全用品是发生安全事故后，人员最后的安全保障，正确及规范安全防护用品的使

图 4 – 1 – 4　安全标示

用，对于保障人身安全有着至关重要的意义，主要安全防护用品为安全帽、安全带、安全网等。

（1）安全帽。所有进入施工现场的人员均应佩戴安全帽，并应按照要求，系好帽带，正确佩戴。安全帽应有合格证、生产许可证并在帽上有标签。安全帽在保证承受冲击力的前提下，要求越轻越好，总重量不应超过 400g。

（2）安全带。架子工使用的安全带绳长限定在 1.5～2m。应做垂直悬挂，高挂低用。当水平位置悬挂使用时，要注意避免摆动碰撞；不应将绳搭接使用，以避免绳受力后剪断；不应将钩直接挂在不牢固物和直接挂在非金属绳上。腰带和安全带吊绳破断力不应低 1.5kN。安全带一般使用五年应报废。使用两年后，按批量抽检，以 80kg 重量，自由坠楼试验，不破断为合格。

（3）安全网。安全网一般由网体、边绳、系绳等构件组成。分为平网、立网、密目式安全网，平网宽度不得小于 3m，立网宽（高）度不得小于 1.2m，密目式安全立网宽（高）度不得小于 1.2m。产品规格偏差：允许在 ±2% 以下。每张安全网重量一般不宜超过 15kg。菱形或方形网目的安全网，其网目边长不大于 8cm。边绳与网体连接必须牢固，平网边绳断裂强力不得小于 7000N；立网边绳断裂强力不得小于 3000N。系绳沿网边均匀分布，相邻两系绳间距应符合相关规定，长度不小于 0.8m。

4.1.3.4　机械设备风险控制措施

机械设备防护如图 4 – 1 – 5 所示。

（1）钢筋张拉设备防护。钢筋张拉设备主要是卷扬机用于拉盘圆钢筋，为防止拉脱，钢筋和钢丝绳弹出伤人，要搭设防护，分别是设备的防护棚和钢筋张拉施工区的安全防护。

（2）木工圆盘锯防护。圆盘锯防护是在锯片上方设置防护罩。

（3）电焊机防护。在工地现场的电焊机使用过程中，要经常移动，而电焊机的特点决定了它的开关电箱、灭火器和电线必须同时移动，而且电焊机的吊钩非常不结实，所以设计了此种电焊机钢筋笼，不仅配置齐全，而且移动非常方便，不仅可以用小轮平面移动，而且可以用塔吊吊到工地的任何位置施工。

（4）氧气、乙炔瓶防护。氧气瓶、乙炔瓶采用分开存放，间隔在 5m 以上。将氧气瓶、乙炔瓶用钢筋笼分别存放。

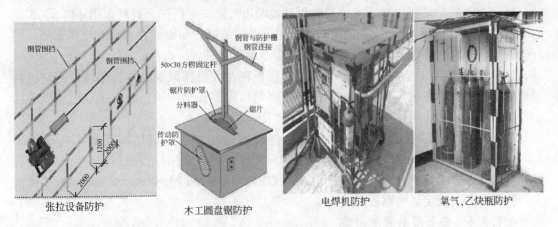

图 4-1-5　机械设备防护

4.1.3.5　临边及洞口防护措施

临边及洞口防护措施如图 4-1-6、图 4-1-7 所示。

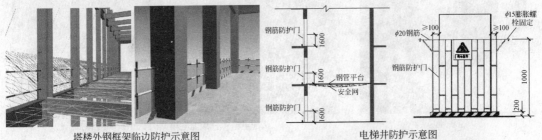

图 4-1-6　临边及洞口防护

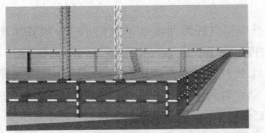

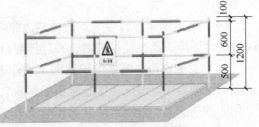

图 4-1-7　基坑及地下室洞口防护

（1）基坑临边防护。地下室施工时沿基坑周边布置安全栏杆，栏杆采用 $\phi48 \times 3.5$ 钢管搭设 1.2m 高，立杆埋地或设置抛撑进行固定以防倾覆，面刷红白相间安全警示漆，栏杆外用密目安全网进行全封闭，基坑附近挂警示牌、责任牌。

（2）地下室顶板洞口安全防护。地下室顶板存在大量排风洞口及为吊运地下室材料预留的临时洞口，为保证现场人员安全必须将洞口做好安全防护，即在洞口边缘周边用 $\phi48 \times 3.5$ 钢管搭设护栏，护栏高 1200mm，并用模板封闭。

（3）楼层临边安全防护、电梯洞口、楼梯临边防护。上道栏杆离地高度不低于 1.2m，中杆离地高度为 0.5m，立杆钢管按 2m 间距设置，立面挂设密目安全网。钢管表面刷黄黑相间警示油漆。立杆固定：利用膨胀螺栓固定 4mm 厚 60mm × 60mm 钢板于楼面上，再将立杆与固定后的钢板焊接牢固。

4.1.3.6 安全用电管理措施

安全用电管理措施如图 4 - 1 - 8 所示。

总配电房   二级配电箱、三级配电箱（一机一闸一漏电保护器）

图 4 - 1 - 8   安全用电管理措施示意图

（1）项目在施工前编制用电方案，包括现场勘探，负荷计算，变压器的选择，导线截面的选择，低压电气元件类型、规格的选择，绘制临时用电平面图。方案要经过审批。

（2）根据方案购置变压器、电缆、配电箱、开关箱、熔断器、漏电保护器、接触器等。

（3）现场采用"三相五线制"供电方式，三级配电二级保护，一机一闸一漏一箱。在专用保护零线的首端（配电室或总配电箱）、末端及线路中间做重复接地，接地电阻小于 10Ω，接地线采用两根以上导体（角钢、圆钢、钢管），在不同点与接地装置做电气连接。

（4）当工程（含脚手架）的外侧边缘与外电架空线路间距达不到最小安全操作距离时，增设屏障、遮拦或保护网，并悬挂醒目的警示标牌。

（5）总配电箱的漏电保护器额定动作电流小于 250mA，动作时间小于 0.2s，开关箱的漏电保护器额定漏电动作电流小于 30mA，动作时间小于 0.1s。潮湿场所的漏电保护器采用防溅型产品，其额定漏电动作电流小于 15mA。

（6）根据现场需要采用的移动式配电箱设置在各施工点，随施工层上移，线路的敷设尽量架空、绝缘，手持电动工具和电焊机的电源线最长不超过 5m。

（7）所有用电设备、配电箱、开关箱的外壳、金属防护罩都采用保护接零。

（8）在有高温、导电灰尘和灯具离地高度低于 2.4m 等场所的照明用电小于 36V 电源电压，特别潮湿场所照明用小于 12V 电源电压。

（9）配电箱、开关箱设置防雨棚，箱体严密端正，加门锁。

（10）电工持证上岗，建立用电档案，逐日做好各项用电记录，严禁非电工检修、操作用电设备和敷设、搭接用电线路。

现场一级配电箱未经允许，任何人不能随意开、合闸，二级配电箱开关操作必须由电工操作，关闸检修时挂"严禁合闸"牌。

4.1.3.7　塔吊安全管理措施

A　塔吊信号指挥规定

（1）信号指挥人员，必须经相关部门统一培训，考试合格并取得操作证书方可上岗指挥。

（2）换班时，采用当面交接制。

（3）塔机与信号指挥人员应配备对讲机，对讲机经统一确定频率后必须锁频，使用人员无权调改频率，要专机专用，不得转借；现场所用指挥语言一律采用普通话。

（4）指挥过程中，严格执行信号指挥人员与塔机司机的应答制度，即：信号指挥人员发出动作指令时，先呼叫被指挥的塔机编号，司机应答后，信号指挥人员方可发出塔机动作指令。塔臂旋转时，发出指示方向的指挥语言，应按国标执行，防止发生方向指挥错误。

（5）指挥中，信号指挥人员应时刻目视塔机吊钩与被吊物，发出安全提示语言。安全提示语言须明确、简短、完整、清晰。

B　挂钩操作规定

（1）起重工要严格执行"十不吊"操作规定。

（2）清楚被吊物重量，掌握被吊物重心，按规定对被吊物进行绑扎，绑扎必须牢靠。

（3）在被吊物跨越幅度大的情况下，要确保安全可靠，杜绝发生"仙女散花"现象。

（4）起重工作业前、作业中、交班时，必须对钢丝绳进行检查与鉴定，不合格的钢丝绳严禁使用。

C　塔机顶升安全规定

（1）与相邻塔机无影响时，可根据实际需要，确定本塔的顶升高度和顶升时间。但必须书面上报塔机指挥中心，经审核签字批准后，方可进行顶升。

（2）塔机指挥中心在保证安全生产的前提下，本着就快不就慢的原则，根据工程进度，统一确定塔机顶升高度和到位时间。

D　群塔安全作业规定

（1）在使用过程中应严格遵守：动塔让静塔、低塔让高塔、客塔让主塔、轻车让重车的原则。群塔在相近区域作业时不得抢进抢出，用低速作业，确保相互间距不小于5m。

（2）每台塔吊在自己独自作业区域内必须从规定方位回转进出，在群塔作业区内都不能抢进抢出，同时进入群塔作业区域内的塔臂之间要保持5m以上的距离，旋转时不可移动小车，大臂到位后方可移动小车到位。塔吊驾驶室内将规定的回转方位、回转的角度等在警示牌上写清楚，保证塔司能看到警示语。

（3）将《群塔作业方案》发给每个塔吊操作工、信号工，并就技术要求对相应人员进行教育培训，确保其充分理解并实施《群塔作业方案》。

（4）项目机电负责人对塔吊操作工、信号工除了进行一般的"安全技术交底"外，同时应将《群塔作业方案》所规定的具体作业环境、危险因素、应急措施对操作人员和信号工及有关人员进行针对性安全技术交底。

（5）塔吊操作人员应遵守环境卫生规定，严禁酒后作业，严禁塔机上乱扔烟头、垃圾，在塔吊上小便要用容器收集后统一处理，严禁污染环境。

E 塔吊拆除

（1）塔吊拆除人员必须熟知被拆塔吊的结构、性能和工艺规定。必须懂得起重知识，对所拆部件应选择合适的吊点和吊挂部位，严禁由于吊挂不当造成零部件损坏或造成钢丝绳的断裂。

（2）塔吊拆除前，必须验证地基承载力符合要求，对于地基承载力不满足要求的，采取加固措施。

（3）操作前必须对所使用的钢丝绳、卡环、吊钩、板钩等各种吊具进行检查，凡不合格者不得使用。

（4）起重同一个重物时，不得将钢丝绳和链条等混合同时使用于捆扎或吊重物。

（5）拆除过程中的任何一部分发生故障及时报告，必须由专业人员进行检修，严禁自行动手修理。

（6）拆除高处作业时必须穿防滑鞋，系好安全带。

4.1.3.8 施工电梯等提升设备安全管理措施

（1）在钢绞线承重系统增设多道锚具，如安全锚、天锚。

（2）每台提升油缸上装有液压锁，以防油管破裂，重物下坠。

（3）液压和电控系统用联锁设计，以避免提升系统由于人为操作不当带来的后果。

（4）严禁搭载提升，防止超载，以确保安全。

（5）提升过程中要严密组织、严格管理，做到"精心组织、精心施工、统一指挥、统一步调"。

（6）补装提升结构周边杆件的高空操作架，要事先在地面固定在提升结构上，随提升结构提升时一起带上去，操作架重量要计算在提升结构提升重量内。

4.1.3.9 高空防坠落措施

（1）在高空或临边作业时，对手持小型工具必须全部"生根"，以防在高空操作时坠落。对进入现场及楼层的通道搭设安全人行通道，对接近吊装的危险区域，用护栏进行隔离，悬挂警示牌，有效地防止可能发生的高空物体坠落事故。

（2）施工中对高处作业的安全技术设施，发现有缺陷和隐患时，必须及时解决；危及人身安全时，必须停止作业。

（3）高处作业中所用的物料，均应堆放平稳。工具应随手放入工具袋；作业中的走道、通道板和登高用具，应随时清扫干净；拆卸下的物件及余料和废料均应及时清理运走，不得任意乱置或向下丢弃，传递物件禁止抛掷。

（4）雨天进行高处作业时，必须采取可靠的防滑措施。

（5）因作业必须临时拆除或变动安全防护设施时，必须经相关负责人同意，并采取相应的可靠措施，作业后应立即恢复；防护棚搭设与拆除时，应设警戒区和派专人监护，严禁上下同时拆除。

（6）高空洞口作业。板的洞口，必须设置牢固的盖板、防护栏杆、安全网或其他防坠落的防护设施。边长在1.5m以上的洞口，四周设防护栏杆，洞口下设安全平网。

4.1.3.10 爬模施工安全措施

某工程爬模体系安全防护如图4-1-9所示，该工程所使用的爬模架的安全防护设施包括以下主要部分：爬模架的防坠装置、外侧全封闭的密目安全网、附墙装置、工作平台上的踢脚板、工作平台外的防护栏杆、导轨、爬架底部封闭安全隔板。

（1）爬模的外附脚手架和悬挂脚手架应满铺脚手板或钢板网，脚手架外侧设栏杆、安全网或钢板网。

（2）爬架底部满铺脚手板或钢板网，四周设置安全网。

（3）每步脚手间有爬梯，人员应由爬梯上下，进行爬架和附墙架工作应在爬架内上下，禁止攀爬模板脚手架和由爬架外侧上下。

（4）为保证爬升设备安全可靠，每次使用前均需检查。

（5）严格按照模板和爬架爬升的程序进行施工模板和爬架，爬升时墙体混凝土要达到规定的强度。

（6）爬升过程中要随时检查，如有相碰等情况，应停止爬升，待问题解决后再继续爬升。

（7）爬升时人员不应站在爬升的模板或爬升的爬架上，只许站在固定的用作爬升支承的爬架或模板上。

（8）对参加爬模施工的人员要进行安全教育，操作规程教育，不是爬模专业人员不得擅自动用爬模设备，拆模和拆除附墙架等。操作人员要经专业培训才能上岗。

安全网
安全栏杆
踢脚板

防坠装置
防护杆
导轨
附墙装置
架体支撑

封闭安全隔板

图4-1-9 某工程爬模体系安全防护

（9）操作人员应背工具袋，存放工具零件，防止物件跌落，禁止在高空向下抛物。

（10）爬升时，下面应设警戒区，设明显标志，防止人员进入。

（11）爬模架在变截面处爬升时，变截面墙体上附墙杆上的钢垫片厚度必须符合要求。

（12）爬模架在向变截面墙体平移前，临时支架必须安装就位，并使爬模架的重量过渡到临时支架上，同时临时防坠钢丝绳连接到位。

（13）爬模架平移到位后，必须立即与附墙杆安装牢固后才能拆除临时支架和防坠钢丝绳。

（14）爬模架安装前必须根据设计图纸，对主要构件进行严格验收，特别是附墙装置、导轨、主支撑架的主要承力构件必须符合设计图纸的要求。

（15）爬模架安装时必须严格按如下顺序进行安装：安装附墙杆→安装导轨→安装主支撑架→安装模板支架→安装防坠装置→安装吊篮架→安装其他配套构件。

（16）爬模架交付使用前，其上所有的安全防护设施必须全部安装完成。

（17）爬模架安装完成后应按规范要求进行严格验收，合格后方能交付使用。

（18）模板在拆除时，钢筋操作平台上的杂物需全部清除干净，防止杂物高空坠落。

（19）爬模架提升前应认真检查千斤顶、导轨、主承力支架、防坠装置，保证这些构件工作性能完好。

（20）爬模架在导轨提升过程中，主承力架与附墙手的连接件严禁松开。

（21）导轨提升到上一层的附墙杆上后，应用附墙杆上的卡扣将导轨扣紧。

（22）主承力架提升到上一层的附墙杆上后，应立即用连接件将主承力架与附墙杆连接牢固。

（23）爬模体系的临时堆载在4m跨内限值1.5t。

（24）为了防止墙体顶部混凝土浇筑时外溅，在爬模架的模板设计时，筒体外侧的模板高出内侧模板200mm。

（25）爬模架拆除必须按与爬模架安装的相反顺序进行。

4.1.3.11　脚手架施工安全措施

（1）编制脚手架专项施工方案，经审核批准。并在搭设、拆除之前完成技术交底。

（2）严格控制材料质量，搭设外脚手架用的钢管、扣件应具有生产厂家的检验合格证，如有严重锈蚀、压扁或裂纹，禁止使用。

（3）每位搭拆作业的人员必须配备安全带、安全帽、防滑鞋和工具袋。

（4）根据外脚手架防护需求，配备足够数量的安全网和脚手板。

（5）立杆基础平整夯实，立杆之下设置垫座或垫板。

（6）为了防止脚手架外倾，提高立杆的纵向刚度，在每层都设置连墙杆，拉结点排列优先采用梅花形，也可用井字形；每根连墙杆覆盖面积不超过$40m^2$。

（7）现场设安全围护和警示标志，禁止无关人员进入危险区域，地面上的配合人员避开可能落物的区域。现场设安全围护和警示标志，禁止无关人员进入危险区域，地面上的配合人员避开可能落物的区域。

图4-1-10　高空钢结构施工

4.1.3.12　钢结构施工安全保证措施

A　钢结构施工（见图4-1-10）基本安全要点

（1）进入施工现场必须戴安全帽，2m以上高空作业必须佩带安全带。

（2）吊装前，起重指挥人员要仔细检查吊具是否符合规格要求，是否有损伤，所有起重指挥及操作人员必须持证上岗。

（3）高空操作人员应符合超高层施工体质要求，开工前检查身体。

（4）高空作业人员应佩带工具袋，工具应放在工具袋中，不得放在钢梁或易失落的地方，所有手工工具（如手锤、扳手、撬棍），应穿上绳子套在安全带或手腕上，防止失落伤及他人。

（5）钢结构是良好导电体，四周应接地良好，施工用的电源线必须是胶皮电缆线，所有电动设备应安装漏电保护开关，严格遵守安全用电操作规程。

（6）高空作业人员严禁带病作业，施工现场禁止酒后作业，高温天气做好防暑降温工作。

（7）吊装时应架设风速仪，风力超过6级或雷雨时应禁止吊装，夜间零星吊装必须保证足够的照明，构件不得悬空过夜。

（8）氧气、乙炔、油漆等易爆、易燃物品，应妥善保管，严禁在明火附近作业，严禁吸烟。

（9）电焊机使用时，要求焊把线与地线双线到位，焊把线不超过30m。电箱与电焊机之间的一次侧接线长度不大于5m。焊把线如有破皮，须用绝缘胶布包裹三道。

（10）焊接平台上应做好防火措施，防止火花飞溅。

（11）现场施工用电执行一机、一闸、一漏电保护器的"三级"保护措施。其电箱设门、设锁，并编号、注明责任人。

（12）机械设备必须执行工作接地和重复接地的保护措施。

（13）电箱内所配置的电闸、漏电、保护开关、熔丝荷载必须与设备额定电流相等。

B　悬空作业防护措施

（1）悬空作业处应有牢固的立足处，并必须视具体情况，配置防护栏网、栏杆或其他安全设施。

（2）悬空作业所用的索具、脚手架、吊篮、吊笼、平台等设备，均需经过技术鉴定或验证方可作用。

（3）钢结构的吊装，构件应尽可能在地面组装，并搭设进行临时固定、电焊、高强度螺栓连接等工序的高空安全设施，随构件同时上吊就位。拆卸时的安全措施，亦应一并考虑和落实。高空吊装大型构件前，也应搭设悬空作业所需的安全措施。

（4）悬空作业人员，必须戴好安全带。

C　起重安全措施

（1）起重机的行驶道路，必须坚实可靠。起重机不得停置在斜坡上工作，也不允许起重机两个履带一高一低。

（2）严禁超载吊装，超载有两种危害，一是断绳重物下坠，二是"倒塔"。

（3）禁止斜吊，斜吊会造成超负荷及钢丝绳出槽，甚至造成拉断绳索和翻车事故；斜吊会使物体在离开地面后发生快速摆动，可能会砸伤人和碰坏其他物体。

（4）要尽量避免满负荷行驶，构件摆动越大，超负荷就越多，就可能发生倾翻事故。短距离行驶，只能将构件离地30cm左右，且要慢行，并将构件转至起重机的前方。拉好溜绳，控制构件摆动。

（5）有些起重机的横向与纵向的稳定性相差很大，必须熟悉起重机纵横两个方向的性能，进行吊装工作。

（6）绑扎构件的吊索须经过计算，所有起重机工具，应定期进行检查，对损坏者做出鉴定，绑扎方法应正确牢靠，以防吊装中吊索破断或从构件上滑脱，使起重机失稳而倾翻。

D   现场安全用电措施

（1）现场施工用电执行一机、一闸、一漏电保护器的"三级"保护措施。其电箱设门、设锁，并编号、注明责任人。

（2）机械设备必须执行工作接地和重复接地的保护措施。

（3）电箱内所配置的电闸、漏电、保护开头、熔丝荷载必须与设备额定电流相等。不使用偏大或偏小额定电流的电熔丝，严禁使用金属丝代替电熔丝。

（4）现场临时用电必须在开工前与工地管理部门办理好即用电手续。按时检查电路上的不安全因素，及时解决。

（5）所有供电线路及设备的连接、安装及维修，由专职电工来完成，其他人员不得任意处理。

（6）与电动工具连接的电源插座、插头，必须是合格产品，并经常保持完好无损；确保引出的电源线外绝缘层无剥离露线现象，不允许将导线直接插入插座。

（7）现场所用的开关或流动式开关箱，应装漏电保护器和防雨设施。

（8）安装时所有电动工具的电源线必须连接可靠，完好无损；雨天时，室外不得使用电动工具。

E   防火安全措施

（1）建立以保卫负责人为组长的安全防火消防组。

（2）施工现场明确划分用火作业区，易燃可燃材料堆场、仓库、易燃废品集中站和生活区域。

（3）施工现场必须道路畅通，保证有灾情时消防车畅通无阻。

（4）施工现场应配备足够的消防器材，指定专人维护、管理、定期更新，保证完整好用。

（5）焊、割作业点与氧气瓶、乙炔瓶等危险品的距离不得少于10m，与易燃易爆物品不得少于30m；乙炔发生器和氧气瓶的存放之间距离不得少于2m，使用时两者的距离不得少于5m。

（6）氧气瓶、乙炔瓶等焊割设备上的安全附件应完整有效，否则不准使用。

（7）施工现场的焊、割作业必须符合防火要求，严格执行"十不烧"规定。

（8）严格执行动火审批制度，并要采取有效的安全监护和隔离措施。

F   防高空坠物措施

（1）每天清理高空废铁等碎小物，用吊箱吊到地面，再归堆，定期搬出现场。

（2）高空使用的小型工具如线锤、钢卷尺、榔头、扳手等，要放到工具袋中。使用此类工具时，严格遵循项目和班组的安全交底，如榔头、扳手柄上要系细绳套，操作时，细绳套系在手腕上，以免不慎从高空落下伤人。

（3）高空焊接，不得在高空存放焊条，废弃的焊丝或空焊丝盘，下班时从高空带到地面废料堆，严禁乱抛乱扔。

（4）高空搭设脚手架操作平台，在正下方用警示绳划出危险区，并派1人监护，以免扣件、钢管或扳手不慎掉落。

（5）在钢构件起吊时，构件底下严禁站人。

G 安全挑网及楼层安全网搭设（见图4-1-11~图4-1-13）

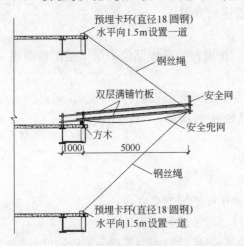

图4-1-11 外挑防护网的设置示意图

图4-1-12 外挑防护网的设置工程实例

安全挑网的设置：钢结构安装人员施工多为高空临边作业，因此，做好临边安全防护是安全工作中的一个重点。拿某工程项目举例说明，考虑到钢结构施工周期短、进度快，该工程钢结构外围从6层起，每隔4~6层搭设一道外挑，挑出宽度为5m，挑网外口高于内口50cm。挑网共两道，随钢结构施工进度爬升，周转使用至钢结构安装顶层。

楼层安全网的设置：钢结构楼层空隙多，梁面窄，影响到作业人员的施工安全。楼层内

图4-1-13 安全平网的设置工程实例

满铺水平安全网，每隔10m（2层~3层）高度铺设一次，确保安装操作施工安全。

H 高强螺栓安装的安全防护

（1）高强螺栓数量多，高空作业造成高空落物，使用的小型工具（如扳手、榔头、橄榄冲等）一定要套在手腕上，榔头柄要经常检查，发现问题立即停止使用或更换新的榔头柄。

（2）使用高强螺栓枪一定要用结实的尼龙绳系在安全绳上，锁断的梅花头要随手放入工具包内，不允许任其掉下。

（3）装螺栓的工具包要经常检查，发现有破洞或带裂及时修补更换，螺栓不要装过量，防止吊运时发生意外。

（4）高空作业时，作业人员之间应相互提醒，按操作规程规定进行施工；当发现有安全隐患时，及时停止作业并向有关工长及项目领导汇报。

（5）高强螺栓施工时采用专门设计的吊篮，并且在临近的钢柱上挂好安全带。

4.1.3.13 大体积混凝土施工风险控制措施

（1）优化混凝土配合比设计，控制水灰比，降低混凝土单方用水量，掺用优质粉煤灰等掺合料，控制最大水泥用量。

（2）采取有效措施降低混凝土入模温度，如：采用浇水、遮阳等措施降低原材料温度；在混凝土浇筑过程中，采用湿麻袋覆盖泵管进行降温。

（3）严格按照斜面分层浇筑施工。

（4）混凝土浇筑完成后进行覆膜养护，如：在承台、底板部位采用1层塑料薄膜＋1层麻袋进行养护。

（5）合理布置测温点，做好大体积混凝土养护期间测温控制。

4.1.3.14　高模板支撑安装及拆除施工风险控制措施

（1）高支模方案必须专项设计。

（2）高支模方案必须专家评审。

（3）根据设计要求编制，经专家评审后方可组织实施。

（4）在高支模施工前，项目必须组织方案和作业指导书交底。

（5）在施工过程中，高支模的支撑体系实行"起步验收制度"。

（6）在模板支撑体系完工、浇筑混凝土之前必须实行公司总工把关验收制度。

4.1.3.15　特殊部位脚手架安装及拆除施工风险控制措施

根据工程特点编制脚手架搭设、拆除方案，经审批后实施；严禁使用弯曲变形、锈蚀严重的杆件、扣件；立杆基础、扫地杆的设置，架体与建筑物的拉接位置、数量、连接方式均应符合规范要求；脚手板必须满铺，离墙面不大于20cm。不得有探头板；卸料平台须经设计计算，科学搭设，并在明显位置标明允许载重值；脚手架搭设前要进行安全技术交底，搭设完毕后要进行量化验收，合格后方可使用。

（1）熟悉工程的脚手架难点。

（2）掌握脚手架难点部位的施工方法。

（3）编制专项方案，聘请专家对方案的可行性进行论证。

（4）施工之前，做好技术与方案交底。

（5）在施工过程中进行起步验收和中间环节验收，经验收合格后方可投入使用。

4.1.3.16　夜间施工安全措施

夜间施工必须向有关部门申请，经批准后方可施工。

（1）做好夜间施工安排，在施工前针对夜间施工的特殊性进行安全、生产交底，保证夜间施工正常有序地进行。

（2）夜间施工应安排身体健康的工人进行，严禁不适应夜间施工的工人进行夜间作业。

（3）施工前，由专职机电人员布置和检查现场照明情况，保证照明达到施工要求。对不符合施工要求的照明设施立即进行整改，直到达到施工要求为止。

（4）夜间巡查小组成员必须坚守岗位，认真做好现场夜间施工巡查工作，并对现场夜间施工提出建议和整改方案。

4.1.3.17　雨季施工安全措施

A　技术准备

（1）由技术管理部门负责在雨季到来之前根据工程雨季施工内容和特点，提前编制有针对性和切实可行的雨季施工方案，报请业主及监理单位审批，审批合格后，对现场管理人员及具体施工人员进行交底、教育，及时落实方案内容。

（2）根据施工要求及施工方案编制材料需求计划。

（3）由安全管理部门编制雨季防汛预案，并组织工人进行演习。

B　生产准备

（1）成立雨季施工领导小组，保证雨季施工正常进行。各分包单位也应成立相应的领导小组，明确各自分工，抓好雨季施工各项工作的落实。

（2）成立防洪防汛抢险队，备齐潜水泵、草袋子、铁锹等防洪工具及设备，做好防洪的一切准备工作。

（3）项目部应按材料计划在雨季施工前准备好雨季施工材料。

（4）雨季前将临时排水系统与现场排水系统连通，使施工现场排水系统畅通。

（5）雨季施工之前，雨季施工领导小组对工程和现场进行全面检查，特别是塔吊基础、脚手架、基槽、电器设备、机械设备等检查，现场道路、排水沟的形成，人防出入口和通道的封堵，仓库等施工用房的防漏防淹均应在雨季施工之前做好，发现问题，及时解决，防止雨季施工期间发生事故；雨季施工期间，还应定期检查。

C　雨季现场管理工作

（1）临时道路：1）现场临时道路应做好面层及排水沟、排水涵管等设施，确保雨期道路循环畅通，不淹不冲、不陷不滑。2）按照施工总平面布置，在雨期到来前修整好排水沟，并检查临时道路，及时检修。3）场地排水坡度应不小于0.3%，并能防止四邻地区的水流入。排水沟坡度应不小于0.5%，其断面尺寸应按暴雨公式和汇水面积参数确定。

（2）临时设施：1）现场临时设施的搭设，应严格按照有关规定实施，防洪器材要备齐并按有关规定发放。2）雨季施工前，应对各类仓库、变配电室、机具料棚、宿舍（包括电器线路）等进行全面检查，加固补漏，对于危险建筑必须及时处理。

（3）材料储存及保管。各种材质及其配件等，应在能够切实防止风吹雨淋日晒的干燥场所存放。雨季施工期间宜水平放置，底层应搁置在调平的垫木上。垫木应沿边框和中格部位妥帖布置，距地不小于40cm，防止受潮和变形。叠放高度不宜超过1.8m。采用靠架存放时，必须确保不变形。

（4）机械设备：1）现场机械操作棚（如电焊机、木工机械、钢筋机械等），必须搭设牢固，防止漏雨和积水。2）现场机械设备，要采取防雨、防潮、防淹没等措施。用电的机械设备要按相应规定做好接地或接零保护装置，并要经常检查和测试可靠性。保护接地一般应不大于4Ω，防雷接地一般应不大于10Ω。3）电动机械设备和手持式电动机具，都应安装漏电保护器，漏电保护器的容量要与用电机械的容量相符，并要单机专用。4）所有机械的操作运转，都必须严格遵守相应的安全技术操作规程，雨季施工期间应加强教育和检查监督。5）定期对塔吊基础进行沉降观测。6）所有机具电气设备均设置防雨罩，雨后全面检查电源线路，保证绝缘良好。

（5）电气设备：1）在雨季施工前，应对现场所有动力及照明线路，供配电电气设施进行一次全面检查，对线路老化、安装不良、瓷瓶裂纹、绝缘降低以及漏跑电现象，必须及时修理和更换，严禁迁就使用。2）配电箱、电闸箱等，要采取防雨、防潮、防淹、防雷等措施，外壳要做接地保护。

（6）架子工程。雨季施工期间应做好外防护架的检查、避雷、防滑、爬升等工作，并编制切实可行的施工措施，保证安全生产。

D　雨季施工安全技术措施

（1）模板工程。木制模板和钢模板的堆放应严格按规定进行。模板堆放场地必须坚实可靠，排水通畅，防止积水；木制模板堆放不宜过高，底部应有垫木；钢制大模板面向迎风面，背后的支腿必须按要求设置，支撑牢靠，并有良好的防风措施；无支腿模板须放在已搭设好的模板插架中，插板架必须支搭合理牢靠。模板拆下后必须清理修复，涂刷油性脱模剂。合模后未能及时浇筑混凝土部位，要对模板及时覆盖，下部留出水口。

（2）钢筋工程。钢筋在绑扎之前，要清除污物、锈蚀，雨天要对绑扎完毕但未浇筑混凝土的钢筋进行覆盖，防止雨淋生锈。外设钢筋加工场处的钢筋也要进行必要的覆盖。

（3）混凝土工程。雨期砂石的含水率变化幅度较大，所以要求商品混凝土搅拌站要及时测定其含水率，适时调整水灰比，严格控制坍落度，确保混凝土的质量。生产部门要掌握近日的天气情况，尽量避开雨中露天浇灌混凝土。在浇筑混凝土的过程中，如遇大雨不能连续施工时，应按规定留设施工缝，已浇筑且未初凝的混凝土表面及时覆盖防雨材料，雨后继续施工时，应先对施工缝部位进行处理，然后再浇筑混凝土。

（4）吊装工程。塔吊在雨季施工之前和雨季期间，必须经常检查塔吊基础、避雷、接地接零保护、塔吊的各种线路及电源线是否有效。雨后必须检查塔吊基础内是否积水，发现问题及时解决处理。吊装过程中，必须有专人指挥，大风大雨中严禁进行吊装作业。遇雨时，必须对已就位的构件做好临时支撑加固，方可收工。

（5）钢结构工程：1）在雨季施工时，焊条应密封储存好，并做好防潮措施。2）现场安装、组拼时，应铺设脚手板，工人需穿防滑鞋，防止高空坠落伤人。3）对刚焊接的焊缝，应采取遮盖防雨措施，防止焊缝遇水淬火。

（6）装修工程。堆放在现场的各种装修材料，必须有可靠的覆盖，防止雨淋。已安装好的门窗必须有专人负责，风雨天必须关闭，防止损坏，并且防止将室内抹灰和装饰面淋湿冲刷。室内装饰工程必须在屋面和楼地面完成后进行，防止上层向下层漏水。雨天不宜进行外装修施工。

（7）屋面工程。及时掌握天气情况，注意屋面材料的存放防潮，严禁在雨中进行防水作业，同时注意流水段的划分，分小段，多流水，保证突然降雨有准备时间。屋面及时安装雨落管，预防雨水对外立面的冲刷。按规定进行防水施工，防水基层严格控制含水率。

（8）机电安装工程：1）基础部分的穿墙套管必须封堵，防止雨和泥砂流入。2）电气墙体预埋管、盒、箱等，均要随预埋随封闭管口，防止进水。门头雨罩及挑檐部位的预埋电线管、灯口盒等，均应先做好其本身及其连接点部分的封闭，再浇灌混凝土，确保使用时管内不进水。3）通过屋面的卫、煤、电等立管，在施工中要随时做好管口临时遮挡封闭，防止突然降雨灌水，并应及早做好正式防雨节点。4）在结构完成后，要及时做好避雷措施。5）电气安装管内穿线之前，应从上向下对管路吹扫，防止管内积水。

（9）雨季施工防雷击措施：1）停止室外作业，留在室内，并好门窗，在室外工作的人应躲入建筑物内。2）不宜使用无防雷措施或防雷措施不足的用电设备。3）切勿接触天线、水管、铁丝网、金属门窗、建筑物外墙，远离电线等带电设备或其他类似金属装置。4）切勿站立于楼顶上或接近导电性高的物体。5）在无法躲入有防雷设施的建筑物内时，应远离树木和桅杆。6）现场空旷场地不宜打伞，不宜把钢管、铁锹等扛在肩上。7）不宜进入无防雷设施的临时棚屋、岗亭等低矮建筑。

4.2　大型公共建筑施工安全管理

4.2.1　大型公共建筑施工概述

　　大型公共建筑单位工程不同于群体工程，虽然群体工程总建筑面积也比较大，但它是由独立的多个功能相同或不同的单位工程组成的建筑群体，而大型公共建筑单体工程有它固有的基本特点。大型公共建筑一般楼层多、高度大、结构及外观复杂，并非是低、多层建筑的简单叠加，而是从建筑结构和使用功能等方面，提出了一些新的要求，并从设计上进行了各种处理。大型公共建筑要求施工具有高度连续性和高质量；其施工技术和组织管理复杂，除具有一般多层建筑施工的特点外，还具有以下施工特点：

　　（1）工程量大、施工工序多、配合复杂。单位工程占地面积大，建筑面积大，大型公共建筑一般是指一个单体工程占地面积 2 万平方米、建筑面积 20 万平方米以上的单体建筑物。大型公共建筑的施工，土方、钢筋、模板、混凝土、砌筑、装修、设备管线量大，一般一座 20 层的大型公共建筑，混凝土量约达 5000m³、钢筋 750t、钢模板 400t、土方 12000m³、墙体 2000m³；同时工序多，有土方、模板、钢筋、混凝土、砌筑、电管、通风、电焊设备等十多个专业工种交叉联合作业，组织配合十分复杂。

　　（2）施工准备工作量大。大型公共建筑体积、面积大，需用大量的建筑材料、构配件和机具设备，品种繁多，采购量和运输量庞大。施工需用大量的专业工种、劳动力，需进行大量的人力、物力以及施工技术准备工作，以保证工程顺利进行。

　　（3）施工周期长、工期紧。大型公共建筑大多是国家或地区重点工程、外资或合资工程。由于投资大，要求尽快发挥效益，而且需要投入的人力、物力均要超过一般工程。据建工系统统计，单栋大型公共建筑工期要经历 2～4 年，平均 2 年左右；结构工期一般为 5～10 天一层，短则 3 天一层，常常是两班或三班作业，工期长而紧，且需进行冬、雨期施工，为保证质量，应有特殊的施工技术措施，需要合理安排工序，才能缩短工期、减少费用。

　　（4）建筑设备专业系统多，设备现代化、自动化且专业技术要求高。

　　（5）建筑标准高，工程质量要求更高。

　　（6）基础深、基坑支护和地基处理复杂。大型公共建筑的基础一般较深，大都有 1～4 层地下室，土方开挖、基坑支护、地基处理以及深层降水，技术上都很困难复杂，它直接影响着工期和造价以及建造难度。

　　（7）高处作业多、垂直运输量大。大型公共建筑高度一般为 45～80m，一些超高建筑高为 100～200m，最高的可达 400m 以上，高处作业多，垂直运输量大，施工中要解决好高空材料、制品、机具设备、人员的垂直运输，合理地选用各种垂直运输机械，妥善安排好材料、设备和工人的上下班及运输问题，以及用水、用电、通信问题，甚至是垃圾的处理等问题，以提高工效。

　　（8）层数多、高度大，安全防护要求严。大型公共建筑层数多，高度大，一般施工场地较窄，常采取立体交叉作业，高处作业多，需要有各种高空安全防护设施、通信联络以及防水、防雷、防触电等。为保证施工操作和地面行人安全，不出现各类安全事故，相应地也增加安全措施费用。

（9）对资源安全影响大。据有关资料介绍，在每万平方米建筑的施工过程中，仅建筑废渣就会产生500~600t。若按此测算，我国每年仅施工建设所产生和排出的建筑废渣就有4000万吨。这些建筑垃圾反过来又影响着水、大气、土地资源。

（10）能源消耗大。建筑业是能源需求增长较快的领域，目前我国建筑能耗已经占全国能耗总量的27.5%。

（11）边设计、边准备、边施工的情况多，设计变更多。

上述特点决定了大型公共建筑不可能发包给几个独立的承包单位施工，同时也不可能发包给一个施工承包单位，让其把所有技术专业都承担下来。因此，多专业、多形式的分包单位在工期短、要求高、在同一个单位工程里交叉施工的特定条件下进行作业，加强其施工过程中的安全管理就显得尤为重要了。

4.2.2　大型公共建筑施工风险源及安全策划重点

4.2.2.1　大型公共建筑施工风险源

大型公共建筑施工中的安全问题造成建筑业安全事故频发的原因十分复杂。住房和城乡建设部统计，2010年上半年，建筑生产安全事故按照类型划分为：

高处坠落事故103起，占总数的48.13%；

坍塌事故40起，占总数的18.69%；

物体打击事故30起，占总数的14.02%；

起重伤害事故18起，占总数的8.41%；

机具伤害事故13起，占总数的6.07%；

其他事故10起，占总数的4.68%，如图4-2-1所示。

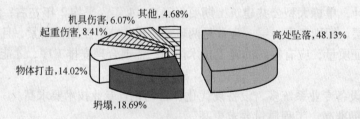

图4-2-1　2010年上半年事故类型情况

其中大型公共建筑因其施工特点，又存在以下主要安全问题：

（1）基础开挖深度深。大型公共建筑地基单位面积的载荷大，因此对相当深度范围内的地基土要进行处理，例如打桩做人工地基或加做较深的地下室，在施工中作业危害因素可能从地下土体扩散到工地界限以外，造成重大的生产财产损失，如打桩时造成煤气管漏气使居民中毒，或打桩、挖土时使城市水管爆裂，或是在采用井点降水时使道路下陷、管道开裂等。

（2）作业高度高。大型公共建筑大量的施工作业都是在高空进行的，50m以上的高空与10多米高度的作业有质的不同。例如，某大型公共建筑从檐口落下一小段钢筋，一直飞落到工地外10多米处，打在正在行走的老妇人头上，致使老妇人当即死亡。

（3）施工交叉作业多。大型公共建筑结构复杂、作业立体化，在一个垂直空间许多层次上都要进行工作，上下层次互相造成伤亡事故时有发生。

（4）施工工期长。大型公共建筑施工工期一般都在两年左右，大的项目工期可达三至四年，许多设施放置以后就要使用一年至几年，在此期间人员变动气候变化等人为的与自然的因素都能使正常的设施转入危险状态，不注意就容易发生事故。例如，大型公共建筑电缆磨破发生火灾、脚手架倒塌等等。

（5）对生态环境、社会环境有一定的影响和破坏。施工机械设备产生的噪声、深基坑和打桩大量抽排地下水、施工现场的生活生产废水和污水、建筑废渣垃圾等会对生态环境造成破坏；施工工地的人员众多，素质参差不齐，也会对当地的社会环境造成影响。

4.2.2.2　大型公共建筑施工安全策划重点

（1）基础工程阶段。对深基坑进行监测等措施，详细请参阅地下工程基础工程相关内容。

（2）高空作业阶段。注意高空的安全防护及人员的安全教育等。

（3）机械交叉施工阶段。编制并严格执行交叉施工方案等。

（4）用电安全及模板支护和拆除的安全。

4.2.3　大型公共建筑施工风险控制措施

4.2.3.1　大型公共建筑施工总平面管理

施工总平面管理作为施工现场管理的重要组成部分，除要依据现行的各项法规外，对具体工程而言，施工总平面布置图是施工总平面管理的主要依据。因此，施工总平面管理的主要任务又是对施工总平面布置图的具体贯彻与落实。

A　现场布置

（1）现场临时设施的布置。施工现场的临时设施包括临时性的生产设施和生活设施，以及临时供水、供电、供热、临时通信等设施。施工现场临时设施的安排原则是：1）尽量利用施工现场或附近的现有设施（包括要拆迁，但可暂时利用的建筑物）。2）须修建的临时设施，应充分利用旧材料，尽量采用移动式或容易拆装的建筑，以便重复使用。3）临时设施的布置，应方便生产和生活，不得占据在建工程的位置，与施工的建筑物之间或临设房屋之间要保持安全和消防间距，并考虑总包和分包单位的需要，施工区与生活区要有明确划分。临设房屋尚需报当地政府规划部门审批后方可修建。

（2）现场材料平面布置。现场平面规划布置要合理规范。在划分材料堆放位置时，要考虑到施工进入高峰时的堆放容量，料场、料库等临时设施，道路、排水沟、高压线路等都要统筹安排布置。料场、料库、道路的选择不能影响施工流水作业，并以靠近使用地点为原则，减少二次倒运与搬迁。

B　现场围挡及出入口

施工现场四周按规定设置连续封闭的围挡，围挡应按照企业标志形象设计，施工现场大门必须按照企业标志形象设计要求与围挡形成一体。

C　"一图二牌三板"及现场标志

施工现场应在大门外附近明显处设置统一样式的施工标牌。标牌内容：工程名称、建筑面积、建设单位、设计单位、监理单位、施工单位、工地负责人、开工日期、竣工日期等。大型公共建筑工地，应根据现场的实际情况，除统一设置施工标牌外，还应在现场内分区设置施工标牌，以方便各类人员熟悉现场施工情况，施工标牌的字体应书写正确、规范、工整、美观，并经常保持整洁完好。工地大门内必须设置"一图二牌三板"，即：

（1）施工平面布置图（布置合理并与现场实际相符，分基础、结构、装饰、装修阶段）。

（2）安全技术牌（从开工之日起计算）和施工现场管理体系牌（施工现场管理负责人、安全防护、临时用电、机械安全、消防保卫、现场管理、料具管理、环境保护、环境卫生、质量管理、劳务管理业务人员）。

（3）安全生产管理制度板、消防保卫管理制度板和场地卫生环保制度板。大型公共建筑施工现场的各种标语、标志牌设置必须由总承包单位统一布置，合理安排。

D　场地道路及排水

施工现场的场地、道路要平整、坚实、畅通，有回旋余地，有可靠的排水措施。施工现场首先应尽量利用原有的交通设施，并争取提前修建和利用拟建的永久设施解决现场运输问题，这样不仅能节约临时工程费用，降低施工成本，而且可缩短施工准备时间。

当现场不具备以上条件时，就需要修建临时道路。临时道路的布局，须根据现场情况及施工需要而定，房建工地一般应做成循环道，以确保现场运输和消防车的畅通，临时道路的等级主要根据现场交通流量和道路建筑规范而定。

E　施工总平面责任区域的划分

大型公共建筑的施工总平面责任区域的划分，是施工现场管理的重要部分。每个工地要根据建筑面积、工程量和分包单位多少来划分现场管理责任区。总包单位对施工现场责任区域的管理负全面责任，对分包单位现场责任区域的管理情况进行综合考评，制定出相应现场管理计划，并负责监督检查。

4.2.3.2　大型公共建筑施工安全管理

A　建立安全生产责任制

每项工程开工前，必须要明确安全生产责任目标，逐级建立安全生产责任制，签订安全生产协议书，使每个人都明确自己在安全生产工作中所应承担的安全责任。项目经理对承包项目工程生产经营过程中的安全生产负全面领导责任。贯彻落实安全生产方针、政策、法规和各项规章制度，组织落实施工组织设计中"安全技术措施"，健全和完善用工管理手续。

企业的法人代表与项目经理签订安全生产协议书，明确双方在安全生产工作中的责任、权利和义务以及具体的安全生产考核指标。

根据项目施工法的要求，项目经理与项目施工各业务主管部门负责人（外包队队长）签订安全生产协议书，确定项目经理与各业务主管部门负责人（外包队长）在安全生产工作中的责任，并明确安全奖惩指标。

项目各业务主管部门负责人与各自部门的业务人员，外包队长与外包队民工，分别签订安全生产协议书，同时要督促检查安全工作的落实情况，及时采取相应的安全保障措施。

各级人员的安全生产协议签订后，项目经理（委托安全员）监督检查本协议的落实情况，确保安全考核指标的完成。

B 安全教育

安全教育工作是整个安全工作中的一个重要环节，通过各种形式的安全教育，使全体职工、外包队民工增长安全知识，提高安全意识，调动他们的积极性，促进安全工作的全面开展。

职工、外包队民工入场教育合格后，项目部的安全管理部门要进行登记造册，建立档案，使安全教育工作处在受控的状态中。

定期或不定期进行全员的安全教育工作，职工每半月要进行一次，外包队民工每周进行一次安全教育，受教育面要达到100%，不留死角，因工作或其他原因不能参加教育的，应及时补课。

严格执行班前安全教育制度，除对职工、外包队民工进行文字安全技术交底外，班组长还应根据当天作业环境等因素，对本班组人员进行有针对性的班前安全教育，做到班中检查班后总结。

积极利用板报、标语、文艺节目等多种形式宣传安全生产，使职工、外包队民工从中受到健康、有益的安全教育。

C 做好安全检查和安全防护工作

做好安全检查和落实安全防护工作的开展及其效果的检查工作。

D 临时用电机械施工安全、现场保卫、环境保护与卫生管理

施工现场临时用电必须按《施工现场临时用电安全技术规范》（JGJ 46—2005）要求做施工组织设计（方案），健全安全用电管理的内业资料。临时配电线路必须按规范架设整齐。

配电系统必须实行分级配电，各类配电箱、开关箱安装和内部设置必须符合有关规定，箱内电器必须可靠完好，其选型定值要符合规定，开关箱外观应完整，牢固防雨、防尘。箱体外应涂安全色标，统一编号，箱内无杂物，停止使用时应切断电源，箱门上锁。

各种电器设备和电力施工机械的金属外壳，金属支架和底座，按规定采取可靠的接零或接地保护。

现场各种高大设施，必须按规定装设避雷装置（如塔吊、井字架、龙门架等）。临时用电必须设专人管理，分片包干，责任到人，非电工人员严禁乱拉乱接电源线和动用各类电器设备。

E 机械施工安全

机械设备应按其技术性能的要求正确使用，缺少安全装置或安全装置已失效的机械设备不得使用。

各种机械设备的操作人员，必须经过有关部门组织的专业安全技术操作规程培训，考试合格后，持有效证件上岗。

机械操作人员工作前，应对所使用的机械设备进行安全检查，严禁带病使用，严禁酒后操作。

机械操作人员只要离开机械设备，必须按规定将机械放置于安全位置，并将操作室锁好，或把电器设备的控制箱拉闸上锁。

施工现场的各类机械必须设专人负责安装、维修、保养、使用、检测、自检等项工作，并要有详细的记录。施工组织设计应有施工机械使用过程中的定期检测方案。

　　各类机械电气设备，在停止使用或停电时，必须将电源切断，闸箱门上锁，防止发生意外事件。

　　塔式起重机、施工电梯、卷扬机等重要的机械设备在安装使用前，必须经验收合格后方准使用，否则禁止使用。

　　F　现场保卫

　　施工现场的保卫工作，主要包括治安保卫、消防安全和交通管理三项内容。遵照国家《国有企业治安保卫工作暂行规定》，设置现场保卫部，采取有效措施，积极预防，消除隐患，减少事故，保障安全。

　　a　治安保卫工作管理

　　（1）健全组织机构。选拔政治素质好、业务水平精、政策水平高、工作能力强的人员，组成现场保卫部。二级公司项目部和分包单位设置相应机构和配齐保卫人员，形成系统化管理。

　　（2）掌握情况制定方案。了解掌握情况，制定工程施工保卫工作方案。

　　主要内容：工程概况、保卫工作机构、组成人员、警卫护场组织、治保会、消防组织；现场要害及重点防火部位管理办法；建立各项管理制度与措施；评比与奖罚实施办法。

　　根据上述情况，要在基础、结构、装修各阶段，分别制定"实施方案"或"细则"。主动与公安、消防、交管等政府主管部门取得联系，通报工程情况，以得到他们的帮助与支持．必要时还可与建设单位保卫部门成立现场联合办公室，协调各分包商的关系。

　　（3）签订治安、消防、交管"协议书"，交纳违约金，总承包要按照"谁主管，谁负责"、"谁施工、谁负责"的原则，与各参施单位签订《工程治安、消防、交管协议书》和装修装饰阶段的《工程成品保护责任状》。并报送甲方、监理部门监督执行。各项目部、分包单位与民工队签订重点部位、贵重物资管理责任状，形成逐级负责制。

　　（4）建立健全各项规章制度和护卫制度。施工现场周围，按标准设置牢固围护栏杆。施工现场、库区出入口实行严密的警卫护场。财务室安装防盗门窗和报警装置。门卫与巡逻随着工程的进度，调整哨位与看护目标，增加护卫力量。全体职工凭证件出入现场，"出入证"由总承包部制作发放。各大节日、重大活动中要认真检查，提出预案和防范措施。

　　（5）定期检查，消除隐患，及时处理打架斗殴、偷盗、纠纷等治安问题。

　　（6）保护成品。机电安装、调试、精装期间，成品免遭损坏和损失尤为重要。加强宣传教育，提高职工爱护国家财产和守法意识，做到警钟长鸣。严格警卫制度，实行携带物品出厂、出楼凭证登记制度。组建成品保护队伍：视工程进度需要，特别是各种机房、强弱电、通信、发射接收、广播电视、监控室及热交换站等重要部位，及时布设成品保护人员，防破坏、防盗窃，后期安装警报或监视装置。

　　（7）奖励与处罚。为提高各级保卫组织和保卫人员的工作效率，调动他们的积极性，积极开展单位与单位、个人与个人或工作项目之间的"流动红旗"和奖励竞赛评比工作，对有突出贡献的实行重奖。同时把治安保卫、消防、交通安全作为劳动竞赛的重要内容抓紧抓好。坚持以月或季度进行总结评比，表彰先进。对发生案件、事故和火灾的单位给予处罚。

b　消防安全管理

对于施工现场的消防安全，主要从以下几个方面管理：

（1）成立防火领导小组、义务消防队。现场设防火领导小组制定防火工作预案。

（2）申办消防局核发的《消防安全施工许可证》。

（3）布建消防设备，配足灭火器材。

（4）加强防火宣传教育，积极培训义务消防队。

（5）落实各项制度，实施各项措施，加强动态管理。加强特殊工种管理。审查登记电气焊工"操作证"，杜绝无证操作。

严格"用火证"管理，实行旧证回收制度，即第二次办"用火证"时交回头天的旧证。加强防火检查，禁止违章，把好易燃易爆物品进场关。

工程内不准设置库房、住人、办公、做明火作业加工用房，特别需要时必须提出方案报市消防局审批。生活区规划应留有防火间距与消防通道，每栋房要留两个门出入，照明用电、取暖设备要符合防火规定。及时处理各种违章，积累各项资料，健全防火档案。

c　交通安全管理

施工现场的交通安全管理工作直接关系到全体职工的切身利益，涉及面较广，因此必须建立健全各项规章制度，堵住漏洞，层层抓落实，才能确保安全。主要从以下几个方面加强管理：

（1）主动进行施工实地走访，会同业主、行政、工程等部门走访当地政府、有关单位和部门，主动与地方有关单位建立好工作关系，尤其是公安交通、市容和环卫等部门，并且实事求是地向他们汇报，取得他们的理解和支持，有效保障施工生产的顺利进行。

（2）施工现场成立交通安全管理机构，由业主、施工总承包单位、当地公安交通机关和市容环卫单位负责人组成统一的领导小组，联合办公，负责协调工作。所有参加施工的单位，都要相应成立交通安全管理机构。

（3）制定交通安全管理制度，在工程施工初期，要编制交通安全工作方案，随着施工生产变化的需要，制定相应的安全措施。要把交通安全管理工作与施工生产同计划、同布置、同检查、同总结、同评比。

（4）坚持定期开展交通安全法规宣传教育，自觉遵守道路交通管理的规定，人人为维护城市交通秩序做贡献。

（5）加强对施工现场车辆的管理。

（6）加强对驾驶员的管理。

G　环境保护与卫生管理

随着全社会文明程度的不断提高，环境保护工作越来越被人们重视，不管是政府部门还是企业主管部门都相应地成立环境保护组织机构，国家把环境保护工作也列为一项"基本国策'，出台了一些环境保护的方针、政策、法令、法规，并设立专业的环保监督检查机构。做好环境保护工作是建筑企业非常重要的课题。为此，必须要从施工现场的环境卫生管理入手，治理各项污染，以确保"基本国策"的顺利实施。

a　建筑施工现场防止大气污染措施

高层或多层建筑清理施工垃圾，使用封闭的专用垃圾道或采用容器吊运，严禁随意凌空抛撒造成扬尘。施工现场垃圾要及时清运，清运时适量洒水减少扬尘。

施工现场应结合设计中的永久道路布置施工道路，道路基层做法按设计要求执行，面层可采用礁渣、细石沥青或混凝土以减少道路扬尘，同时要随时修复因施工而损坏的路面，以防止浮土产生。

散水泥和其他易飞扬的细颗粒散体材料应尽量安排库内存放，如露天存放应采用严密遮盖，运输和卸运时防止遗洒飞扬以减少扬尘。

运输车辆不得超量运载，运载工程土方最高点不得超过车辆槽帮上沿50cm，装载建筑渣土边缘低于车辆槽帮上沿10cm，运载其他散装材料不得超过槽帮上沿。

施工现场应设专人管理车辆物料运输，防止遗撒土方，运输车辆驶出现场前必须将土方拍实，将车辆槽帮和车轮冲洗干净，防止带泥土上路和遗撒现象发生。

施工现场要制定洒水降尘制度，配备洒水设备，设专人负责现场洒水降尘和及时清理浮土。

施工现场的搅拌设备，必须搭设封闭式围挡及安装喷雾除尘装置。生石灰的熟化和灰上施工要适当配合洒水，杜绝扬尘。

拆除旧建筑物时，应配合洒水，减少扬尘污染。

b 建筑施工现场防止水污染措施

凡在施工现场进行搅拌作业的，必须在搅拌机前台及运输车清洗处设置沉淀池。排放的废水要排入沉淀池内经二次沉淀后，方可排入市政污水管线或回收用于洒水降尘，未经处理的泥浆水，严禁直接排入城市排水设施和河流。

施工现场现制水磨面作业产生的污水，禁止随地排放，作业时严格控制污水流向，在合理位置设置沉淀池，经沉淀后方可排入市政污水管线。

施工现场临时食堂的污水排放控制，要设置简易有效的隔油池，产生的污水经下水管道排放要经过隔油池，平时加强管理，定期掏油，防止污染。

施工现场要设置专用的油漆油料库，油库内严禁放置其他物资，库房地面和墙面要做防渗漏的特殊处理储存，使用和保管要专人负责，防止油料的跑、冒、滴、漏，污染水体。

禁止将有毒有害废弃物用作土方回填，以免污染地下水和环境。

c 建筑施工现场防噪声污染扰民措施

施工现场应遵守《建筑施工场界噪声限值》（GB 12523—2011）规定的降噪限值制定降噪制度。

提倡文明施工，建立健全控制人为噪声的管理制度，尽量减少人为大声喧哗，增强全体施工人员防噪声扰民的自觉意识。凡在居民稠密区进行噪声作业的，必须严格控制作业的时间。

牵扯到生产强噪声的成品、半成品加工，制作作业（如预制构件、木门窗制作等）应尽量放在工厂、车间完成，减少因施工现场加工制作产生的噪声。

对人为活动噪声应有管理制度，特别要杜绝人为敲打、叫嚷、野蛮装卸噪声等现象，最大限度地减少噪声扰民。

在施工过程中应尽量选用低噪声或备有消声降噪的施工机械。

凡在居民稠密区，低噪声小区内结构施工要采取有效措施降噪。积极推广使用免振捣自密实混凝土和隔声屏。

加强施工现场环境噪声的长期监测，采取专人监测，专人管理的原则，根据测量结果填写建筑施工场地噪声测量记录表，凡超过《建筑施工场界噪声限值》标准的，要及时对施工现场噪声超标的有关因素进行调整，直至达到施工噪声不扰民的目的。

d 施工现场环卫管理措施

施工现场的环境卫生管理工作，牵扯面广，搞得不好影响很大，尤其是大型公共建筑施工现场环卫卫生管理，必须严格按照有关环卫卫生管理规定执行。要逐步做到科学化、规范化的管理；不得因管理不善，造成疫情或者其他经济损失。

4.3 特种构筑物施工安全管理

4.3.1 特种构筑物施工概述

工程中的结构，无论是其结构的形式还是其功能要求都是多种多样的。"一般结构"和"特种结构"难以给出明确的划分界限。目前，常把支挡结构、深基坑支护结构、烟囱、筒仓、水池、水塔、挡土墙等结构作为特种结构（见表4-3-1）。支挡结构、深基坑支护结构请参阅第3章基础工程相关内容；本节仅就水塔施工安全管理与烟囱施工安全管理予以介绍。

表4-3-1 常见的特种结构形式及说明

序号	特种结构形式	说　明
1	深基坑结构	参考第3章基础工程部分相关内容
2	支挡结构	参考第3章基础工程部分相关内容
3	水　塔	它的主要作业是调节和稳定水压，储存和配给用水。 主要由水箱、塔身、基础和附属设施组成，附属设施包括进水管和出水管、爬梯和平台、避雷和照明装置、水位控制和指示装置
4	烟　囱	烟囱可产生自然的抽力，并将烟气扩散到卫生标准允许的程度；还具有诸如筒身可作大跨度的过江输电线路的支柱等辅助作用
5	筒　仓	筒仓为工厂和矿山储存散粒材料应用最为普遍的构筑物。 筒仓的施工特点是：结构高大、壁薄；高空作业，工作面狭小，施工需专门设备；质量要求严，施工技术复杂，难度大
6	贮液池	贮液池是工业与民用供水工程的净水厂、污水处理厂、生活用水设备最为常见的构筑物之一。 结构和施工特点是：体积庞大，配筋密，壁薄，施工工序多，抗渗性和耐久性要求高，质量要求高，施工技术复杂，施工难度较大
7	双曲线形冷却塔	双曲线形冷却塔的冷却效率高、运行及维护费用低，在火电厂建设中获得了广泛的应用。其分为机械通风冷却及自然通风双曲线冷却塔两类

4.3.1.1　水塔施工概述

A　施工方法选择的原则

（1）根据工程规模、结构特点、施工能力、装备水平及外部条件等因素，进行综合考虑，多方案分析比较，确定最适宜的施工方案。水塔类型如图4－3－1、图4－3－2所示。

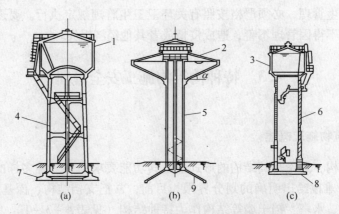

图4－3－1　水塔的常见类型（按材质分）

（a）钢筋混凝土支架水塔；（b）倒锥壳混凝土支筒水塔；（c）平底式砖支筒水塔

1—英兹式水柜；2—倒锥壳水柜；3—平底式水柜；4—钢筋混凝土支架；5—钢筋混凝土支筒；

6—砖支筒；7—环形式基础；8—圆板式基础；9—M式薄壳基础

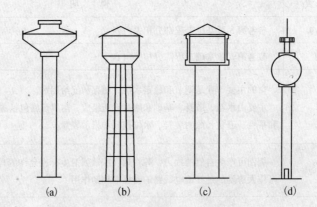

图4－3－2　水塔的常见类型（按构造形式分）

（a）倒锥壳型；（b）英兹型；（c）平底型；（d）球型

（2）所选定的施工方案必须能保证工程质量，满足设计要求，施工安全可靠。

（3）采用的施工机具有一定的通用性，可以周转使用，尽量减少一次性机具投入。

（4）尽量采用比较先进的施工工艺。

B　支筒施工方法

（1）液压滑模法。液压滑模施工具有机械化程度高、劳动强度低、施工速度快等优点，但其施工技术比较复杂，滑模施工中需随时进行纠扭纠偏。液压滑模是水塔支筒施工中应用比较普遍的一种方法。

（2）倒模法。倒模法又称为移置模板施工法，这种方法适用范围广，施工操作技术易于掌握，经济效益较好，但劳动强度较大，施工速度较慢。倒模施工又可分为以下几种方法：1）内井架外挂吊盘倒模施工。2）内井架外挑架倒模施工。3）内井架外挂吊篮倒模施工。

（3）提模施工法。提模施工法避免了滑模施工时易产生的混凝土拉裂现象，表面比较光滑平整。施工中不需要支承杆及爬升器，且支筒中心线易于控制。

C 水箱制作方案

（1）地面环支筒预制。支筒施工完后，在地面环绕支筒支设水箱模板、浇筑混凝土。混凝土达到要求强度后，提升水箱就位。这是水塔施工普遍采用的方法。

（2）地面就近预制。当具备足够的起重吊装能力时，小容量的水箱可以用吊车吊装就位，这种情况下，水箱在地面支筒附近进行预制。

（3）现浇。水箱现浇方案因比较费工费时，施工中应用较少。水箱现浇一般有两种做法：一种是搭设支撑系统高空支模浇筑混凝土，支撑可采用钢管脚手架、悬吊模板或安装钢桁架等；另一种做法是采用预制混凝土永久模扳。

D 预制混凝土水箱提升方法

（1）液压千斤顶双钢环梁提升法利用液压千斤顶顶升钢环梁，带动吊杆将水箱提升。这种提升方法，因其所吊杆锁紧装置的不同又可分为：1）双螺帽丝杆提升法；2）液压爬升器提升法；3）预应力钢绞线提升法；4）等节距吊杆提升法。

（2）穿心式千斤顶单钢环梁提升法，利用倒置于钢环梁上的穿心式千斤顶向上提拔吊杆而将水箱提升。采用的穿心式千斤顶有液压爬升器及专用大吨位穿心式千斤顶。

（3）起重设备吊装就位法。1）卷扬机提升就位；2）吊车吊装就位。

E 施工工艺

（1）基础施工。略。

（2）内井架外挂吊盘倒模法支筒施工。施工装置如图4-3-3所示。施工内容有以下几点：钢管井架；操作平台；垂直运输设施（吊笼用于人员上下及混凝土泵送，见图4-3-4）；模板；混凝土浇筑；施工精度控制。

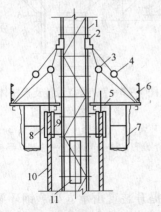

图4-3-3 内井架外挂吊盘施工装置
1—井架；2—加固件；3—3t倒链；4—2t倒链；
5—吊盘；6—栏杆；7—吊脚手架；8—外模；
9—内模；10—支筒；11—吊笼

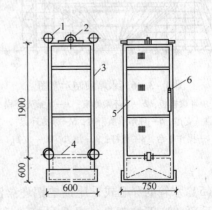

图4-3-4 吊笼
1—导轮；2—安全卡；3—角钢框；4—站人
踏板；5—钢板网；6—笼内扶手

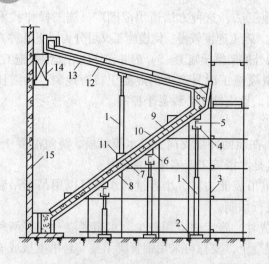

图 4-3-5 水箱支模

1—顶撑；2—垫木；3—钢管脚手；4—顶板；5—∟12 环梁；

6—∟100mm×8mm 外环箍；7—下锥壳外模；8、10、

12—[10 檩条；9—下锥壳内模；11—∟63mm×

6mm 内环箍；13—上锥壳内模；14—环形

摩擦桁架；15—支筒

（3）水箱预制。1）施工程序。水箱环支筒周围在地面预制，其施工工序为：下环梁底模及侧模安装→下环梁钢筋绑扎、安装提升孔预埋件→下锥壳及中环梁外模板安装→钢筋绑扎→内模安装与混凝土浇筑顺序并进→上锥壳内模安装→钢筋绑扎→上环梁钢筋绑扎及模板支设→上锥壳混凝土浇筑→混凝土养护→模板拆除→水箱外表面装饰。水箱混凝土施工缝留置在中环梁顶面，下锥壳混凝土必须连续一次浇成，中间不允许留置施工缝。2）支模。下环梁的底模采用多节脱模、砌砖墩支承（砖墩高度 500mm）。砌砖墩时应注意，既利于脱模，又不影响提升丝杆安装，而且能够支承水箱的荷重，如图 4-3-5 所示。3）绑扎钢筋及浇筑混凝土，如图 4-3-6 所示。

（4）高空悬挂支模整体浇筑式水箱（见图 4-3-7）：1）外形及尺寸，如图 4-3-7 所示。2）模板支承结构，略。3）支承结构及模板安装。模板支承结构如图 4-3-8 所示。

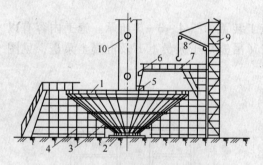

图 4-3-6 水箱预制示意图

1—中环梁模板；2—下环梁侧模；3—下锥壳外模；

4—支撑；5—环形摩擦桁架；6—摩擦环梁；

7—操作平台；8—拔杆；9—井架；10—支筒

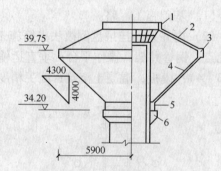

图 4-3-7 高空悬挂支模整体

浇筑式水箱示意图

1—上环梁；2—上锥壳（预制槽板）；3—环梁；

4—下锥壳；5—下环梁；6—牛腿（环托梁）

（5）水箱的穿心式千斤顶单钢环梁法提升。水箱提升装置由承立架、钢环梁、穿心式千斤顶、液压控制台、提升吊杆、垂直、运输设施及随升吊篮组成，如图 4-3-9 所示。

（6）混凝土浇筑。由于模板支承系统为柔性结构，混凝土浇筑应编制作业设计，做到对称、均匀下料，分层浇筑，控制好浇筑层厚度及浇筑速度，保证施工安全。

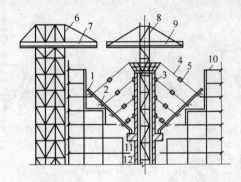

图 4 - 3 - 8 模板支承结构示意图

1—外模及楞木；2—支承环；3—固定环；4—吊筋；

5—花篮螺栓；6—孔井架；7—上料平台；

8—井架；9—操作平台；10—脚手架及

安全网；11—牛腿；12—支筒

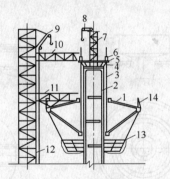

图 4 - 3 - 9 穿心式千斤顶提升水箱施工装置

1—水箱；2—支筒；3—吊杆；4—承力架；5—钢环梁；

6—千斤顶；7—筒顶井架；8—拔杆；9—摇头拔杆；

10—过桥；11—挑架；12—竖井架；

13—随升吊篮；14—栏杆

4.3.1.2 烟囱施工概述

烟囱的主要作用是拔火拔烟，排走烟气，改善燃烧条件。其属于高耸构筑物，在火电厂建设中是高度最大的建筑，也是火电厂工程中的标志性构筑物。但由于火电厂建设中对烟囱的质量要求越来越高，工期要求越来越紧，烟囱的施工安全管理成为施工人员关注的重点。

（1）烟囱的分类。1）砖烟囱。高度一般不超过60m；砖烟囱的断面形式，分为圆形和方形两种。2）钢筋混凝土烟囱。高度一般大于60m；这样结构的烟囱，适用的范围较大。

（2）烟囱基础形式。烟囱基础形式有环形板式、圆形板式、壳体等几种。通常采用环形和圆形板式基础。

烟囱施工一般流程如图 4 - 3 - 10 所示，烟囱的构造如图4 - 3 - 11 所示，烟囱基础构造如图 4 - 3 - 12 所示。

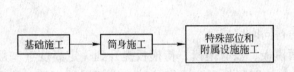

图 4 - 3 - 10 烟囱施工一般流程

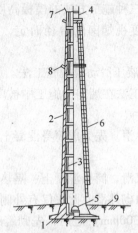

图 4 - 3 - 11 烟囱的构造

1—基础；2—筒身；3—内衬；4—筒首；

5—烟道口；6—外爬梯；7—避雷针；

8—信号灯平台；9—排水沟

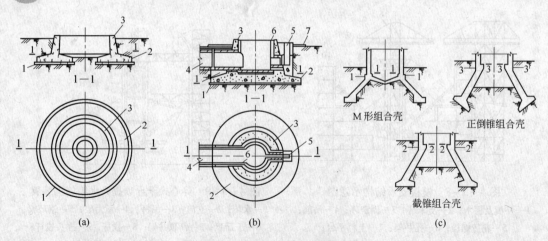

图 4 – 3 – 12 烟囱基础构造

（a）烟囱环形板式基础；（b）烟囱圆形板式基础；（c）烟囱壳体基础形式及构造

1—垫层；2—底板；3—环壁；4—烟道口；5—孔；6—内衬；7—排水坡；1—1，2—2，3—3—施工缝位置

A 烟囱的施工方法概述

（1）内井架移置模板分节施工法。此法应用较广，它适用于高度在 120m 以下的烟囱施工。但近年来在山东黄岛电厂 180m 烟囱的施工中以及其他类型烟囱施工中，也成功地采用了此法。此法易于掌握，所需施工装备较少，施工费用低廉，但劳动强度较大，并要有足够的施工场地，以满足拉设缆风绳的需要。

（2）外井架移置模板分节施工法。此法适用于烟囱出口直径较小且不太高的烟囱施工。

（3）外井架悬挂式模板施工法。此法和施工双曲线冷却水塔的方法基本相同，不常用。

以上三种施工方法的模板高度一般为 1.25m，既考虑到施工的方便，又便于模数化。模板的宽度视烟囱的直径而定，一般为 300 ~ 500mm；在模板高度方向，设置 2 ~ 3 道围箍。

（4）液压滑动模板施工法。从 20 世纪 70 年代初期以来，高烟囱相继出现，液压滑动模板施工法在烟囱的施工中被广泛采用。液压滑动模板施工法按其滑升方式的不同，分为以下三种：

1）单滑。先完成筒身混凝土，而后在其悬挂的下层平台上，再完成内衬和隔热层的施工。

2）双滑。筒身混凝土、隔热层和内衬同时完成。

3）内砌外滑。此法仅有外侧的单面模板，没有内模，待模板提升到一定高度（一般每次提升 300mm）之后，先砌筑砖内衬并放置隔热区，再绑扎下一浇筑层的钢筋，然后浇灌筒身混凝土。砖内衬不但起内衬的作用，而且在施工中还起到了内模板的作用。

（5）升模施工法。其操作平台、随升井架跟滑模施工法相似，提升系统采用新型带电机的行星摆线针轮减速机构，配合 T50 ×6 的丝杠进行提升，电动机为 1.5kW，减速比为 1：43，电动机同步转速为 1500r/min，出轴转速为 35r/min。提升时模板与筒壁面脱开，提升后模板就位并量径校正。操作平台及工作架的荷重由锚固螺栓传递给平台下已有3天龄期的筒壁混凝土上。

B 钢筋混凝土烟囱有井架施工

钢筋混凝土烟囱有井架施工主要设备如图4-3-13所示。

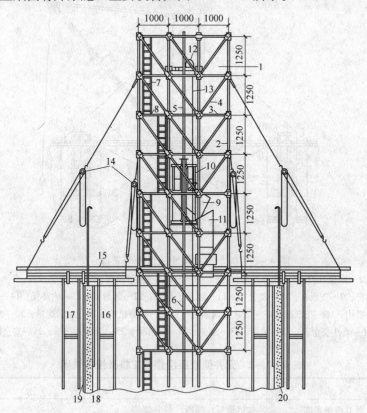

图4-3-13 钢筋混凝土烟囱有井架施工主要设备

1—竖井架；2—立管；3—横管；4—斜管；5—滑道管；6—滑道卡子；7—施工爬梯；8—梯子铺板；
9—料斗；10—吊笼；11—贮料斗；12—上部起重滑轮；13—钢丝绳；14—倒链；15—工作台；
16—内吊架；17—外吊架；18—内模板；19—外模板；20—混凝土筒壁

（1）筒身采用提升式模板的施工内容：1）金属竖井架的安装（支承底座的安装和竖井架的安装）；2）工作台的安装；3）提升式外模板的安装；4）绑扎第一节钢筋；5）第一节内模板的安装；6）浇灌第一节混凝土；7）绑扎第二节钢筋；8）安装第二节内模板；9）浇灌第二节混凝土；10）混凝土养护；11）移挂倒链及提升工作台；12）内衬环形悬臂的施工；13）烟道口部位的施工；14）筒首的施工；15）更换工作台；16）内衬施工；17）施工设备的拆除。

施工设备的拆除顺序：1）拆除内外模板；2）拆除工作台；3）拆装施工竖井架；4）拆除隔离保护棚。

（2）筒身采用移置式模板的施工方法，工序的循环程序：1）浇灌混凝土；2）绑扎上一节钢筋；3）安装上一节外模板；4）拆下节内外模板；5）安装上一节内模板（并紧固外模板）；6）移挂倒链；7）混凝土养护；8）翻脚手板及提升工作台。

（3）无井架液压滑模施工法（见图4-3-14、表4-3-2）。施工流程：1）机具系统、滑模设备的安装；2）钢筋绑扎；3）混凝土浇筑和模板滑升；4）后三项循环直至完成整个筒身建设；5）拆除滑模设备（散拆和整拆）。

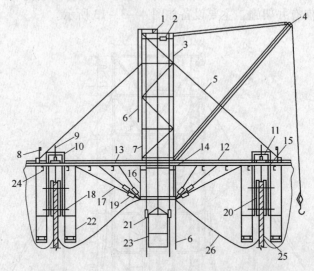

图4-3-14   无井架液压滑模装置及工艺

1—天轮；2—限位开关；3—随升井架；4—悬臂桅杆；5—钢管斜撑；6—起重钢丝绳；7—柔性滑道；
8—安全栏杆；9—支承杆；10—提升架；11—液压千斤顶；12—辐射梁；13—内环梁；14—中心环梁；
15—调径机构；16—花鼓筒；17—悬索或钢筋拉杆；18—收分机构；19—花篮螺栓；20—滑升模板；
21—柔性安全卡；22—吊架；23—罐笼；24—外环梁；25—混凝土筒壁；26—安全网

表4-3-2   无井架液压滑模施工机具设备说明

序号	项 目	内 容
1	滑升模板系统	包括模板、围圈、提升架等
2	操作平台系统	包括操作平台、料台、吊脚手架、随升垂直运输设施等
3	液压提升系统	包括液压千斤顶、承杆、油管路及液压控制台等
4	施工控制系统	包括千斤顶的同步、烟囱轴线和垂直度等的控制与观测设施等

    C   烟囱特殊部位和附属设施的施工

烟囱特殊部位和附属设施的施工包括：（1）灰斗平台的施工；（2）爬梯与信号灯平台的施工；（3）其他设施施工：避雷设施的安装；纪念标志的施工；航空标志的施工。

4.3.2   特种构筑物施工风险源

水塔及烟囱的施工，其施工特点决定了施工过程中可能发生的危险因素，主要的危险因素发生在基础施工、高空作业、提升设备安装、拆除作业等阶段。

4.3.2.1   水塔施工风险源

（1）垂直升降系统。涉及高空作业及机械交叉作业。

（2）支筒施工。整个支筒过程存在的安全隐患贯穿其中。

（3）水箱提升。水箱的提升操作技术复杂且严谨，安全隐患大。

（4）设备的拆除。设备的拆除过程是施工过程中应高度重视的安全管理要点。

4.3.2.2 烟囱施工风险源

烟囱施工中面临着诸多安全问题，这不仅威胁着施工人员的人身安全，而且会影响火电厂的使用性能。导致烟囱施工出现安全事故的原因主要有两大方面：

（1）施工技术落后。在施工过程中运用了落后淘汰的工艺与设备，工程单位在没有对施工方案仔细审核的情况下盲目施工，未考虑结构设计特点和天气等风险因素导致意外事故的发生。

（2）缺乏有效监管。部分施工单位没有专业的工程资质；施工人员未经过专业认证培训，无证上岗；安全监管体系残缺，各项检查、技术交底、工作制度没有落实到实处；管理者安全意识薄弱，只重视工期、成本、利益而冒险作业。

4.3.3 特种构筑物施工风险控制措施

4.3.3.1 水塔施工风险控制措施

A 施工现场安全技术要求

（1）施工现场应视水塔高度及环境条件，在水塔周围划定安全区（不得小于 10m），设置护栏及明显标志。安全区内应规定安全通道，搭设坚固有效的安全防护棚。

（2）现场交通要道及各工作作业面应有足够的照明设施；操作平台上的照明应采用低压安全灯。

（3）随时掌握天气气象预报，如有恶劣气候或 5 级以上大风，必须停止高空作业。

（4）高空所用的动力电路，必须采用合格的橡胶电缆，各种电气设备的绝缘、接地必须良好，停止作业时应切断电源。

（5）在有外排毒气的厂房附近施工时，应对水塔施工操作平台上的有害气体浓度进行定期测定，超过国家有关卫生标准的规定时，应采取有效的防患措施。

B 垂直运输设备安全技术要求

（1）钢管井架：1）扣件式钢管脚手搭设的井架，其支承天梁的水平杆与立杆的连接采用双扣件，防止水平杆受力后下滑。2）严格按照施工设计的要求设置斜杆、剪刀撑、缆风绳及连墙杆，保证在搭设及施工过程中井架的稳定性。

（2）吊笼：1）为防止吊笼上升时发生"冒顶"事故，必须设置吊笼限位开关。2）吊笼起重钢丝绳必须具有足够的安全度。钢丝绳组装时应认真检查，如发现钢丝断丝，应立即更换。3）必须设置断绳保护装置，保护装置应可靠灵活。施工中应经常检查维护。4）导向滑轮安装方向要正确，防止钢丝绳掉槽。施工中应有专人经常检查滑轮工作情况及钢丝绳的磨损情况。5）吊笼必须装设紧急断电开关，卷扬速度限制在 35m/min，导索拉力控制在 4~6kN。6）卷扬机司机应与乘坐人员保持通信联系。7）吊笼不准人货同时混装，禁止超载运行。8）卷扬机地锚必须埋设牢固。卷扬机的传动和制动装置必须可靠。

（3）拔杆：1）拔杆应安装牢固，并加设缓冲绳，拔杆使用前应先进行试吊。2）吊装时设专人指挥，上下应密切配合；起吊时，拔杆下方严禁站人。

（4）吊脚手架。手扳葫芦的前进手柄与倒退手柄不准同时扳动；工作时严禁扳动松卸手柄，以防下滑。

C   支筒施工安全技术要求

（1）各种操作平台的脚手板必须坚固、严密，周围设置护栏及安全网。

（2）在支筒下部一定高度处预埋 $\phi 8mm$ 钢筋环，用于挂设安全网，安全网挑出 6m，周围应支设牢固，应能够承受 1.6kN 的冲击荷载。

（3）用倒链或手扳葫芦提升平台时，应尽量将平台及吊脚手内的材料用完，以减轻平台负荷。平台提升时，四角应同时同步提升。

D   水箱提升安全技术要求

（1）水箱正式提升前应进行试提升，将水箱提离地面 100～200mm，静止 12～24h，进行全面检查，一切正常后再正式提升。

（2）水箱提升时应做好以下检查：1）提升装置有无异常情况，连接螺栓有无松动现象。2）操作平台上以及水箱上面放置的料具有无偏载或超载情况。3）各组吊杆受力是否均匀一致，发现受力明显不均时应及时调整。提升中宜采用电阻应变仪等检测手段监测吊杆内力情况。4）现场有无其他设施影响水箱上升。5）注意观察水箱环梁与支筒间的空隙是否均匀，判断水箱的水平情况。

（3）水箱临时停止提升，或已提升到设计位置时，应在水箱环梁与支筒间用木楔塞紧，防止在风力作用下水箱晃动。

（4）提升操作人员应分工明确、责任落实，由专人负责统一指挥。

（5）水箱提升接近设计标高时，应减慢提升速度，精心进行调平。环托梁钢支架必须垫实焊牢。水箱校正、落实后，立即用木楔与支筒楔紧，并与钢支架焊接牢固，应留部分吊杆继续受力，直至环托梁混凝土达到设计强度，再拆除留下的这部分吊杆。

4.3.3.2   烟囱施工风险控制措施

A   烟囱施工中的安全

烟囱在火电站中有着十分重要的作用。但其施工安全也是火电站建设的一大难题。因烟囱施工属于高空作业，在施工时常由于人员操作、施工技术、工程方案等诸多因素而导致意外事故频频发生。为了确保烟囱施工安全、顺利开展，工程技术人员经过长期的考察研究制定了新型的烟囱施工技术。

电动升模技术在烟囱施工中的安全应用，经过业界专家鉴定认为烟囱施工采用电动升模具有巨大的优势，不仅安全性最高，而且质量好。具体表现在：作业连续、简单，对混凝土强度要求低；支撑杆由受压变成了受拉；在已凝固的混凝土上提升，不挠动混凝土平台，稳定性好；模板通过拆卸避免与混凝土产生摩擦力导致混凝土外观成型差；作业连续，施工进度较快。但在施工过程中需要注意相关控制，以保证施工操作能顺利完成。

（1）工艺体系结构设计。操作平台由 20 组辐射梁、鼓筒、内环梁三道、外环梁一道、平台板、吊架等构件组成传统刚性平台，每组辐射梁由 2×25 的槽钢构成，提升系统设计由 20 榀钢结构爬升架、提升支承丝杆、挂靴、驱动电动机、穿墙件组成。

（2）提升前的准备工作。

1）小扒杆安装和平台内外防护。扒杆规定起重量，吊钩设有封口保险装置，扒杆下方的平台栏杆采用等边角铁加固，使用时，吊物设有溜绳，下方严禁站人。平台及吊架下方及内外侧均设置了全兜式安全网，并随筒壁升高及时调整，使其紧贴筒身内外壁。

2）各类检查和负荷试验。检查辐射梁的变化、电气系统绝缘、吊笼减速机指示灯、通信联系是否畅通、避雷针接地、斜拉索是否均匀受力、操作平台上荷载是否均匀等。

（3）提升装置拆除。

1）拆除前，清理平台上的多余物件、工器具，检查安全网及各受力点的情况，拆除所用的绳扣、钢丝绳、链条葫芦等；全面检查合格后方可使用。

2）拆除期间，在烟囱外划出危险区，做围栏防护挂警示牌，安排专人警戒监护。

3）外钢圈拆除时，将安全网摘下，放在顶层信号平台内，并将安全网用抱杆运到地面。外钢圈分段拆除，并用抱杆运下。

（4）钢内筒顶升。

1）提升千斤顶的总起重能力系数必须达到起重能力储备系数；钢绞线的安全系数必须满足其最大负荷；钢内筒承重锚安装中心与千斤顶的中心在同一垂线内，控制钢绞线的偏移铅垂线的角度小于3°。

2）进场所有设备进行出厂检验，提升前对提升装置的液压系统、电路系统、夹具系统、控制与显示系统及钢绞线进行全面细致检查并记录于表。

（5）其他控制重点。

1）信号平台与爬梯安装。筒身外相邻操作架下端之间铺设木跳板，使筒身外一周形成一个随平台同步提升的外挂吊台。安装人员应正确佩带和使用攀登自锁器，将自锁器挂在操作架或安全尼龙绳上。安装走道板人员必须采用双重保护，且设专人监护。

2）航空色标涂刷。吊篮提升钢丝绳要求满足安全系数，受力连接点绳卡不少于7个，分吊点连接采用绳扣和卡扣连接。吊篮使用前必须经过详细的安全技术交底，并在地面做好负荷试验，合格后才允许使用。

烟囱施工是电建施工中危险性较高的施工之一；做好烟囱安全管理工作，必须从施工方案入手，规范化实施安全操作规程和各项安全检查制度，要求做到严格把关，从管理上建立一套完整的监督、检查验收机制，从而保证安全管理目标的顺利实现。

B　烟囱提升装置拆除作业的安全技术要求

烟囱是电厂的主要标志性建筑之一，因其结构高耸，影响面大，普遍引起现场技术、管理人员的重视。烟囱提升装置拆除作为烟囱施工中最危险的施工环节，更是电厂建设过程中，施工安全的控制重点；如何安全、可靠地完成烟囱提升装置拆除作业，是摆在电厂建设者面前一道经久不变的课题。总结以往的施工经验，对烟囱提升装置拆除作业的施工安全技术总结如下：

a　施工方案

烟囱施工使用的提升装置主要由井架和施工平台、电气控制系统、电动提升系统、垂直运输系统、模板、井架斜拉杆、操作系统七部分组成。其中电气控制系统、电动提升系统、操作系统等在烟囱到顶后，按照常规方法进行拆除，剩余部分主要包括鼓圈、辐射梁、中心井架、井架斜拉杆、辐射梁斜拉索及卷扬机系统。

（1）拆除的施工顺序。烟囱操作平台杂物、机具清理→双滚筒卷扬机的钢丝绳、吊笼轨道绳拆除→辐射梁拆除→井架拆除→鼓圈拆除→吊索拆除→地面设施及卷扬机的拆除。在电动提升系统开始安装之前应对各钢构件、卷扬机（特别是传动装置、抱闸）、吊笼、电盘柜、各种绳索、钢丝绳、天地轮、导向轮、钢丝绳扣等进行全面检查验收，并做好相关记录。

（2）支模、拆模平台清理及拆除。首先将拆模平台、支模平台的杂物、机具清运到0m。接下来就是要将支模、拆模平台下降到0m地面。支模平台、拆模平台下降依靠两台双滚筒卷扬机进行。施工时要尽可能地减轻平台自重，然后将两个吊笼提升到筒顶，将所吊平台上均匀布置4根吊绳。吊绳下端与平台捆绑牢固；吊绳上方挂在两个吊笼上（每个吊笼挂两根吊索）；提升吊笼，使原平台吊索松劲。摘开0m处原提升平台所用的倒链；同步下降两吊笼，把挂在吊笼上的支模平台、拆模平台运送到地面上。当支模平台、拆模平台降到0m地面时，组织有关施工人员及时对其进行拆卸，将各部件运出烟囱，然后再利用吊笼钢丝绳将支模、拆模平台所用的钢丝绳吊送到地面上。

（3）双滚筒卷扬机的钢丝绳、吊笼轨道绳的拆除。双滚筒卷扬机的钢丝绳、吊笼轨道绳拆除时，其中一侧滚筒上安装原小扒杆中的钢丝绳用于构件吊运。在中心井架上合适位置挂开口滑子，吊绳穿过滑子；吊绳端部挂不低于200kg的配重。

（4）辐射梁拆除。辐射梁拆除前，为保证辐射梁拆除后中心鼓圈的稳定，在筒顶预埋6个吊环，并在其上各挂一个3t倒链，另一端用绳套绑牢均匀分布挂在中心鼓圈的底部。将各个倒链同步均匀带紧（只需略有载荷，不需完全带紧）。井架上方2m处同样用6根钢丝绳与筒顶的预埋吊环连接并适当带紧。先拆除辐射梁，辐射梁应均匀对称拆除。辐射梁拆除时，先将吊钩配重提升到中心鼓圈底部平台位置，将吊索用卡子固定在中心井架上，使其不能凭借自重而自动脱落出滑车；卸掉配重时，应将卸掉配重的钢丝绳吊钩拖起到平台上，并挂在已捆绑好的所要拆除辐射梁上。采用小扒杆钢丝绳通过悬挂于井架上朝向起吊构件的开口滑车与辐射梁吊点相连接。检查捆绑牢固可靠后，将井架上的吊绳固定点松开。施工人员将辐射梁斜拉索解开，提升吊点，使辐射梁绕与中心的连接轴转动到垂直位置。在靠近该梁的吊环上挂倒链，与井架约2.5m高度拉紧；保证辐射梁拆除后井架的稳定性。将该辐射梁与中心鼓圈连接点的钢销抽出，继续提升吊点，使该梁与中心鼓圈脱离；继续下降构件吊运到0m地面。运输到0m地面的构件要摆放整齐稳固，支设斜撑，防止梁倾倒砸伤施工人员。第一件辐射梁拆除完毕后，按照拆除顺序编号示意拆除下一构件，其方法相同，直至所有辐射梁拆除完毕为止。

（5）井架拆除。辐射梁全部拆除完毕后，开始进行井架拆除工作。首先将双滚筒卷扬机吊绳从天轮上摘下，固定在中心鼓圈上；其后将天轮安装在中心鼓圈顶部，重新将吊绳挂好，使吊笼能够提升到中心鼓圈底部，便于小构件的垂直运输。将井架与预埋吊环托接点以上的井架构件拆除，并用吊笼将拆下的构件运输到地面，然后拆除井架上的托接点，再拆除井架的剩余部分。

（6）中心鼓圈拆除。井架拆除完毕后，在筒壁南北的两个预埋吊环上挂5t开口滑车，将双滚筒卷扬机的南北两个滚筒上的吊绳分别对应穿入这两个滑车，注意在从天轮上摘下吊索时要先将吊索头留出足够长度使其足以挂在筒壁滑车上，再将吊索与鼓圈卡牢，防止其脱落。将穿过滑轮的吊绳挂在中心鼓圈高度中间偏上的位置，松开中心鼓圈的吊索卡接点，提升卷扬机，使吊索受力，再将吊环上的倒链同步卸载至可拆除，然后将倒链全部拆除，使中心鼓圈全部荷载作用在吊绳上。下降卷扬机，将中心鼓圈缓慢地运至0m地面。

（7）吊索拆除。为保证吊索不因从高处摔下而受损坏，吊索拆除前先将其两个绳头上（按照钢丝绳插接方法）各插接35mm麻绳500m，插接长度不小于350m。每个绳头设6个壮工拖住麻绳，提升卷扬机，用钢丝绳将麻绳带过筒顶滑轮，利用麻绳将钢丝绳缓慢送到地面，钢丝绳送到地面后，拖拉麻绳的人员可以松开麻绳，用卷扬机将麻绳通过滑轮送到地面。

（8）地面设施及卷扬机的拆除。高空设施作业完毕后，将防护设施、卷扬机及卷扬机棚等设施拆除。卷扬机利用25t汽车吊和平板运输车运输到指定场地。以上工作施工完毕后，将场内建筑垃圾清运出现场。

b　安全注意事项

（1）所有施工人员均需体检合格，经过三级安全培训后，持证上岗。进入施工现场正确使用安全防护用品，高空作业扎好安全带，安全带要挂在上方安全可靠处。无悬挂点的要使用速度控制器。

（2）施工人员必须进行安全、技术交底，使每个施工人员明白自己所承担的工作和周围环境的安全状况。

（3）拆除过程中统一联系信号，总指挥人员应确定，且步调一致，所有人员必须坚守岗位、听从指挥、认真负责，顺利完成提升装置的拆除工作。

（4）提升系统、卷扬机系统的操作必须由专人操作，操作人员必须有国家资格证书，持证上岗。

（5）参与施工人员必须身体合格，坚决杜绝不适于高处作业人员参与施工（如高血压、低血压、心脏病、精神病等）。

（6）提升系统拆除工作均安排在白天进行，严禁夜晚作业。若遇4~5级以上大风、雾天、雨天，必须停止一切作业，以保证施工人员人身安全。

（7）各特种作业人员必须持证上岗。

（8）在拆除过程中，卷扬机、钢丝绳、天地轮、导向轮，要多次换位，且要固定在不同的标高，因此每次更换工作完毕后，下一道工序施工前，要由专人检查确认正确且牢固可靠后，方可通知施工。

（9）严禁施工人员酒后作业。拆除井架时，下部设警戒区域，设监护人。

（10）整个施工中通信设备应备齐，保持通信畅通，保证指挥灵便。

C　钢烟囱气顶施工安全保证措施

电力工程中烟囱大量采用钢内筒，钢内筒施工一般采用气顶倒装及液压提升倒装工艺。内筒施工过程中的安全因素越来越重要。

a　气顶倒装法原理

气体在密闭容器内，气体压强在容器任何部位均相等，而当处于正压时，气顶有使其容积扩大的趋势，运用这一特性创造了钢内筒气顶倒装法施工工艺。

b　气顶施工安全管理措施

（1）施工前，由施工员、安全员对班组进行安全交底，并履行书面交底手续。

（2）施工操作人员应持证上岗，现场作业人员应正确使用安全防护用品，佩戴相应的劳保用品。

（3）施工现场应保持整洁，做到"工完、料尽、场地清"，坚持文明施工。

（4）坚持安全生产宣传教育制度，使各级人员真正认识到安全生产的重要性，真正掌握安全生产、文明施工的科学知识，自觉遵守各项安全生产法令和规章制度，增强自我保护能力，确保施工安全顺利。

（5）坚持每日例会制度，对施工人员加强班前班后安全教育及总结，使每一位施工人员都养成安全施工的习惯。

c 施工用电安全措施

（1）在现场配备一台柴油发电机备用，如遇停电立即启动，保持气压正常和各项工作连续。

（2）施工配电箱开关闸刀的外壳应完整无损，露天的应带有防雨罩，并且应设警告牌，所有的电器机械应装有漏电保护器。

（3）夜间施工必须有足够的照明并应有专职电工值班。

d 通风排烟安全措施

（1）专人对作业场所进行监控，将有害气体及易燃、易爆气体控制在国家环境保护规定的范围；同时为职工配备防止有毒、有害气体的特殊劳动保护用品。

（2）为了排除钢内筒与底座之间焊接过程中产生的烟气，防止焊接人员发生中毒，在钢内筒与气顶底座之间布置两条通风管道，通风管道一头与风机相连，另一头通进钢内筒与气顶底座之间，通过风机将密闭空间内产生的焊接烟气排出去，使新鲜空气补充进来。

e 纠偏止晃安全措施

当筒体上部顶升高度超过抗摆架标高时，在钢平台上靠近筒体外壁均匀设置 4 个止晃导向轮，顶轮紧贴筒体外壁随筒体上升而滚动，通过转动止晃导向轮后部的螺栓丝杆调节止晃导向轮的前后伸缩，从而实现校正或限制筒体顶升过程中出现的倾斜。

f 顶升施工安全措施及注意事项

（1）在顶升之前，首先向打开空压机的储气罐内储气，当储气罐气压达到 0.5 ~ 0.7MPa 时，方可对钢筒进行进气阀操作，在充气阶段要保证储气罐内有不低于 0.3MPa 的气压。

（2）阀门操作人员应由专人负责，在顶升及稳压过程中不得离开操作台，在组拼焊接过程中，应对管道、阀门、仪表进行检查，发现异常情况应及时处理。

（3）起重工在钢内筒到达每层平台前，应在平台上进行起重指挥，防止内筒与平台碰撞；每一作业班组施工时，起重工、信号工、卷扬机操作人员应固定，保证指挥统一，协调有序。

（4）在顶升过程中，应派人巡视各层平台上的止晃点，防止加固圈预留部位与止晃点碰撞，导致筒体倾斜。

（5）现场各种起重机械，应由专人负责，其他人员不得私自开动空压机、卷扬机、电动葫芦、阀门等。

（6）在钢筒内部有人操作时，必须保证两台风机正常运转，空气流通。

D 烟囱爆破施工安全管理

烟囱拆除爆破技术具有安全、经济、快速的特点。被爆烟囱倒塌时间迅速，对周围环境只是瞬间的影响，不安全因素集中，便于防范。与人工拆除相比，爆破拆除在施工安全、施工效果、环境影响程度方面优势明显。定向爆破拆除烟囱时，大多数失败的情况都是由于设计不当、施工人员疏忽造成的，假若烟囱爆破瞬间偏离预定倒塌方向，或者出现被爆烟囱倾而不倒，则会对周围环境构成很大威胁，甚至造成严重后果。

a 施工前的安全保障

(1) 重视现场勘查。详细、专业的施工现场勘查是编制严密可靠的烟囱拆除爆破方案的前提。

(2) 安全可靠的爆破方案。如果爆破方案选择不当，或者爆破设计出现误差，将会造成严重的损失，因此，必须一丝不苟地精心设计施工方案。

(3) 优良的施工设备、施工队伍，良好的施工机械是爆破工程得以顺利进行的保障。

b 施工中的安全控制

(1) 详细的技术安全交底。对于每一次烟囱拆除爆破工程，安全技术交底都是十分重要的，每个烟囱、每次爆破都有其技术特点，在施工之前须组织全体施工人员了解被爆破烟囱的特点以及周围环境状况，知道设计方案要求的施工技术措施、施工中应注意的安全要点，知道所要采取的预处理方法、所采用的安全防护措施，知道施工工艺的先后顺序、施工中的技术要点、施工人员组织分工与职责等。

(2) 科学组织施工管理。科学的施工管理、严格的过程监控对烟囱拆除爆破的施工安全有着极其重要的意义，甚至决定了爆破工程的成败。由于烟囱拆除爆破工期短、时间紧、人员少、任务重，很多时候交叉作业，因此，有组织的施工管理和严格的过程监控是保证烟囱爆破顺利完成的重要环节。短期烟囱爆破工程大部分雇佣民工，人员更换频繁，人员技术高低不一，在人员分工时要因人而异，按优分配。确保爆破安全，爆破作业人员的作用是最重要的，在施工中技术员严格监控施工过程，对施工作业责任心不够，施工流程不熟悉的工人及时调整教育，以避免失误操作带来的安全隐患。

(3) 技术安全跟踪控制。施工安全控制贯穿于爆破作业的全过程。施工设计人员是整个烟囱爆破作业中的核心人物，设计员应当对施工全过程实时监控，及时掌控施工作业中出现的问题，更全面地掌握被拆除烟囱的特点，并根据现场跟踪了解的情况及时调整爆破方案。

(4) 规范安全保障措施。爆破烟囱周边环境大多较为复杂，有效的安全防护措施可以降低爆破危害，减少爆破工程中不必要的成本。在爆破施工中合理科学的安全保障措施包括设立安全警示标志、安全应急预案、安全警戒方案、安民告示、爆破器材安全管理记录、施工难点重点反馈记录，每日安全会议记录等。

c 保证爆破后的安全

爆破后要进行安全检查，检查的主要内容有：爆破效果、爆破对周边环境的影响情况、爆破危害监测数据收集、有无盲炮残药、爆破倒塌方向精确度等。检查人员应由具有丰富实际工作经验的爆破员担任。对检查时发现的问题及时上报，以便尽快采取解决措施，排除安全隐患，以保障社会生活的正常进行。

d 烟囱爆破施工重点注意事项

(1) 预处理。预拆除是在保证烟囱稳定的条件下，预先拆除烟囱周围影响烟囱倒塌的相关建筑构造物，预先拆除与烟囱相连接的附属结构及施工烟囱的定向窗，避免周边附属结构对烟囱倒塌造成影响。预拆除的时候必须保证烟囱的筒身稳定，施工人员必须对烟囱筒身实施监控，对影响烟囱倒塌和施工的建筑要全面清除并保证烟囱周边环境的安全。开设定向窗，在烟道口反向时要注意砌堵烟道口，一定要保证砌堵质量，钢筋混凝土烟囱预处理时要割断前后侧加密钢筋。

（2）内衬烟道口的处理。爆破有内衬的烟囱要重视内衬的处理方法，内衬处理不当可能会导致烟囱爆破失败。烟囱内衬厚度在 6~12cm 时，可预先抠除定向窗部位，如果工期不允许、内衬强度较大，可采用风镐凿出 6cm×6cm×12cm 大小的空槽，使用裸露爆破法与烟囱主体同时爆破。烟囱内衬在 12cm 以上时，必须施工钻孔并与烟囱主体同时爆破。烟囱烟道口不在定向窗范围内时，需要对烟道口实施砌堵，砌堵强度要达到设计要求，避免爆破时烟囱倒偏或者出现后座现象。

（3）施工联网技术。起爆网路是保证爆破安全和效果的基础，联网作业由方案设计人员亲自进行，联网后要认真检查起爆顺序是否合理，孔内雷管段和每段起爆孔数是否与设计相符。有内衬的烟囱在采取毫秒延时爆破时，要检查延时顺序，避免大意出错。

4.4　道路工程施工安全管理

4.4.1　道路工程施工概述

4.4.1.1　道路工程施工简介

道路断面图如图 4-4-1 所示，道路工程施工一般流程如图 4-4-2 所示。

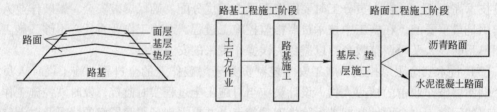

图 4-4-1　道路断面图　　　　　图 4-4-2　道路工程施工一般流程

道路的结构组成：主要包括路基和路面两个主要方面。

路基的基本形式：（1）路堤；（2）路堑；（3）半填半挖路基。

路面的基本结构：（1）垫层；（2）基层；（3）面层。

道路按面层所用的材料划分：（1）水泥混凝土路面；（2）沥青路面；（3）砂石路面。

道路工程的主要施工内容：包括土石方作业、路基和路面铺筑、排水与挡土墙等构筑物施工等；通常采用人工、机械、水力、爆破等多种方法进行。

路基的土石方施工主要内容：（1）路堑开挖。根据现场施工条件采用不同的方案进行开挖，如横挖法、纵挖法和混合法等。（2）路堤填筑。主要有分层填筑法、竖向填筑法。（3）路基碾压。

石方开挖：山区岩石路堑的开挖，除软石和强风化岩石外，大都采用爆破方法。

石方开挖的其他方法：（1）松土法开挖。该法充分利用岩体自身存在的各种裂面和结构面，用推土机牵引的松土器将岩体翻碎，再用推土机或装载机与自卸汽车配合，将翻松的岩块搬运出去。（2）破碎法开挖。这是一种用破碎机破碎岩块的方法，凿子装在推土机或挖掘机上，利用活塞的冲击作用，使凿子产生冲击力，进而达到破碎岩块的目的。

A　底基层和基层施工

（1）嵌锁型碎石。用粒径较单一的轧制碎石作主骨料，通过碾压形成嵌锁作用，并以石屑嵌缝后组成嵌锁型碎石层。

干法施工工序：1）摊铺粗碎石；2）初碾；3）摊铺填隙料；4）复碾；5）再次摊铺石屑填隙料；6）再次用振动压路机碾压，在碾压过程中找补填隙料不足处，铲除或扫除多余的填隙料；7）终碾。

湿法的施工工序前6步与干法一样；在碎石层表面孔隙全部填满后，立即用洒水车洒水，直到饱和；再用12～15t三轮压路机紧跟在洒水车后进行碾压，直到细料和水形成粉浆为止。

（2）级配碎石。由粗、细碎石集料和石屑或者粗、细砾石集料和砂按一定比例组成的混合料称为级配碎石或级配砾石。

施工方法：级配碎石的施工关键是均匀拌和和充分压实；拌和有路拌和厂拌两种方法，一般，厂拌混合料要比路拌混合料均匀。

路拌的施工工序为：1）用人工或平地等机具摊铺集料；2）采用稳定土拌和均匀的混合料按规定路拱横坡进行整平和整形；3）采用平地机对拌和均匀的混合料按规定路拱横坡进行整平和整形；4）用12t以上的三轮压路机、振动压路机或轮胎路碾进行碾压。

厂拌法施工时，由拌和中心站用机械（如强制式、自落式或卧式拌和机等）对混合料进行集中拌和。拌和均匀的混合料运到工地后，进行摊铺、整平和碾压。

（3）无机结合料稳定粒料或土。将一定剂量的无机结合料（水泥、石灰、石灰-粉煤灰）掺入碎砾石混合料或土，在合适的含水条件下经拌和、摊铺、压实和养生后，可成为具有较高后期强度，整体性和稳定性均较好的路面结构层。

施工工序：1）摊铺；2）拌和（厂拌时为拌和和摊铺）；3）整平；4）碾压；5）养生。

B 沥青面层施工

沥青面层分为沥青表面处治、沥青贯入碎石和热拌沥青混合料三种，它们分别采用不同的施工方法铺筑。

（1）沥青表面处治是沥青和碎石分层洒布（撒布），或拌和摊铺后通过碾压成型的。施工方法有层铺法、路拌法；这里主要以层铺法为例。层铺法：在透层沥青充分渗透，或者已作透层或封层并已开放交通的基层清扫干净后，浇洒第一层沥青；紧接着用集料撒布机撒布第一层集料，并应及时扫匀，达到全面覆盖一层，集料不重叠，也不露出沥青；撒布集料后，不必等全段撒布完，立即用6～8t双轮压路机碾压3～4遍；铺筑双层式或三层式表面处治时，第二层或第三层的施工方法与第一层相同，但它可采用8～10t压路机。

（2）沥青贯入碎石是将沥青贯入压实碎石层的孔隙内形成的。施工工序按下述步骤进行：1）撒布主层集料；2）采用6～8t双轮压路机进行初碾，至集料无明显推移为止，再用10～12t压路机碾压4～6遍，至集料嵌锁稳定无显著轮迹为止；3）浇洒第一层沥青，浇洒温度根据沥青标号和气温情况选择；4）均匀撒布第一层嵌缝料，并立即扫匀；5）用8～12t压路机碾压4～6遍，直到稳定为止；6）浇洒第二层沥青，撒布第二层嵌缝料，然后碾压，再浇洒第三层沥青；7）撒布封层料；8）最后采用6～8t压路机碾压2～4遍。

（3）热拌沥青混合料是将沥青和碎石拌和摊铺、碾压而成。

施工过程包括混合料的拌制、运输、摊铺和压实成型四个阶段。

C　水泥混凝土路面面层施工

水泥混凝土面层的施工包括下列主要工序：拌和；运输；摊铺；振捣或压实；表面修整，养生；接缝锯切、填封；筑做表面构造。

施工方法：按混凝土摊铺和压实采用的方法和机械不同，混凝土面层的施工可分为五种方法。

（1）小型机具施工。施工流程如图 4-4-3 所示。

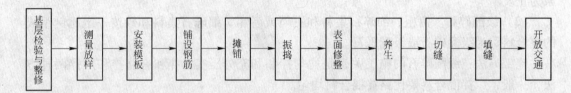

图 4-4-3　小型机具施工流程

（2）轨道式摊铺机施工。人工设置模板，利用主导机械（摊铺机、拌和机）和配套机械（运输车辆、振捣器）的组合。

（3）滑模式摊铺机施工。铺料、振捣、挤压、整平、设传力杆等全套组合，机器经过形成规则成型的路面。

（4）平地机摊铺和压路机碾压，采用类似于铺筑水泥稳定粒料的方法施工。

（5）摊铺机摊铺和初步振实，压路机进一步碾压。

D　道路工程其他施工内容

道路工程其他施工内容包括软土路基地基加固处理施工，桥、涵背填土施工，路基排水设施施工，路基坡面防护施工和挡土墙施工等内容，这里就不做深入的阐述。

4.4.1.2　道路工程施工特点

道路施工与一般工业生产和其他土建工程施工（如房屋建筑）不同，有着它本身的一些特点。道路工程是线形建筑物，施工面狭长，流动性大，临时工程多，施工易受其他工程和外界的干扰，施工管理工作量大。

（1）道路施工系野外作业，受水文、气候、地质、地形地貌等自然条件的影响很大。

（2）高等级公路工程的施工与一般公路工程的施工相比，还具有如下特点：

1）填挖高度增加、深挖或高填地段多，一般都在 4～5m 以上，有的路段可能达到 10m 以上，因此对施工的稳定性、合理性要求较高；同时对填料的性质、含水量、压实度等指标的要求也相应提高，取土、弃土的矛盾较突出，借土或弃土的数量增大。

2）工程地质情况复杂，特殊地质条件的路基较多，如滑坡体、泥石流及稻田、水库、软土地基等情况。

3）在工程施工中要求采取特殊的施工工艺。

4）路线中的桥涵和通道等特殊工程多，给施工增加了困难。

5）施工机械化程度高，各种新工艺、新材料、新技术得到广泛应用。

6）征地、拆迁工作量大，占用耕地多，涉及面广，施工干扰多，施工中的横、纵向协调工作量大，而且困难。

7）配套设施多，如护栏、停车场、休息区、服务区、收费站及环保设施等。

4.4.2 道路工程施工风险源及安全策划重点

4.4.2.1 道路工程施工风险源

道路工程施工，其施工过程决定了可能发生的危险因素，主要的危险因素发生在路基施工过程中的拆除作业及土石方作业，路面工程过程中的沥青及混凝土浇筑时的机械危害，本节基于某工程的风险源辨识结果来分析和认识施工过程中的风险源，见表 4－4－1。

表 4－4－1 某道路工程施工过程风险源

序号	作业活动/工序/部位	危害因素	可能导致的后果	事故类别	控制措施
1	拆除作业	未按要求、蛮力施工	物体打击、人员伤害	高空坠落、坍塌	对于拆除难度大的项目进行施工组织设计及安全防范
		对废弃线未及时截断电源	人员触电伤害	触电	拆装前对现有管线进行摸排和进行相应的防护
2	土方工程	突降暴雨，土方失稳	土体坍塌造成机械倾覆，人员伤亡	坍塌	对于不良作业天气应视天气情况，停止施工
3	石方工程	凿设炮眼时人员操作不当	人员伤害	物体打击	对工人进行相应的教育及防护
		火药因操作不当突然爆炸	人员伤害、灼烫等	爆炸	对于爆破工作应由专门的爆破人员进行操作，且有安全防护装置
4	沥青作业	防护欠缺	人员伤害	灼烫	做好人员防护及教育
		人员沥青过敏	人员伤害	沥青中毒	做好人员健康及疾病检查，对人员进行筛选
5	机械摊铺	施工机械对人体造成碾压及碰撞	人员伤害	机械伤害	机械施工须有专门的安全员在场进行指挥和疏导

4.4.2.2 道路工程施工安全策划重点

（1）拆除作业安全。

（2）土方工程安全。

（3）石方工程安全。

（4）沥青混凝土面层施工过程中的施工安全。

（5）水泥混凝土面层施工过程中的施工安全。

4.4.3 道路工程施工风险控制措施

4.4.3.1 路基工程施工安全管理一般规定

（1）工程开工之前，项目经理部应编制实施性施工组织设计，制定相应的安全技术措施。危险性较大的工程按要求编制安全专项方案。

（2）项目总开工、分部分项工程开工前，应进行安全生产条件检查，履行相应的程序，不具备安全生产条件的不得开工。

（3）开工前，项目经理部应根据建设单位提供的施工现场及毗邻区域内水、电、气、通信等地下管线资料进行复查，并在沿管线外相距 1.0m 处做好标志，必要时应采取保护或加固措施，确保施工过程的安全。

（4）施工现场必须做好运输车辆、机械设备的交通安全工作，保证畅通。场地狭小，行人和运输繁忙的路段应设专人指挥交通。

（5）大型机械进场前，应查清所通过道路、桥梁的净宽和承载力是否满足要求，必要时应予以拓宽和加固。

（6）筑路机械在施工现场行驶时，应遵守现场限速等交通标志的规定，轮胎式的机械在公路上行驶时，必须遵守机动车的有关规定，履带式的机械不得在公路上行驶。

4.4.3.2　拆除作业安全

（1）拆除前，要将与拆除物有连通的电线，水、气管道切断，并在四周设安全警戒线、安全护栏、警示标志。

（2）拆除作业应从外到内，从上到下，禁止交叉作业。

（3）拆除建（构）筑物高度超过 2m，坡度大于 25°时候，应该搭设结构脚手架，施工人员佩戴安全绳。

（4）上部拆下物料应从溜放槽中溜放，较大物件应设吊绳，不准乱投。

（5）拆除房屋时，应戴安全帽，穿防刺的硬底防滑鞋，严禁吸烟和使用明火。

（6）采用拉倒法的拆除作业中，大绳必须完好，并划定警戒线和设置警戒人员。

（7）拆除墙身时，禁止几面墙同时拆除，要分向，依次拆除；拆除作业必须在墙外进行。

4.4.3.3　土方工程安全

（1）挖掘土方必须自上而下顺序放坡进行，严禁采用挖空底脚的操作方法。开挖作业人员必须保持足够的安全距离，横向间距不小于 2m，纵向间距不小于 3m。

（2）高陡坡施工，作业时必须遵循下列规定：

1）必须佩戴安全帽、安全带。

2）边坡开挖中如遇地下水涌出，应先排水。

3）开挖工作应与装运作业面相互错开，严禁上、下双重作业。

4）弃土下方和有滚石危险的区域，应设警告标志，下方有道路时，作业时严禁通行。严禁在危石下方作业，休息和存放机具。边坡上方有人工作时，边坡下方不准站人。

5）清理路堑边坡上突出的块石和整修边坡时，应从上而下顺序进行，坡面的松动土、块石必须及时清除。

6）高边坡开挖时，要有专职人员对上边坡进行监视，防止上部塌方和物体坠落。

（3）施工中发现山体滑动，塌方迹象危及施工安全时，应暂停施工，撤出人员和机具，并报上级处理。

（4）滑坡地段开挖，应从滑坡两侧中部自上而下进行，严禁全面拉槽开挖，弃土不得堆放在主滑槽内；开挖挡墙基槽也应从滑坡体两侧向中部分段跳槽进行，并加强支撑，及时砌筑和回填墙背。

（5）在落石与岩堆地段施工，应在清理危石并设置拦截设施后进行开挖。坡面上的松动石块应随挖随清除。

（6）泥沼地段施工，应特别注意预防人、机下陷。

（7）沟槽（坑）回填时，必须在构筑物两侧对称回填夯实。

4.4.3.4　石方工程安全

（1）选择炮位时，炮眼口应避开正对的电线、路口和构造物。

（2）凿打炮眼时，坡面上的浮岩危石应予以处理。

（3）凿眼所用的工具盒机械要详加检查，确认完好。

（4）严禁在残眼上打孔。

（5）用人力冲击法打松软岩眼时，应清理现场的障碍物。双人、多人冲钎时，应动作协调一致。

（6）人工打眼时，使锤人应站立在掌钎人的侧面，严禁对面使锤。

（7）机械打眼，宜采取湿式凿岩或带有捕尘器的凿岩机。凿岩机支架要牢固，严禁用胸部和肩头紧顶把手。风动凿岩机的管道要顺直，接头要紧密，气压不应过高。电动凿岩机的电缆线宜悬空挂设，工作时应注意观察电流值是否正常。

（8）空压机必须在无荷载状态下启动。

（9）作业人员在保管、加工、运输爆破器材过程中，严禁穿着化纤服装。

（10）已装药的炮孔必须当班爆破，装填的炮孔数量应以一次爆破的作业量为限。

4.4.3.5　防护工程安全

（1）边坡防护作业，脚手架必须落地，严禁采用支挑悬空脚手架。

（2）砌石作业必须自下而上进行，护墙砌筑时，墙下严禁站人。

（3）抹面、勾缝作业必须先上后下，不得上面砌筑，下面勾缝。

（4）严禁在坡面上行走，上下必须用爬梯。架上作业时，架下不准有人操作或停留。

（5）在道路边防护作业时，必须设置警戒标志。

4.4.3.6　软基处理

以下措施适用于砂垫层、塑料排水板、碎石桩、粉喷桩、湿喷桩、静压（打入）桩、强夯等软基处理施工过程的安全管理。

（1）粉喷桩、湿喷桩、静压（打入）桩、强夯等软基处理工程须编制安全专项方案。

（2）软基处理施工前，应对施工机械、桩锤及附属设施进行安全性能检查；静力压桩机、强夯机等设备具有起重作业功能的，应按照规定进行检测持有合格证。

（3）施工人员在各类搭设机架上作业时，应符合《建筑施工高处作业安全技术规范》（JGJ 80—91）的有关规定。

（4）软基施工作业现场应按规定设置警戒区，警戒区周围醒目处应设置"施工重地，闲人免进"、"注意安全"等警示标志。

（5）启动振动锤或振冲器前应发出警示信号，其他作业人员应撤至安全区域。

（6）振动锤的电缆线，宜采用悬吊方式。易磨损的部位应采用耐磨绝缘材料进行包扎防护，并定期检查。

（7）深层拌和处理机就位后应将机架摆放平整、稳定，并采取制动措施，深层拌和处理机移位时应关闭电源，并由专人看护和移动电缆线。

（8）喷浆作业时，应注意压力表变化，出现异常时，应停机、断电、停风，并及时排除故障。故障处理结束，在开机送风、送电之前，应通知有关作业人员，防止有人处于危险位置而因突然开机受到伤害。作业区内严禁在喷浆嘴前方站人。

（9）静力压桩机作业前，应检查并确认各传动系统、起重系统及液压系统等运转良好，各部件连接牢固。作业时，应有专人统一指挥，压桩人员和吊桩人员应密切联系，非工作人员应离机 10m 以外。

（10）强夯机作业前，应对强夯机械的门架、横梁、脱钩器等主要结构和部件的材料及制作质量进行检查，满足设计要求。

（11）强夯施工警戒区的警戒范围应通过试夯确定，但不得小于起重机吊臂长度的 1.5 倍。夯击时，作业人员应撤至安全区域。

（12）修理夯锤或清理夯锤通气孔时，应将夯锤平放于专用支墩上，不得在吊起的夯锤下方作业。

（13）强夯机变换夯位后，应重新检查支腿，确认稳固后再将锤提升 0.1~0.3m，检查整机的稳定性，符合要求后方可重新作业。

4.4.3.7 填方路基

（1）土方运输车辆的技术性能应符合安全运输要求，车辆要具备有效的行驶证，驾驶人员要持有与驾驶车辆相符的驾驶证。

（2）项目经理部须在易发生机械伤害的场所、主要出入口等位置，设置"当心机械伤人"、"前方施工减速慢行"等明显的安全警告标志和安全防护设施。

（3）操作人员作业前应检查机械设备四周的环境，必须确认机械设备前后、左右无障碍物和人员时才能启动。

（4）自卸式运输车辆必须按规定吨位装载，不得超载、超高。卸料起斗时，应检查上方是否有架空线路，防止刮断；翻斗内严禁载人。

（5）两台或两台以上推土机并排作业时，两机刀片之间应保持 0.2~0.3m 间距。推土机前进时必须以相同速度前行；后退时，应分先后，防止互相碰撞。

（6）平地机作业时，刮刀的回转与铲土角的调整以及向机外倾斜都必须在停机时进行。在公路上行驶时，应遵守道路交通规则，刮刀和松土器应提起，刮刀不得伸出机侧，速度不得超过 20km/h。在坡道停放时，应使车头向下坡方向，并将刀片或松土器压入土中。

（7）现场多种机械在同一作业面作业时，前后间距应不小于 8.0m。左右间距应大于 1.5m。

（8）两台以上压路机同时作业，其前后间距不得小于 3.0m；在坡道上纵队行驶时，其间距不得小于 20.0m。

（9）路基填筑时，机械设备与路基边缘的操作宽度不小于 0.3m，高填方时应有专人指挥。

（10）路基填筑时，遇不良地质应加强路堤稳定观测，发生失稳时应停止施工。

4.4.3.8 挖方路基

（1）遇有不良地质条件下，有潜在危险的土方、石方开挖工程以及爆破工程，须编制安全专项方案。

（2）施工前应做好挖方路基的排水设计，完善排水设施，施工过程中应加强对排水设施的检查，确保排水通畅。

（3）施工过程中，应根据开挖情况随时进行地质核查，并对路堑边坡稳定性进行监测，采取措施保证边坡稳定。

（4）土方开挖应自上而下进行，不得乱挖超挖，严禁掏底开挖。遇有高边坡开挖时应分级开挖，边开挖边防护，并加强监测及时预警。

（5）开挖石方时，开挖工作面应与装运作业面相互错开，严禁上、下双重作业。

（6）挖掘机启动后，铲斗及铲斗运转范围内、臂杆、履带和机棚上严禁站人；严禁铲斗从运土车的驾驶室顶上越过；向运土车辆卸土时，应降低铲斗高度，防止偏载或砸坏车厢。

（7）严禁挖掘机在电力架空线路下作业；确需在其下方作业时，机械与架空线路必须保持相应的安全距离。

（8）石方作业需爆破时，应专门进行爆破工程设计，并制定安全技术操作规程。爆破作业应严格执行现行《爆破安全规程》（GB 6722—2011），确保爆破安全。

4.4.3.9 路基防护（排水）工程

（1）石质边坡高度30.0m及以上、土质边坡高度15.0m及以上，以及大型或复杂的边坡防护工程（锚固防护、抗滑桩等）应编制安全专项方案。

（2）作业人员修整边坡时，应注意边坡稳定。在斜坡面上作业时，应采取安全防护措施。

（3）砌筑工程必须自下而上砌筑，严禁在砌筑好的坡面上行走。抹面、勾缝作业必须先上后下，人员上下必须用爬梯。

（4）砌筑作业时，跳板应绑扎牢固。作业人员在搬运砌块上架时，应采取防滑措施。严禁在脚手架上进行片石改小作业。

（5）砌筑作业时，脚手架下不得有人操作或停留，严禁上下在同一直线上同时作业。

（6）砌筑材料堆放与边坡边缘的安全距离不小于1.0m，且不得采用从上向下自由滚落的方式运输材料。

4.4.3.10 取、弃土场

（1）取土场应按设计要求进行取土，根据土质情况放坡开挖，并保证边坡稳定。

（2）取土场周围，施工期间应设置防护栏杆，并在醒目位置设"施工重地，闲人免进"、"取土坑危险，禁止游泳"等警告标志。

（3）取（弃）土场与路基之间的临时施工便道、便桥应满足运输车辆的基本要求，并保证畅通，必要时应有专人维护。

（4）取土场地上有架空线路时，应按规定对杆线采取有效保护措施。

（5）弃土场设置应符合相关要求，弃土应相对集中堆放，并与周边环境相协调。弃土场与路基之间的距离，应满足路基边坡稳定的要求。

（6）弃土场弃土不得影响排洪、通航，禁止在靠近桥墩台、涵洞口、路堑上方弃土。

（7）工程施工结束后，取土场必须按要求及时与当地政府办理移交手续。

4.4.3.11　路面工程施工安全管理一般规定

（1）工程开工之前，项目经理部应编制实施性施工组织设计，制定相应的安全技术措施；交通组织应按要求编制安全专项方案。

（2）项目总开工、分部分项工程开工前，应进行安全生产条件检查，履行相应的程序，不具备安全生产条件的不得开工。

（3）项目经理部应认真执行现场管理机构关于现场车辆"许可证"等规定，必须做好施工现场运输车辆、机械设备的门（卡）登记和交通安全工作，保证畅通；因场地狭小，行人和运输繁忙的路段应设专人指挥交通。

（4）筑路机械在施工现场行驶时，应遵守现场限速等交通标志的规定，轮胎式的机械在公路上行驶时，必须遵守机动车的有关规定，履带式的机械不得在公路上行驶。

（5）路面工程夜间不宜施工。确需夜间施工时，路口、模板及基准线桩附近应设置警示灯或反光标志，并设置足够的照明。

（6）路面工程施工时，主线沿线每500m内必须至少设置一处"施工重地，闲人免进"、"注意安全"、"进入施工现场请减速慢行"等警示标牌及限速标志。

（7）所有施工机械、电力、燃料、动力等的操作部位，严禁吸烟和有任何明火。摊铺机、搅拌楼、储油罐、配电房、发电机房等重要施工设备上应配备消防设施，确保防火安全。

（8）拌和楼设备有故障需维修或发现异物需清理时，应切断电源，挂好"禁止合闸"牌，锁好控制室门或指定专人看守。操作室应有人值守，严禁在情况不明的状态下擅自启动设备，非操作人员未经许可不得进入拌和楼操作室。

4.4.3.12　基层施工安全

（1）石灰消解时，操作人员应站在上风处进行，并应采取防尘措施。不得在浸水的同时边投料、边翻拌，人员应远避，以防烫伤。

（2）装卸、洒铺及翻动粉质材料时，操作人员应站在上风侧，轻拌轻翻减少粉尘。散装粉质材料宜使用粉料运输车运输，否则车厢上应采用篷布遮盖。装卸尽量避免在大风天气下进行。

（3）稳定土采用路拌法施工时，路拌机在行走和作业过程中，必须按照施工规范保持低速均速，停车时应拉上制动，将转子置于地面。

（4）采用拌和站集中厂拌法施工时，拌和场的场内交通应统一合理规划，应有专门的进、出场道路和上料通道，场内的指示牌、导向牌等要醒目，必要时应有专人指挥。

（5）拌和机操作台视线要开阔，操作人员应观察到整个拌和场地的作业情况。操作人员在作业过程中应集中精力，发现问题应立即停机。作业时每班不得少于2人。

（6）拌和好的混合料宜采用自卸汽车运输。装料时，自卸汽车就位后应拉紧手制动器；卸料后，应及时使车厢复位，方可起步，不得在倾斜情况下行驶。

（7）施工现场卸料、摊铺及碾压时应有专人指挥，协调各机械操作手、作业人员之间的相互配合，并保持安全距离。

（8）基层施工时，应加强洒水防尘工作。洒水作业过程中驾驶室外不得载人。施工结束后，机械设备必须熄火、制动，停放于指定位置。

4.4.3.13　沥青混凝土面层施工安全

A　沥青路面施工准备

(1) 沥青操作人员均应进行体检，凡患有结膜炎、皮肤病及对沥青过敏反应者，不宜从事沥青作业。

(2) 从事沥青作业人员，皮肤外露部分均需涂抹防护药膏，工地上应配有医务人员。

(3) 沥青操作工的工作服及防护用品，应集中存放，严禁穿戴回家和存入集体宿舍。

(4) 沥青加热机混合料拌制作业区，宜设在人员较少、场地空旷的地段。

(5) 作业人员必须佩带齐全的防护用品，皮肤外露部分均需涂抹防护药膏。

(6) 机械摊铺作业前，必须认真检查现场所有机械设备的完好性，确认完好后方可开始作业。

B　沥青拌和楼及拌和安全要点

(1) 拌和楼安装、拆卸应编制安全专项方案。

(2) 在运转前均须由机工、电工、电脑操作人员对沥青混合料拌和站的各种机电设备进行详细检查，确认正常完好后才能合闸运转。

(3) 拌和设备运行中，各岗位的人员都要随时监视各部位运转情况，不得擅自脱离岗位。发现异常情况应立即报告机长，及时排除故障。

(4) 清理和维护拌和设备时必须停机；如需人员进入搅拌缸内工作时，搅拌缸外要有人监护。

(5) 拌和设备运转中严禁人员靠近各种运转机构，传动部位要加防护罩。搅拌器平台上不得堆放杂物、工具等，以免震落伤人。

(6) 拌和站机械设备需经常检查的部位应设置爬梯。

(7) 采用皮带输送机上料时，储料仓应加防护，集料斗升起时，严禁有人在斗下工作或通过，检查集料斗时应将保险链挂好。

(8) 要定期检查送料斗的轨道、滑轮、钢丝绳等，发现异常要及时更换，在高处更换拌和楼的部件时要扣好安全带，并注意自己的站位是否安全。

(9) 皮带输送机、搅拌器、引风机等传动或高速运转部件附近禁止站人。

(10) 连续式拌和设备的燃烧器熄火时应立即停止喷射沥青。当烘干拌和筒内沥青或混合料着火时，应立即关闭燃烧器，停止供给沥青，关闭鼓风机、排风机，将含水率较高的细集料投入烘干拌和筒内，扑灭火焰，同时在外部卸料口用干粉或泡沫灭火器进行灭火。

(11) 在料斗门附近做任何检修保养工作，必须首先使空压机停止运转，并将系统中的压缩空气排净。否则，严禁拆除气路系统中的任何部件。

(12) 进行沥青罐的沥青存储量检查时，在光线不足的情况下，应使用手电筒进行照明，严禁使用明火进行照明，以免发生火灾。

(13) 系统停机后必须切断动力配电柜的总进电开关。

C　导热油加热沥青安全要点

(1) 加热炉使用前必须进行耐压试验，水压力应不低于额定工作压力的两倍。

(2) 对加热炉及设备应做全面检查，各种仪表应齐全完好；泵、阀门、循环系统和安全附件应符合安全要求，超压、超温报警系统应灵敏可靠。

（3）必须经常检查循环系统有无渗漏、振动和异声，定期检查膨胀箱的液面是否超过规定，自控系统的灵敏性和可靠性是否符合要求，并定期清除炉管及除尘器内的积灰。

（4）导热油的管道应有防护设施。

D　沥青洒布安全要点

（1）工作前应检查高压胶管与喷油管连接是否牢固，油嘴和节门是否畅通，机件有无损坏。检查确认完好后，再将喷油管预热，安装喷头，经过在油箱内试喷后，方可正式喷洒。

（2）喷洒沥青时，手握的喷油管部分，应加缠旧麻袋或石棉绳等隔热材料。操作时，喷头严禁向上，喷头附近不得站人，并注意风向，不得逆风操作。

（3）喷洒沥青时，如发现喷头堵塞或其他故障，应立即关闭阀门，等修理完好后再行作业。

（4）洒布车施工地段应有专人警戒，作业范围内不得有人。严禁在施工现场使用明火。

E　沥青混合料运输安全要点

（1）沥青拌和料的运输车辆应持有有效的车辆行驶证，驾驶人员应持有有效的驾驶证，并与所驾驶车辆的类别要相符。

（2）驾驶人员在运输前要接受安全技术交底，并熟知行驶路线，注意事项等，严禁将机动车交给无证人员驾驶。

（3）沥青混合料运输车辆状况良好，使用前应对制动、自卸系统进行检查，车斗密封，后挡板牢靠，并安装有倒车报警器。

（4）运料车向摊铺机卸料时，要和摊铺机协调动作，同步行进，防止互撞，在摊铺匝道时遇弯道处横坡面大，运输车辆料斗顶起后重心高，易发车辆侧翻事故，要做好防范措施。

F　摊铺作业安全要点

（1）摊铺机上的所有安全防护设施须配置齐全。

（2）摊铺作业前应清除一切有碍工作的障碍物，行驶前应确认前方无人，并鸣笛示警。作业时无关人员不得在驾驶台上停留，驾驶员不得擅离岗位。

（3）摊铺机驾驶应力求平稳，不得急剧转向。弯道作业时，熨平装置的端头与路缘石的间距不得小于0.1m。换挡必须在机械完全停止时进行，严禁强行挂挡和在坡道上换挡或空挡滑行。

（4）驾驶员在离开驾驶台前，要将摊铺机停稳，停车制动必须可靠，料斗两侧壁完全放下，熨平板放到地面或用挂钩挂牢。

（5）摊铺机夜间停放时，应在机旁挂设红灯和"施工重地，闲人免进"、"注意安全"等醒目的警示标志。

G　沥青路面摊铺作业安全要点

（1）施工现场的障碍物应清除干净。

（2）禁止非施工人员进入摊铺作业区域。

（3）施工现场严禁使用明火。

（4）各种机械作业前必须严格检查设备安全性、可靠性。

（5）严禁作业人员未佩戴防护用品接触高温沥青混合料或乳化沥青。

（6）现场作业人员严禁在机械设备下休息，不得在现场追逐、打闹。

（7）压路机应停放在平坦、坚实并对交通及施工作业无妨碍的地方。

（8）压路机刮板必须保持完好、平整。

（9）压路机作业时，操作人员应始终注意压路机的行驶方向，并遵照施工人员规定的压实工艺进行碾压。

（10）压路机作业时，须遵照规定的碾压速度进行碾压作业，在碾压过程中，不得随意变更碾压速度及方向，不得中途停机。

（11）多台压路机联合作业时，应保持规定的队形及间隔距离，并应建立相应的联络信号。

（12）车辆指挥人员要认真检查施工路段限速标牌和警示标志设置的情况。

（13）禁用牵引法拖动压路机，不允许用压路机牵引其他机具。

（14）已摊铺好的路段要将钢筋柱及时拔掉，施工完毕要及时把钢丝绳用专用圆柱槽收好。

（15）胶轮涂油作业人员必须与机械运动方向保持一致，严禁边后退边涂油。

（16）已完成路面施工的道路要进行临时交通管制，禁止社会车辆通行，防止发生交通事故。

（17）雷电、雨天、大雾等天气条件下，应停止摊铺作业。

H 碾压作业安全要点

（1）压路机起步前，必须观察机械前后、左右有无障碍和人员，鸣笛起步。

（2）两台以上压路机同时碾压时，其前后间距不得小于 3.0m。在坡道上纵队行驶时，其间距不得小于 20.0m。

（3）振动压路机作业时，起振和停振必须在压路机行走时进行；严禁在尚未起振情况下调节振动频率；在桥面施工时，应避免与桥梁共振。

（4）使用轮胎压路机时，应保持轮胎正常气压，检查轮胎中间是否夹有异物；检查轮胎喷油装置是否灵敏有效。采用人工擦油时要有专人指挥，降低车速，确保安全。

4.4.3.14 水泥混凝土面层施工安全

A 混凝土拌和安全要点

（1）混凝土拌和过程中，作业人员不得离岗，严禁人员进入储料区和卸料斗下方作业；机械发生故障必须立即停机、断电。

（2）搅拌机的料斗在轨道上移动提升（降落）时，严禁其下方有人。搅拌机在运转中不得将木棒、工具等伸进搅拌筒或在筒口清理混凝土。

（3）施工后，应对搅拌机进行全面清理。当作业人员须进入筒内时，必须切断电源，锁好开关箱，挂上"禁止合闸"标牌，并应有专人在外监护。

（4）施工中使用的外加剂必须集中管理，专人领取，余料回库。

B 运输安全要点

（1）水泥混凝土搅拌运输车应持有有效的车辆行驶证，驾驶人员应持有有效的驾驶证，并与所驾驶车辆的类别要相符。

（2）采用自卸汽车装运混凝土时，不得超载和超速行驶；车斗密封，后挡板牢靠，并安装有倒车报警器。卸料后，应及时使车厢复位；严禁在车厢内载人。

　　C　摊铺作业安全要点

　　（1）人工摊铺作业时，应有作业班长统一指挥，作业人员协调配合，摊铺人员应听从振捣人员的指挥。

　　（2）滑模式水泥混凝土摊铺机摊铺时，运输车辆倒退时应鸣警，并设专人指挥。施工中，布料机支腿臂、松铺高低梁和滑模摊铺机支腿臂、搓平梁、磨平板上严禁站人。

　　（3）抹平机作业时，其连接螺栓应紧固，并在无负荷状态下起动，电缆要有专人收放。

　　D　切缝、养护安全要点

　　（1）切缝机作业前，应进行检查，刀片必须符合安全要求，刀片与刀架连接必须牢固可靠，刀片夹板螺钉应紧固，各连接部位和安全防护罩应正常完好。

　　（2）切缝作业时，必须沿前进方向单向切缝，作业人员应站在刀片侧面操作。

　　（3）养护前，应检查现场预留的雨水口、检查井口等孔洞必须盖牢，并设"当心坑洞"、"施工重地，闲人免进"、"注意安全"等安全标志，不得随意挪动安全标志和防护设施。

4.5　桥梁工程施工安全管理

4.5.1　桥梁工程施工概述

4.5.1.1　桥梁工程施工简介

　　概括地说，桥梁由四个基本部分组成，即上部结构、下部结构、支座和附属设施。

　　上部结构是桥梁支座以上（无铰拱起线或刚架主梁底线以上）跨越桥孔的总和，当跨度幅度越大时，上部结构的构造也就越复杂，施工难度也相应增加。

　　下部结构包括桥墩、桥台和基础。

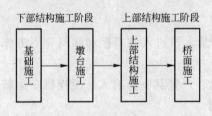

图4-5-1　桥梁施工一般流程

　　桥梁的基础附属设施包括桥面系、伸缩缝、桥梁与路堤衔接处的桥头搭板和锥形护坡等。

　　桥梁施工一般流程如图4-5-1所示。

　　桥梁工程下部结构常见施工的项目有：（1）基础施工。明挖基础；桩基础；沉井基础；组合基础。（2）墩台施工。石砌、现浇、预制拼装。

　　桥梁工程上部结构常见施工的方法有：现浇，预制安装，悬臂施工，转体施工，顶推施工，逐孔施工，提升，浮运施工；支架法现浇，移动模架法现浇，悬臂法现浇，集中制、运、架法。

　　A　下部结构施工阶段

　　（1）明挖基础施工程序为：定位放样→基坑围堰→基坑开挖→基坑支护→基坑排水→基坑处理及检验→基础砌筑（或浇筑）→土方回填。

（2）桩基础施工。桩基础是桥梁工程常用的深基础形式。桩基础的类型有很多，其中使用得最多的是沉桩和钻孔灌注桩。

1）沉桩施工程序为：场地准备→布设桩架走道→立桩架、布置沉桩设备→桩位放样→移桩架对位→吊桩→插桩→锤击或振动下沉→最后一阶段锤击或干振达到要求的沉入度→修凿桩头→修筑承台。

2）钻孔灌注桩施工程序为：场地准备→桩位放样→埋设护筒→搭设钻机、钻架→钻孔施工→下放钢筋笼→清孔→灌注水下混凝土→拔除护筒→截除桩头。

（3）沉井基础施工。其施工原理是以在井内挖土，克服刃脚处的阻力，依靠沉井自重缓慢下沉形成的。沉井常采用分节预制、逐节下沉的方法，直至达到设计标高。

沉井的施工工艺大致分为：沉井制作→沉井下沉→沉井封底、填充和浇筑顶盖板。

（4）桥梁墩台施工。桥梁墩台按使用材料不同，分为圬工砌体墩台和钢筋混凝土墩台。由此带来施工方法的不同，前者采用砌筑的方法施工，后者采用浇筑的方法施工。此外，桥梁墩台施工还可以分现场浇筑（或砌筑）和预制拼装两类，前者施工操作难度小，机具使用少，但施工周期长，耗费劳动力多；后者技术含量高，使用条件局限，但随着机械和施工技术的完善，后者前景广阔。

1）圬工砌体墩台施工。圬工砌体墩台是采用岩石和砂浆砌筑而成的墩台，施工简便，经久耐用。

2）混凝土及钢筋混凝土墩台施工。根据结构形式的不同，施工方法也不尽相同，但大致可归纳为由模板工程、钢筋工程、混凝土工程三部分组成。施工顺序为：搭设墩台模板→绑扎、安装钢筋骨架→浇筑混凝土。

3）其他墩台施工。以装配式墩台为例，它是采用墩台预制块件，现场拼装成整体，从而组成墩台的施工方法。装配式预应力混凝土桥墩的主要施工流程为：浇筑桥墩基础→浇筑实体墩身→预制墩身构件→拼装预制构件→施加预应力→孔道压浆。

（5）支座安装。

1）板式橡胶支座的安装。板式橡胶支座分为普通板式橡胶支座和四氟板式橡胶支座两种，安装方法类似。

2）盆式橡胶支座的安装。公路桥梁盆式橡胶支座安装时与上、下部结构的连接，可采用地脚螺栓连接或焊接连接两种方法。

B　上部结构施工阶段

（1）混凝土简支梁桥施工。基本施工工艺流程为：支立模板→钢筋骨架成型→浇筑及振捣混凝土→养护及拆除模板。

1）就地浇筑法。该法直接以在桥墩下面搭设的支架作为工作平台，然后在其上面制造梁体结构。

简支梁桥就地浇筑法的施工工艺就是把基本施工工艺流程搬到工程现场的桥孔处来完成，也就是说，在桥孔下面先搭设好支架，立模浇筑混凝土梁，当混凝土梁达到要求后，便可拆除或转移施工支架。

2）预制安装法。当桥梁跨数较多、桥墩较高、河水较深且有通航要求时，通常将桥跨结构沿纵向或横向划分为若干独立的构件，并在桥位附近专门的预制场地或工厂进行成批的制作，然后将这些构件适时地运到桥孔进行安装就位，这种施工方法就称为预制安装法。

简支梁桥预制安装法的施工工艺就是把混凝土梁（板）的基本施工工艺流程放在预制场完成，也就是说，在预制场立模浇筑混凝土构件。当构件在预制场达到设计强度后，便可通过吊运设备运输到桥位安装就位。

（2）悬臂体系和连续体系梁桥施工。悬臂体系和连续体系梁桥的构件重量一般都比简支梁要大，其受力特点也与简支梁有所不同，故其施工方法和简支梁不大相同，目前常用的施工方法为逐孔施工法、节段施工法、顶推施工法。

1）逐孔施工法。逐孔施工法又分为落地支架施工和移动模架施工两种方法。

①落地支架施工。落地支架施工与简支梁桥的就地浇筑法基本相同，不同之处是悬臂体系和连续体系梁在墩台处的截面是连续的，而且承担较大的负弯矩，需要混凝土截面连续通过。

②移动模架施工。移动模架施工即使用移动式的脚手架和装配式的模板，在桥上逐孔进行浇筑施工。

移动模架像一座设在桥孔上的活动预制场，随着施工进程不断移动连续现浇施工。

2）节段施工法。节段施工法是将每一跨结构划分成若干个节段，采用悬臂浇筑或者悬臂拼装（预制节段）两种方法逐段地接长，然后进行体系转化。

①悬臂浇筑法。悬臂浇筑法是以桥墩为中心，对称地向两岸利用挂篮浇筑梁节段的混凝土，待混凝土达到要求强度后，张拉预应力钢筋束，然后移动挂篮，进行下一节段的施工。

②悬臂拼装法。悬臂拼装法是将预制好的梁段，用驳船运到桥墩的两侧，然后通过悬臂梁上（先建好的梁段）的一对起吊机械，对称吊装梁段，待就位后再施加预应力，并逐渐接长。特别要提到的是，用作悬臂拼装的起吊机具很多，有移动式起重机、桁架式起重机、缆式起重机、汽车式起重机和浮式起重机等。

3）顶推施工法。顶推施工法是在桥的一岸或两岸开辟预制场地，分节段地预制梁身，并用纵向预应力筋将各节段连成整体，然后应用水平液压千斤顶施力，将梁段向对岸推进。根据顶推施力的方法又可分为单点顶推和多点顶推两类。

①单点顶推。单点顶推又分为单向顶推和双向单点顶推两种方式。只在一岸桥台处设置制作场地和顶推设备的为单向顶推；为了加快施工速度，也可在河两岸的桥台处设置制作场地和顶推设备，从两岸向河中顶推，这种方法称为双向单点顶推。

②多点顶推。多点顶推是在每个墩台上设置一对小吨位的水平千斤顶，将集中的顶推力分散到各墩上。多点顶推多采用拉杆式顶推方案，其顶推工艺为：水平千斤顶通过传力架固定在桥墩（台）靠近主梁的外侧，装配式的拉杆用连接器接长后与埋固在箱梁腹板上的锚固器相连接，驱动水平千斤顶后活塞杆拉动拉杆，使梁借助梁底滑板装置向前沿移，水平千斤顶走完一个行程后，就卸下一节拉杆，然后水平千斤顶回油使活塞杆退回，再连接拉杆进行下一顶推循环。

（3）拱桥施工。

1）就地浇筑法。就地浇筑法是把拱桥主拱圈混凝土的基本施工工艺流程（立模板、绑扎钢筋、浇筑混凝土、养护及拆除模板等）直接在桥孔来完成的施工方法。按照所使用的设备来划分，包括支架施工法和悬臂浇筑法。

2）预制安装法。预制安装法就是把混凝土主拱圈结构划分为若干节段，先放在现场的地面或场外工程进行预制，然后运送到桥孔的下面，利用起吊设备提升就位，进行拼装，逐渐加长直至成拱的施工方法。混凝土主拱圈预制安装常用缆索吊装和伸臂式起重机吊装两种施工方法。

3）转体施工法。转体施工法是将主拱圈从拱顶截面分开，把主拱圈混凝土的高空浇筑作业改为放在桥孔下面或两岸进行，并预先设置好旋转装置，待主拱圈混凝土达到设计强度后，再将它就地旋转就位成拱的施工方法。转体施工法按照旋转的几何平面又分为平面转体施工法和竖向转体施工法两种。

（4）斜拉桥施工。

1）支架法施工。支架法施工就是在桥孔位置搭设满布式支架，在临时支墩之间设置托架或劲性骨架，后支立模板现浇混凝土主梁，或者在临时支墩上拼装预制梁段，最后安装拉索，最后拆除临时支墩的施工方法。

2）悬臂法施工。施工工序大致分为：修建索塔→吊装主梁节段（悬臂拼装法）或现浇混凝土主梁节段（悬臂浇筑法）→安装并张拉斜索，其中吊装或现浇主梁节段与安装并张拉斜索交替进行直至合拢。

3）顶推法。该法只适用于塔梁固结、梁墩分离的斜拉桥体系，并分为纵移和横移两种情况。

4）平转法施工。平转法施工是将斜拉桥上部结构分别在两岸或一岸顺河流方向的支架上现浇，并在岸上完成落架、张拉、调索等所有安装工作，然后以墩、塔为圆心，整体旋转到桥位合拢的施工方法。

5）悬索桥施工。悬索桥上部结构施工的基本步骤是先修建桥塔，然后利用桥塔架设施工便道即猫道，再利用猫道来架设主缆，随后安装吊缆、拼装加劲梁。

C 桥面施工

桥面施工一般流程如图 4-5-2 所示。

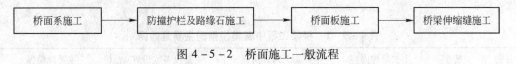

图 4-5-2 桥面施工一般流程

4.5.1.2 桥梁工程施工特点

（1）流动性、地域性。桥梁工程施工生产不同于一般的工业生产，前者由于建造地点的不同，其施工是在不同的地区，或同一地区的不同现场，或同一现场的不同单位工程，或同一单位工程的不同部位进行的，因此，其生产是在地区与地区之间、现场之间和部位之间流动，而后者都是在固定的工厂、车间内进行生产。桥梁工程施工受地区条件的影响，其结构、构造、造型、材料和施工方案等方面均不同，具有地域性。

（2）固定性、单一性。具体的一座桥梁，经项目统一规划后，根据其实用功能，在选定的地点上单独设计、单独施工，不可更改。建造地点具有固定性，即使是提倡选用标准设计和通用构件。但受桥梁工程所在地区的自然、技术和经济条件的约束，其结构或构造、建筑材料、施工方法和施工组织等也要因地制宜加以修改，以适应不同地区和不同桥型的需要，从而使桥梁工程的施工具有单一性。

（3）周期性、重复性。桥梁工程受混凝土龄期、结构及部位分节施工等影响，需按部就班地开展，如梁板预制、钢筋绑扎、模板安装固定、混凝土浇筑、桥墩分节施工等，从而使桥梁工程施工具有周期性和重复性。

（4）露天性、高空性。桥梁工程地点的固定性和体形庞大的特征，决定了其施工具有露天作业和高空作业多的特点，随着社会经济的发展和现代化交通运输的需要，各种大型桥梁的施工任务越来越多，使得桥梁工程高空作业的特点日益明显。

（5）周期长、占用流动资金多。桥梁工程建设规模大，内容复杂，其施工过程中既要消耗大量的人力、物力和财力，又要受到工艺流程和生产程序的制约，使各专业和各工种间必须按照合理的施工顺序进行配合和衔接，而建造地点的固定性，使得施工活动的空间具有一定的局限性，从而导致桥梁施工具有生产周期长、占用流动资金大的特点。

（6）复杂性。桥梁工程施工工期一般比较紧，质量目标要求又高，参与部门较多，参建施工作业队伍较多，总之，组织协调工作所涉及的内容非常广泛。一是桥梁施工技术涉及工程力学、桥梁的结构和构造、地基基础、工程地质、水文水力学、土质土力学、工程材料、工程机械设备、施工技术和施工组织管理等专业知识，需要在不同时期、不同地点、不同产品上组织多专业、多工种的综合作业；二是桥梁施工环境涉及不同种类的专业施工队伍，以及与业主、监理、设计、质量监督、三通一平、银行、保险、机具设备、物质材料、消防等部门的协作配合，组织协作关系错综复杂，因而使得桥梁工程施工生产具有复杂性。

4.5.2 桥梁工程施工风险源及安全策划重点

4.5.2.1 桥梁工程施工风险源

桥梁工程施工，桥的不同类型决定了不同的施工工艺及流程，且其施工工艺及流程决定了可能发生的危险因素，主要的危险因素不尽相同，本节基于各类桥梁施工的危险源及某桥梁工程的风险源辨识结果来分析和认识施工过程中的风险源，见表 4 - 5 - 1 和表 4 - 5 - 2。

表 4 - 5 - 1 桥梁工程中各类桥型的主要危险源

序号	桥型	主要结构内容	主要施工内容简述	主要设备或设施	主要危险源
1	拱桥	桩基、拱箱、立柱、梁板	桩基施工、预制拱箱梁、单跨时由中间向两侧安装；多跨时，相邻墩安装时预拉	索道、对拉设施	挖孔桩、拱箱梁安装
2	斜拉桥	桩基、承台、墩身、悬臂梁、塔柱、斜拉索	桩基施工、墩身爬模施工、0～1 块托架现浇、1 号块后悬臂施工、塔柱爬模施工、斜拉索安装、张拉施工	水上作业平台、爬模、托架、悬臂挂篮、塔吊、大吨位张拉设备、满堂支架、栈桥设施	挖孔桩、水上作业平台、爬模、托架、悬臂挂篮、塔吊、预应力张拉、落地支架、栈桥

序号	桥型	主要结构内容	主要施工内容简述	主要设备或设施	主要危险源
3	悬索桥（吊桥）	桩、承台、墩身、塔柱、地锚、主缆、钢箱梁	桩基施工、墩身爬模施工、塔柱爬模施工、主缆安装、钢箱梁安装、张拉施工	水上作业平台、爬模、塔吊、索道、张拉设备、猫道	挖孔桩、水上作业平台、爬模、塔吊、钢箱梁安装、预应力张拉、猫道
4	T型刚构桥	桩基、承台、墩身、悬臂梁	桩基施工、墩身爬模施工、0~1块托架现浇、1号块后悬臂施工、张拉施工	水上作业平台、爬模、托架、悬臂挂篮、塔吊、张拉设备、满堂支架、栈桥设施	挖孔桩、水上作业平台、爬模、托架、悬臂挂篮、塔吊、预应力张拉、落地支架、栈桥
5	连续梁桥	桩基、承台、墩身、连续梁	桩基施工、墩身爬模施工、连续梁顶预制、连续梁顶推施工、张拉施工	水上作业平台、爬模、塔吊、张拉设备、顶推设备、栈桥设施	挖孔桩、水上作业平台、爬模、塔吊、预应力张拉、顶推、栈桥
6	架桥机施工简支梁桥	桩基、承台、墩身、简支梁	桩基施工、墩身爬模施工、简支梁施工、张拉施工	爬模、塔吊、张拉设备、架桥机	挖孔桩、爬模、塔吊、预应力张拉、梁安装
7	现浇支架施工梁桥	桩基、承台、墩身、现浇梁	桩基施工、墩身爬模施工、现浇梁施工、张拉施工	爬模、塔吊、张拉设备、满堂支架	挖孔桩、爬模、塔吊、预应力张拉、落地支架

表 4-5-2 某桥梁工程施工过程的重大危险源辨识及潜在事故分析

工程内容	重大危险源	潜在事故
深基坑工程	（1）开挖深度超过5m（含5m）的基坑（槽）的土方开挖、支护、降水工程； （2）开挖深度虽未超过5m，但地质条件、周围环境和地下管线复杂，或影响毗邻建筑（构筑）物安全的基坑（槽）的土方开挖、支护、降水工程	地下管网损坏、坍塌、中毒和窒息、触电、火灾、起重伤害、高处坠落、物体打击、机械伤害、职业危害10种
模板工程及支撑体系	（1）工具式模板工程：包括滑模、爬模、飞模工程； （2）混凝土模板支撑工程：搭设高度8m及以上；搭设跨度18m及以上；施工总荷载15kN/m^{2}及以上；集中线荷载20kN/m及以上； （3）承重支撑体系：用于钢结构安装等满堂支撑体系，承受单点集中荷载700kg以上	坍塌、触电、机械伤害、起重伤害、高处坠落、物体打击、气瓶爆炸7种

工程内容	重大危险源	潜在事故
起重吊装及安装拆卸工程	（1）采用非常规起重设备、方法，且单件起吊重量在100kN及以上的起重吊装工程； （2）起重量300kN及以上的起重设备安装工程；高度200m及以上内爬起重设备的拆除工程	机械伤害、高处坠落、物体打击、起重伤害、触电、起重机体毁坏6种
脚手架工程	（1）搭设高度50m及以上落地式钢管脚手架工程； （2）提升高度150m及以上附着式整体和分片提升脚手架工程； （3）架体高度20m及以上悬挑式脚手架工程	坍塌、触电、机械伤害、起重伤害、高处坠落、物体打击6种
	（1）栈桥设施； （2）水上作业平台	坍塌、触电、机械伤害、起重伤害、高处坠落、物体打击、淹溺7种
其 他	跨度大于36m及以上的钢结构安装工程	坍塌、触电、机械伤害、起重伤害、起重机体毁坏、高处坠落、物体打击7种
	开挖深度超过16m的人工挖孔桩工程	地下管网损坏、坍塌、中毒和窒息、触电、火灾、起重伤害、高处坠落、物体打击、机械伤害、职业危害10种
	采用新技术、新工艺、新材料、新设备及尚无相关技术标准的危险性较大的分部分项工程	相应的事故
	连续梁顶推工程	触电、高处坠落、物体打击、机械伤害
	易燃易爆危险品库房	爆炸、设施损坏
	高边坡、高切坡施工	地下管网损坏、坍塌、触电、高处坠落、物体打击、机械伤害6种
	地质灾害（桥梁相邻位置）	坍塌、中毒和窒息

4.5.2.2 桥梁工程施工安全策划重点

（1）基础工程施工阶段。重点针对挖孔桩的施工安全，特别要关注人工挖孔桩的施工安全、钻孔桩施工安全、明挖基础施工安全。

（2）墩台工程施工阶段。模板安装及拆除的施工安全、吊装及混凝土浇筑的施工安全。

（3）梁上结构施工阶段。高空作业的安全、吊装施工安全。

（4）桥面系施工安全。高空防护、临边防护的施工安全。

4.5.3 桥梁工程施工风险控制措施

4.5.3.1 桩基础作业风险控制措施

当地基的上覆软土层很厚，即使采用一般地基处理仍不能满足设计要求或耗费巨大时，往往采用桩基础将高架区间或车站的荷载传递到深处合适的坚硬土层上，以保证高架区间或车站对地基稳定性和沉降量的要求。按施工方法的不同，桩基可分为预制桩和灌注桩两大类。

A　预制桩基础施工

预制桩可以经锤击、振动、静压或旋入等方式将桩设置就位。预制桩基础施工的主要安全风险是物体打击、触电和机械伤害。

沉桩机及桩架等拼装完毕后，应对机具、设备和安全防护设施进行全面检查验收，确认合格，方可施工。打桩机架移动时，机体应平稳，禁止将桩锤悬起，桩锤应放在机架的最低位置，严禁边移边起锤，机架移到桩位上稳固后方准起锤。打桩机启动后，作业人员应暂离基桩；振打中出现振桩回跳，机械发生异响，应停振检修；振动下沉过程中，严禁进行机械维修和保养；振动打桩机在停止作业后，应立即切断电源。

B　灌注桩施工

灌注桩施工包括成孔（机械挖孔、人工挖孔）、下钢筋笼（钢筒）和浇筑混凝土等基本工艺。

（1）机械挖孔。常用一般钻机、冲击钻机、旋挖钻机或套管钻机挖孔。安全风险主要有机械伤害、物体打击、触电和淹溺等，控制要点包括：钻机稳定；钻头、卷扬机、钢丝绳、泥浆泵、水泵、高压胶管及相互之间的连接装置，以及电气设备完好正常；停钻后孔口遮盖防护。

（2）人工挖孔。人工挖孔桩基础是一种限制使用的工法，对于特殊场合需要采用时，建设单位应按有关规定会同勘察设计单位报当地建设行政主管部门审批。

施工过程中主要存在孔内中毒、缺氧、坠物伤人、土体坍塌、触电、高空坠落等风险控制措施，与第4章盖挖逆作法中桩施工风险控制类似，可参阅其内容。当地面挖孔时，夜间作业应悬挂示警红灯；挖孔作业暂停时，孔口应设置罩盖及标志。相邻两孔中，当一孔爆破或浇筑混凝土时，另一孔的挖孔人员应停止工作，并撤出井孔。

C　桩基开挖阶段安全管理

桩基开挖阶段潜在的事故有：地下管网损坏、坍塌、中毒和窒息、触电、火灾、起重伤害、高处坠落、物体打击、机械伤害、职业危害10种。

a　预防地下管网损坏的安全措施

（1）施工前，从建设单位获得地下管网的信息；针对地下管网的种类、位置确定合适的施工设备、方法；实施前对作业人员进行针对防地下管网损坏的安全技术交底，制定监测监控方案。

（2）严格按安全专项施工方案规定的设备、程序和方法施工；实施监测监控方案，对地下管网的沉降、位移、损坏进行监测。

（3）结合已有的地下管网信息，走访相邻单位或管理单位，准确获得地下管网的信息；每开挖一层后对地下进行探底检查。

b 预防坍塌的安全措施

(1) 施工前，从建设单位获得地质信息。针对地质情况，根据法律法规和其他要求确定合适的施工设备、方法，实施前对作业人员进行针对防坍塌的安全技术交底；制定监测监控方案。

(2) 严格按安全专项施工方案规定的设备、程序和方法施工；桩净距小于2.5m时，采用间隔开挖，相邻排桩跳挖的最小施工净距不得小于4.5m；弃土要远离桩边1m以上，堆土高度不得超过1m；开挖高度不宜超1m，当天成型后要立即浇筑混凝土，拆除模板时间宜按24h（注1.2MPa）控制；遇到复杂的土层结构时，每挖0.5~1m深时应用手钻或不小于$\phi16mm$的钢筋对桩孔底做"品"字形探查，检查桩孔底面以下是否有洞穴、涌砂等，确认安全后，方可继续进行施工；指定专人实施监测监控方案，对桩基周围地表裂缝、桩孔掉物、桩孔变形进行监测。

(3) 护壁强度要取样检测；护壁厚度按设计施工，无设计时，第一节要比第二节以下增加100~150mm；护壁搭接不小于50mm，护壁必须密实；钢筋按设计施工；操作平台与起吊系统应分离；临时便道距桩边距离不得小于3m，车辆行走速度要小于10km/h。

(4) 对地下水、涌水、流砂进行监视；要确保锁口高度至少有100mm以上。

c 预防中毒和窒息的安全措施

(1) 实施前对作业人员进行针对中毒和窒息的安全技术交底；提供安全防护用具。

(2) 对作业人员进行避免冒险和增加辨识能力的培训；作业前送风5min以上，对有毒物质用活性动物检测或仪器检测合格方可作业；超10m必须送风，孔内连续作业时间不得超过2h，并每15min通话一次；穿好防护用具。

(3) 要保证送风设备完好，要有备用送风设备，设备送风量不小于25L/s。

d 预防触电的安全措施

(1) 实施前对作业人员进行针对触电的安全技术交底；对使用的机械设备用电、配电箱进行验收，临时用电必须持证操作；提供安全防护用具。

(2) 执行安全技术交底的内容，孔内人员穿绝缘鞋和戴绝缘手套。排水过程孔内不得有人，严禁在桩孔中边抽水边开挖，排水结束，必须切断潜水泵电源后作业人员方可进入孔内。

(3) 提供使用设备的生产许可证、产品合格证，检测合格或自检合格证明；实行三级配电、二级保护；配电箱安装隔离开关，要保护接零；操作人员与配电箱距离不大于3m；照明电压不大于12V，孔底要有足够的亮度；孔口与孔底必须可视，并每15min通话一次。

e 预防火灾的安全措施

(1) 实施前对作业人员进行针对防火的安全技术交底，提供安全防护服装。

(2) 对可燃气体进行监测；禁止吸烟、禁止使用明火；穿好防护服装，禁止穿化纤衣服。

(3) 要保证送风设备完好，要有备用送风设备，设备送风量不小于25L/s。

f 预防起重伤害的安全管理

(1) 根据法律法规和其他要求确定合适的施工设备、方法，不得采用碗扣式钢管作支架或使用淘汰设备吊装；实施前对作业人员进行针对起重吊装的安全技术交底，对起吊设施在使用前验收，并制订维护计划。

（2）执行安全专项方案的内容和安全技术交底的内容，严禁超载、混装，提升大石块时孔内不得有人，每天对钢丝绳、挂钩、安全卡环、防坠保护装置等进行维护；对作业人员体检，对作业人员进行避免冒险的培训。

（3）提供使用设备的生产许可证、产品合格证，检测合格或自检合格证明；使用按钮式开关，对提桶及连接进行检查，在距孔底3m处安装防护棚；维护后需检查合格。

（4）禁止夜间施工，白天也要有足够的采光照明。

g 预防高处坠落的安全管理

（1）实施前对作业人员进行针对防高处坠落的安全技术交底，对防护设施使用前进行验收。

（2）使用吊笼上下，禁止脚踩护壁凸缘上下，按规定人数上下吊笼或面向爬梯，对作业人员体检，有高血压或其他异常者不得上岗；孔口人员拴好安全带等。

（3）爬梯按《建筑施工高处作业安全技术规范》JGJ80—91执行，要设护笼，每8m要有梯间平台，三边防护栏高度不小于1.2m，横杆间距不大于0.6m，立杆间距不大于2m，上杆能承受1kN外力无明显变形，安装安全立网（2000目）；出料口边设活动防护栏，要有警示牌，夜间要有红灯警示。

（4）禁止夜间施工，白天也要有足够的采光照明。

h 预防物体打击的安全措施

（1）实施前对作业人员进行针对防物体打击的安全技术交底，对防护设施经常进行检查。

（2）孔内作业人员必须戴安全帽，禁止向桩内抛物。

（3）桩基要锁井、锁井高度至少100mm以上；弃土要远离桩边1m以上，堆土高度不得超过1m，孔口周边防护栏加设安全立网，临时道路不得有卵石等物体。

i 预防职业危害的安全措施

（1）实施前对作业人员进行针对防职业危害的安全技术交底。

（2）穿戴个人防护服装，加强健康监护。

（3）凿岩时应采用湿式作业法，并必须加大送风量；穿戴个人防护设备，限制振动强度。

（4）孔内连续作业时间不得超过2h，穿戴防护服。

D 钢筋安装阶段安全管理

钢筋安装阶段潜在发生的事故有起重伤害、触电2种。

a 预防起重伤害的安全措施

（1）根据法律法规和其他要求确定合适的施工设备、方法；实施前对作业人员进行针对起重吊装的安全技术交底；对起吊设施在使用前验收；特种作业人员必须持证操作。

（2）执行安全专项方案的内容和安全技术交底的内容，严格执行"十不吊"规定；对作业人员体检，对作业人员进行避免冒险的培训；钢筋笼倒俯范围内禁止站人；按规定对吊装过程进行监护。

（3）提供使用设备的生产许可证、产品合格证，检测合格或自检合格证明；维护后需检查合格；钢筋笼遇阻时，禁止强行下压钢筋笼。

（4）禁止夜间施工，白天也要有足够的采光照明。

b　预防触电的安全措施

（1）实施前对作业人员进行针对防触电的安全技术交底；对使用的机械设备用电、配电箱进行验收；临时用电操作必须持证操作。

（2）执行安全技术交底的内容，安装维修时作业人员穿绝缘鞋。

（3）提供使用设备的生产许可证、产品合格证，检测合格或自检合格证明；配电箱安装隔离开关，要保护接零；操作人员与配电箱距离不大于3m；电焊机二次线不得采用金属构件或结构钢筋代替；配电箱安装防护棚，设立警示标志。

（4）禁止夜间施工，白天也要有足够的采光照明。

E　混凝土浇筑阶段安全措施

（1）根据法律法规和其他要求确定合适的施工设备、方法；实施前对作业人员进行针对防机械伤害的安全技术交底。

（2）对操作人员进行培训。

（3）提供输送设备生产许可证、产品合格证，检测合格或自检合格证明；混凝土一次输送距离宜控制在该设备最远输送距离的80%以内；对输送泵管进行降温，对混凝土进行入场质量检验。

（4）要有操作空间，要有足够的采光照明；对混凝土采取降温的措施，对混凝土输送泵管采取避免温度升高的措施。

4.5.3.2　满堂模板支撑体系安全风险控制措施

A　安装阶段（模板支撑安装、模板安装、试验）安全管理

a　预防坍塌的安全管理与技术措施

（1）针对支架体系，根据法律法规和其他要求确定合适的施工设备、方法，实施前对作业人员进行针对防坍塌的安全技术交底；对支撑体系设施使用前进行验收，严格控制各道关；制定监测监控方案。

（2）严格按安全专项施工方案规定的设备、程序和方法施工；监护（测量）人要执行监测监控方案，对模板支撑体系地基、梁、柱、连接件的变形或受力进行监测。

（3）对地基进行处理、检测；检查材料的产品合格证、检测报告；检查支撑体系的纵向、横向和竖向间距，检查节点的连接与支撑杆；有序排放地面水于支撑体系以外；临时便道距桩边距离不得小于3m，车辆行走速度要小于10km/h；设置限速标志。

（4）边坡放坡到1:2，需对边坡进行监视。

b　预防触电的安全措施

（1）实施前对作业人员进行安全技术交底，对使用的机械设备用电、配电箱进行验收；临时用电操作必须持证操作，提供安全防护用具。

（2）安装维修时作业人员穿绝缘鞋。

（3）提供使用设备的生产许可证、产品合格证，检测合格或自检合格证明；实行三级配电、二级保护；配电箱安装隔离开关，要保护接零；操作人员与配电箱距离不大于3m；配电箱安装防护棚；设立警示标志。

（4）机械设备、配电箱的使用场地、操作位置要符合《施工现场临时用电安全技术规范》（JGJ 46—2005）要求；要有足够的采光照明。

c 预防机械伤害的安全措施

（1）进行专业培训，完善操作规程；实施前对作业人员进行安全技术交底。

（2）按操作规程执行。

（3）提供设备生产许可证、产品合格证，检测合格或自检合格证明；对机械可能产生的飞溅物进行防护。

（4）要有操作空间，要有足够的采光照明。

d 预防起重伤害的安全措施

（1）根据法律法规和其他要求确定合适的施工设备、方法，实施前对作业人员进行安全技术交底，对起吊设施在使用前验收；特种作业人员必须持证操作。

（2）执行安全专项方案的内容和安全技术交底的内容，严格执行"十不吊"规定吊装；对作业人员体检；按规定对吊装过程进行监护。

（3）提供设备生产许可证、产品合格证，检测合格或自检合格证明；按规定进行检查维护。

（4）要有足够的采光照明；避免在光照度过低或过高、温度过低或过高时施工。

e 预防高处坠落的安全措施

（1）上下通道设施经验收合格，实施前对作业人员进行安全技术交底；安装人员应持证上岗。

（2）对作业人员体检，有高血压或其他异常者不得上岗；执行安全技术交底的内容。

（3）按《建筑施工高处作业安全技术规范》（JGJ 80—91）要求安装通道，通道脚手板满铺，搭接符合要求，防护栏高度不小于 1.2m，横杆间距不大于 0.6m，立杆间距不大于 2m，上杆能承受 1kN 外力无明显变形，安装安全立网（2000 目），夜间要有红灯警示。

（4）避免在光照度过低或过高、温度过低或过高时施工；安全通道不能存放各种物资；对恶劣天气提前预警。

f 预防物体打击的安全措施

（1）对防护设施使用前验收，实施前对作业人员进行安全技术交底。

（2）作业人员必须戴安全帽，禁止向下抛物。

（3）安装不小于 180mm 的挡脚板和安全立网。

g 预防气瓶爆炸的安全措施

（1）实施前对作业人员进行安全技术交底；氧焊人员必须持证上岗。

（2）气瓶必须采用吊篮吊装，加强监护。

（3）进货时要有减震圈，仪表完好；现场设置稳固、不倾倒的放置点，采取防热措施；乙炔瓶必须立放，氧气瓶与乙炔瓶距离不小于 5m；任何气瓶与明火之间不小于 10m。

（4）对较高温度提前预警。

B 使用阶段（钢筋安装、混凝土浇筑）安全管理

（1）预防坍塌的安全措施同安装阶段。

（2）预防触电的安全措施同安装阶段。

（3）预防起重伤害的安全措施同安装阶段。

（4）预防高处坠落的安全措施同安装阶段。

（5）预防物体打击的安全措施同安装阶段。

（6）预防气瓶爆炸的安全措施同安装阶段。

（7）预防机械伤害的安全措施。

1）根据法律法规和其他要求确定合适的施工设备、方法；进行专业培训，完善操作规程；实施前对作业人员进行安全技术交底。

2）按操作规程执行。

3）提供输送设备生产许可证、产品合格证，检测合格或自检合格证明；混凝土一次输送距离宜控制在该设备最远输送距离的 80% 以内；对输送泵管进行降温，对混凝土进行入场质量检验。

4）要有操作空间；要有足够的采光照明，采取保温措施。

C   拆除阶段（模板拆除）安全管理

（1）预防坍塌的安全措施。

1）针对支架体系，根据法律法规和其他要求确定合适的施工设备、方法，实施前对作业人员进行安全技术交底。

2）严格按安全专项施工方案规定的设备、程序和方法施工；专职安全人员监护。

3）拆除前混凝土强度必须合格；临时便道距桩边距离不得小于 3m，车辆行走速度要小于 10km/h，要设置限速标志。

（2）预防起重伤害的安全措施同安装阶段。

（3）预防高处坠落的安全措施同安装阶段。

（4）预防物体打击的安全管理与技术措施。

1）实施前对作业人员进行安全技术交底。

2）作业人员必须戴安全帽，禁止向下抛物。

3）从上往下拆除，要有足够的防护距离。

4.5.3.3 预应力工程安全风险控制措施

（1）预应力工程施工工艺流程。预应力工程施工工艺流程为：张拉平台搭设→整体验收→张拉→监测监控→维护→拆除张拉平台。

（2）预应力工程潜在发生事故识别。针对预应力张拉平台安装、张拉、拆除三个阶段，以及可能影响的相邻物范围，潜在的事故或职业危害有坍塌、高处坠落、机械伤害 3 种。

（3）张拉平台安装、张拉、拆除安全管理。安装阶段潜在的事故有坍塌、高处坠落、机械伤害 3 种。

针对潜在的事故，在分析危险因素和事故隐患的基础上，针对性地制定管理与技术措施、明确监控方法和频率，确定负责或监控人员。

1）预防坍塌的安全措施。

①针对支架体系，根据法律法规和其他要求确定合适的施工设备、材料和方法，实施前对作业人员进行安全技术交底；对张拉工作平台使用前进行验收；制定监测监控方案。

②严格按安全专项施工方案规定的设备、程序和方法施工；专职安全人员监护，监护（测量）人要执行监测监控方案。

③对底部进行处理；检查材料的产品合格证、检测报告；检查支撑体系的纵向、横向和竖向间距，检查节点的连接与支撑杆。

④搜集大风、暴雨的信息，并加以防范。

2）预防高处坠落的安全措施同拆除阶段。

3）预防机械伤害的安全措施。

①根据法律法规和其他要求确定合适的施工设备、材料和方法；进行专业培训合格；实施前对作业人员进行安全技术交底；张拉设备不超过 6 个月或使用 200 次或维修后必须校验一次。

②严格按安全专项施工方案规定的设备、程序和方法施工，专职安全人员监护；张拉油压、回程油压不得超过千斤顶的额定油压，活塞伸长一般应保留 10mm 的富余量；实施张拉设备校验。

③提供张拉设备生产许可证、产品合格证、检测合格或自检合格证明；在千斤顶后 1.5～2m 处设置高出张拉钢筋 0.5m、两侧各不小于 1m 的防护挡板。

④要有操作空间；要有足够的采光照明。

4.5.3.4　模板作业风险控制措施

（1）模板运输。工地运输模板时应进行临时捆绑，不应超载，避免运输途中滑落。模板运送至指定施工地点后，应安放在合适地点，防止阻塞交通和被损坏。

（2）模板安装。桥梁的高桥墩或上部结构采取原位现浇法施工时，其模板的安装属于重点施工安全管理环节，应做好以下几方面的工作：

1）安装模板之前应预先搭设好支架和作业平台，并保证其强度与稳定性。工作平台建在高处时，其外侧应设栏杆及上下扶梯，10m 以上时还应加设安全网。

2）整体模板吊装前，模板要连接牢固，内撑拉杆、箍筋应上紧，并应对吊机、钢丝绳等相关机具进行检查，应符合正常使用的要求。吊点要正确牢固，起吊时，应拴好溜绳，并听从信号指挥，不能超载。在吊装过程中，模板行走路线下禁止员工停留或通过。

3）模板就位后，应立即固定位置，防止倾倒砸人。

4）树立高空模板时，作业人员应配备安全带，并拴于牢固处。

5）模板安装完毕后应进行验收。

6）在浇筑高架工程混凝土前，应进行预压，测试支架、地面和桥墩能否承受设计重量。卸载时，要注意均匀卸载，防止受力不均匀引发坍塌。

（3）模板拆卸。拆除模板时，应按设计和施工规定的拆除程序进行，并划定禁行区，严禁行人通过。拆除水面上模板，应配有工作船、救护船。

4.5.3.5　起重吊装作业风险控制措施

施工过程中，大量的建筑材料、预制构件需要进行吊装倒运，起重吊装过程容易发生坠物伤人，造成人身财产损失。施工单位应根据高架工程的施工特点以及具体的作业环境，对危险性大、环境复杂的吊装作业编制安全专项施工方案。同时，要注意高架工程起重吊装的以下原因造成起重机械倾覆的特殊风险：

（1）大量使用臂式起重机械（如汽车吊），容易因超载、臂架变幅或旋转过快等错误操作引起起重机倾覆。

（2）起重机械作业场地不断变化，一旦地基不平坦、不坚实，或者支腿没有全部伸出，容易导致起重机倾覆。

（3）因地面空间受限，需要起重机械定位在已建好的高架桥上作业时，更容易因操作失误造成起重机倾覆。

（4）在河道上架设高架区间或车站时，当需要使用起重船时，起重船的稳定性直接影响起重作业的安全性。

4.5.3.6　高处作业风险控制措施

高架工程中桥墩、桥梁上部结构、桥面及附属工程和铺架作业等都与高处作业密切相关，高处作业是整个高架工程施工安全管理工作的重点之一，可从以下几个方面加强安全管理，避免事故发生。

（1）施工作业人员。施工前，作业人员经过安全教育及安全技术交底，架子工等特殊作业人员应具有特种作业操作资格证。作业时，应正确佩戴安全带、安全帽等安全防护用品。

（2）特殊施工气候。高架工程应按规定设置避雷设施；雨雪天气进行高处作业时，需采取可靠的防滑、防寒、防冻措施，及时清除水、雪、冰、霜；六级及以上强风、暴雨、浓雾等恶劣天气严禁进行室外攀登与悬空作业；暴风雪及台风暴雨前后，应对高处作业安全设施逐一检查，发现异常立即采取加固措施。

（3）临时构造物。

1）支架（脚手架）。支架（脚手架）的选材、配件、搭建和构造应符合相关规定的要求；支架（脚手架）的地基应满足承载力和沉降要求，并采取防、排水和防冻融措施，当位于城市道路附近时，应有防止车辆冲击的措施。要经常对支架（脚手架）的强度、稳定性、刚度、构造要求等容易引发安全事故的指标和因素进行检查，发现问题应立即整改。施工过程中，从业人员应从专用的通道或爬梯上下，严禁攀登脚手架。

2）操作平台。移动式操作平台应具有足够的强度、刚度和稳定性，并应标明容许荷载值，使用过程中严禁超过容许荷载；操作平台四周应设置防护栏杆，并设置登高扶梯。

悬挑及悬挂式钢平台的支撑点与拉结点应设置在稳定的支点上；钢平台安装时，挂钢丝绳的挂钩应挂牢。操作平台刚度、强度、稳定性、安装要求等指标和因素应经常检查，发现问题应立即整改。

（4）临边作业。临边作业是高处作业中经常遇见的作业形式，是事故的易发源，因此应特别注意临边作业的防护措施，包括以下内容：孔洞、基坑周边、墩台顶、桥面周边、脚手爬梯与建筑物通道的两侧边等，应设置符合标准的盖板或栏杆和警告牌。

4.5.3.7　承台作业风险控制措施

（1）明挖基坑的承台。高架工程基础的明挖基坑的安全风险及其控制措施，与地下车站明挖基坑的类似，但与地下车站明挖基坑相比，高架工程基础的基坑比较浅、小，管理人员和作业人员对其坍塌风险认识不足而未采取相应的措施，导致"阴沟里翻船"，对此，应高度重视。

（2）河流中施作承台。当高架桥跨越河流，在河流中施作基础，需架设围堰以保证施工安全。基坑围堰施工可能出现洪水暴涨、漏水渗入、流砂、涌泥（砂）或支撑变形等风险。

常用的围堰形式有（草）土围堰、钢板桩围堰、钢套箱围堰和双壁钢围堰。围堰结构应坚固牢靠，能承受水、土和外来的压力，保证防水严密。围堰的构造应简单，符合强度、稳定、防冲和防渗要求，并应便于施工、维修和拆除。

4.5.3.8 桥梁墩台作业风险控制措施

（1）就地浇筑墩台模板安装。就地浇筑墩台混凝土，施工前，必须搭设好脚手架和作业平台，墩身高度在2～10m时，平台外侧应设栏杆及上下扶梯；10m以上时，还应加设安全网。

模板就位后，应立即用撑木等固定其位置，以防倾倒砸人，用吊机吊模板合缝，模板底端应用撬棍等工具拨移，不得徒手操作。每节模板支立完毕，应安好边结紧固器，支好内撑后，方可继续作业。

在竖立高桥墩的墩身模板过程中，安装模板的作业人员必须系好安全带，并拴于牢固地点，穿模板拉杆，应内外呼应。整体模板吊装前，模板要连接牢固，内撑拉杆、箍筋应上紧。吊点要正确牢固。起吊时，应拴好溜绳，并听从信号指挥，不得超载。

拆除模板时，应画定禁行区，严禁行人通过；拆除水面上模板，应配有工作船、救护船。

（2）滑模施工。当高墩采用滑升模板施工时，应按照高处作业的安全规定，加设安全防护设施，穿戴好个人防护用品，并须根据工程特点，编制单项施工方案及其安全技术措施，并向参加滑模施工的作业人员进行安全技术交底。

根据桥墩具体尺寸，对滑模进行特殊设计；在工厂加工制作的爬升架体系、操作平台、脚手架等，要保证具有足够的刚度和安全度；架体提升时，要另设保险装置。液压系统组装完毕后，应进行全面检查；施工过程中，液压设备应由专人操作，并经常检查维护，发现问题及时处理。

模板每次提升前，应进行检查，排除故障，观察偏斜数值；提升时，千斤顶应同步作业；模板提升到2m高以后，应安装好内外吊架、脚手架，铺好脚手板，挂设安全网，模板内设置升降设施及安全梯。操作平台上的施工荷载，应均匀对称，不能超负荷；平台周围应安设防护栏杆，并备有消防及通信设备。顶杆和平台应稳固，如顶杆有失稳或混凝土有被顶出的趋势时，应及时加固；用手动或电动千斤顶做提升工具，千斤顶丝扣的旋转方向应以左右方向对称安装，使其力矩相互抵消，防止平台被扭动而失稳。

拆除滑模设备时，应做好安全防护措施，拆除时根据吊装设备能力，选择分组拆除或吊至地面上解体，以减少高处作业量和杆件变形。拆除现场应划定警戒区，警戒线到平台滑模设备边缘的安全距离不能小于10m。

（3）混凝土浇筑。在浇筑桥墩混凝土时，应严格控制浇筑速度，防止过快浇筑引起模板坍塌。浇筑过程中，应随时检查支架和模板，发现异常状况，及时采取措施。

当用吊斗浇筑混凝土，吊斗提降，应设专人指挥，升降斗时，下部的作业人员必须躲开，上部人员不得身倚栏杆推吊斗，严禁吊斗碰撞模板及脚手架。

凿除混凝土浮浆时，作业人员必须按规定佩带防护用品。人工凿除，应经常检查锤头是否牢固。采用吊斗出渣，应拴好挂钩，关好斗门，吊机扒杆转动范围内，不得站人。

4.5.3.9 混凝土梁浇筑与架设作业风险控制措施

（1）制梁台座和模板装拆。制梁台座的地基应坚实平整、不沉陷；台座抗倾覆安全系数不应小于1.5。使用机具升吊模板时，应正确选择吊点位置，调整吊点位置时，不能徒手操作；大型拼装式模板安装就位后应及时加支撑固定，保持模板整体稳定。制梁模板不宜与工作平台的支撑相连接，确需连接时，应额外架设支撑加固。模板拆除时，不能强拉强卸。

（2）先张法预应力混凝土简支梁施工。张拉中使用的工具和锚具（锚环及锚塞）在使用前应做外观检验，已有裂伤者严禁使用。高压油泵与千斤顶之间应紧密连接，油泵操作人员应戴防护眼镜。

油泵开启后，进回油速度与压力升降应平稳，安全阀应灵敏可靠，张拉中出现异常应立即停机检查。张拉或放松预应力时，需采取安全防护措施；操作人员应站在千斤顶的两侧；当采用楔块放松预应力筋时，应保证楔块同步滑出。灌注混凝土时，捣固棒（振捣器）不能撞击预应力钢丝（钢束）。

（3）后张法预应力混凝土简支梁施工。振动器应安装牢固，电源线路需绝缘耐压，防水性能良好。预应力钢绞线整束、编束时，在切口端应用铁线扎紧；搬运梁体时，两支点距离不能大于3m，作业人员间应相互配合。采用金属波纹管制孔时，应防止划伤手脚。

抽拔胶管时，应防止胶管断裂。钢绞线穿束后，梁端应设围栏和挡板，严禁撞击锚具、钢束和钢筋。管道压浆时，应严格按规定压力进行；施压前，应调整好安全阀，关闭阀门时，作业人员应站在侧面，并戴防护眼镜。

（4）就地浇筑上部结构。就地浇筑上部结构时，应重点关注支架和模板的安全，防止安装、施工和拆卸过程中发生变形、垮塌、人员坠落等事故，保证施工质量和施工安全。

作业前，应对所用机具设备和防护设施等进行检查；针对施工工艺及技术复杂的工程，应编制具有针对性的安全技术措施及安全操作细则等，并对施工作业人员进行技术交底和培训。

浇筑混凝土前应对模板进行预压，检查脚手架的稳定性。浇筑过程中，应避免使用大罐漏斗直接灌入，防止冲击模板，振捣时不能振动顶杆、钢筋及模板。同时，应安排专门人员随时检查支架和模板，发现异常状况，应及时采取处理措施；

就地浇筑预应力混凝土梁时，应根据工程实际进行支架设计和检算，同时作业平台应设置护栏及安全网等安全防护设施。浇筑混凝土时，应根据简支梁、连续梁、悬臂梁的浇筑顺序，严格按设计和有关规定依序施工。

（5）梁的存放、横移、起吊、装卸、运输。梁的存放和搬运中应注意防止出现梁片发生滑移、偏斜或倾覆，造成梁体破坏和人员伤亡。梁的存储场应有坚固的存梁台座和地面排水系统；梁片存放时，应支垫牢固，不能偏斜，并有防止梁体倾覆的措施。梁片移动、装运、存放时，需按要求设置支撑点，在梁端两侧应支撑牢固。

用于就地横移梁片的专用轨道应平顺，轨距正确，轨道接头不能有错台、错牙，道床无沉陷。采用滑道横移梁片时，滑道位置应与卸梁轴线垂直，两股滑道之间的距离需一致，滑道应有足够的强度和稳定性。梁片滑移时，梁底面与滑道之间应加设滑板，两侧应设有能随梁体移动的保护支撑。当梁体运送中出现支撑松动时应停止牵引。

梁片的起顶、支垫、卸顶应对称平衡，支垫牢固。梁体移位交换支点时，千斤顶起落高度不能超过有效顶升行程；移动梁体时，两端行程应同步。梁片起吊、装车、运输时，两端的高差不能大于30cm。梁片用千斤顶装车运送时，千斤顶的起重吨位不能小于梁重的1.2倍；横移时，应保持梁体的平衡和稳定，两端不能同时起落。

（6）架桥机架梁。选用架桥机架梁时，宜根据架桥机的性能，按现行国家标准《起重机安全规程》（GB 6067—2010）及相关规程制定安全操作细则，并经批准后执行。拼装式架桥机结构应按设计制造，并符合现行国家标准《起重机设计规范》（GB 3811—2008）的有关规定；临时支架搭设应牢固可靠，并与架桥机的行走轨道相对应，轨道安装应平顺，道床无沉陷，轨缝应符合安全要求。架梁前应对桥头路基进行压道，严禁使用已组装的架桥机压道；当压道过程中出现路基下沉严重时，应对路基进行加固。架桥机通过地段的道路净空应满足架桥机的要求。架梁时应由专人检查、加固，非作业人员应撤离架桥作业范围。拼装式架桥机架梁前应进行静载、动载试验和试运转，静载试验的荷载为额定起重量的 1.25 倍，动载试验的荷载为额定起重量的 1.1 倍；架梁时应安装起载限制器、提升（下降）限位器、缓冲器、制动器、止轮器等装置；架桥机就位后，应使前后支点稳固；用液压爬升（下落）梁体时，前后爬升杆应同步，其高差不能大于 90mm；梁体在架桥机上纵、横向移动时，速度应平缓。

在大坡道上架梁时，应设专人安放止轮器和操作紧急制动阀，防止架梁机向下坡方向溜动；吊梁小车或者行车的制动装置必须可靠，并设制动失灵的保险设施。在下坡道架梁时，应在架梁机后方安装脱轨器并采取防止车辆脱钩的措施。应有专人防止运梁小车向下坡方向溜动，并备有止溜木楔和止轮器。当风力导致架桥机梁臂不稳定时，应停止架梁对位；对位后应用枕木支垫架桥机背风面，并用钢丝穿过滑车拉住大臂前端，配合摆臂速度收放。

拼装式架挢机到下一桥孔提梁时，台车及前后龙门天车的位置应符合设计规定；当桥梁的一端在运梁台车上，而另一端在龙门天车上吊起准备前移时，龙门天车与运梁台车应同步。拼装式架桥机应定期对重要部件（如轮、轨、吊钩、钢丝绳等）进行探伤检查。

（7）龙门吊机架梁。采用龙门吊机架梁时，吊机行走轨道基础和地基应专门设计和验算，对软弱地基进行加固处理，确保坚实、稳固、无沉陷，轨距、水平、接头、坡度等应符合要求。跨墩龙门架安装构件时，应根据龙门架的高度、跨度，采取相应的安全措施，确保构件起吊和横移稳定，构件吊至墩顶后，应慢速、平稳地降落。吊机架梁跨墩起吊时，应采取相应措施确保梁体平稳起吊和横移。

吊机（拼装式吊机）拆除时，应切断电源，将龙门吊机底部垫实，并在龙门架顶部拉好缆风绳和安装临时连接梁，拆下的杆件、螺栓、材料等应吊放下落，严禁抛掷。

（8）悬臂拼装造桥机拼装预应力混凝土节段梁。移梁小车、起重小车、电动或液压卷扬机、造桥机走行系统的限位和制动装置，应安全可靠。造桥机拼装完成后，应进行检查，并先试运转和试吊。试吊时，应做好应力测试，合格后方可使用。吊装作业过程中，不能碰撞悬拼吊架和梁体。在合拢时，两端的连接装置应牢固可靠，并在吊架上全封闭保护。

（9）移动模（支）架法建造预应力混凝土梁。选用移动模（支）架造梁时，宜根据移动模架造桥机的性能，按现行国家标准《起重机安全规程》（GB 6067—2010）制定安全操作细则，并经批准后执行。当在地面用移动支（模）架架设预应力混凝土梁时，地基基础应有足够的承载能力；当选用架空移动模（支）架架设预应力混凝土梁时，导梁安装应平稳、坚固，其抗倾覆稳定安全系数应大于 1.5；若模架支撑于钢箱梁上，其前后端桁架梁需用优质高强螺栓连接并拧紧。

钢箱梁及桁架梁下弦底面装设不锈钢带，在滑橇上顶推滑行之前，应检查有无障碍物及不安全因素；所用机具设备及滑行板等，均须进行检查和试验。直架平移搭设的临时直墩需牢固；在直架平台及主行道上，应满铺脚手板，四周应安装栏杆、梁下应挂安全网。支墩顶纵梁安装的导链应由专人指挥；主架横移时，各主墩应同步作业，速度不应大于0.1m/min；横移时如有异常，应停止作业并进行加固。牵引后横梁和装卸滑橇时，要有起重工协同配合作业；牵引时，应注意牵引力作用点，使后横梁在运行时，与桥轴线保持垂直；滑移模架行走时，应听从指挥信号，对重要部位，应设专人负责值班观察，并注意人员及设备的安全。

（10）混凝土梁支座安装。顶落梁共同作用的多台千斤顶应选用同一类型。顶落梁时，应有保险设施，每个桁架不能两端主点同时起落；施顶或纵横移时，应缓慢平稳，各道工序应派专人检查。悬臂拼装连续梁进行体系转换前，应对支座检查验收。

4.5.3.10　桥面声屏障作业风险控制措施

列车通过高架桥时产生的噪声会给沿线附近居民造成影响，干扰他们的生活和工作环境。为了减小对周围环境的噪声污染，高架桥上设置吸声和隔声的声屏障是非常有必要的。以下是声屏障安装过程中需要重点关注的施工安全要点。

（1）立柱安装。立柱吊装前，应对设计安全性进行核查，施工时应对吊机的钢丝绳、吊钩等机具进行检查，合格后方可吊装，作业时应缓慢进行。立柱吊装时，工件与钢丝绳之间应用羊毛毡衬垫，以防止滑动。立柱地脚螺栓紧固后还需人为撞击，如地脚螺栓松动，待重新校整后，再次紧固。

（2）声屏障安装。吊装声屏障时应使之垂直，并应轻吊慢放，麻绳与屏体之间要用羊毛毡衬垫，防止滑动。声屏障安装时应注意正反方向不能错位，紧固件需紧固牢靠。在已安装完毕的屏障处设置标识性的围栏，防止发生意外。

4.6　改造工程施工安全管理

4.6.1　改造工程施工概述

4.6.1.1　改造工程施工简介

建筑改造工程是建筑领域一门新兴的学科，和其他学科一样，也是由于人类发展的需要而出现的。改造工程一般流程如图4-6-1所示。

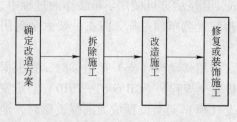

图4-6-1　改造工程一般流程

建筑物改造工艺一般分为四部分：

第一部分：对原有建筑物的结构状况进行检测评估，必要时在装饰面层拆除后进行二次检测，确定改造方案。

第二部分：拆除施工。

第三部分：改造施工。

第四部分：修复或装饰施工。

建筑物在建设时都是根据当时所要求的功能与标准进行设计、施工的。既有建筑物，经过多年的使用后，随着技术进步和生活水平的提高，可能不满足人民生活和生产的需求；或者社会体制和生产工艺的变革，设计之初的标准和用途都不适应了；或者由于建筑物设备和生产设备的过时，使用荷载的变化，要求增加设备和负荷，改变建筑物某一部位的结构等均需按现行标准和规范，对既有建筑物进行改造与加固。

改造工程是对原有建筑的再次开发利用，它是在原有建筑非全部拆除的前提下，全部或部分利用原有建筑物质实体并相应保留其承载的历史文化内容的一种建造方式。

改造工程是从古建筑保护发展出的一种新的方式，它与传统的古建筑保护的概念既有差异又有联系。改造是在建筑领域之中由于要创造一种新的使用机能，或者是由于重新组构一栋建筑或构造物，以一种满足新需求的新形式将其原有机能重新延续的行为。旧建筑改造要求我们发掘建筑过去的价值并加以利用，将其转化成新的活力。

造成建筑物改造的原因很多，具体来说，我国建筑物改造的主要原因有：

（1）新中国成立初期建造的大量建筑，已接近或超过设计基准期，需要根据建筑现状逐步进行加固改造，以延长其使用年限。

（2）新中国成立初期建造的大多数公共建筑的承重体系为砌体结构，随着我国经济的快速发展，需将沿街底楼改为商铺，改变建筑物的使用功能。

（3）由于建筑物基础不均匀沉降等原因，造成建筑物发生倾斜而进行纠偏。

（4）由于建筑物使用功能的要求，对建筑物进行增层改造。

（5）对建筑物进行整体移位。

（6）对历史建筑物进行保护性的改造加固。

4.6.1.2 加固方法的适用性研究

近年来，我国地基处理的各类技术有效地解决了新建建筑物中的各类软弱土、不良土的地基问题。同时，伴随各类既有建筑地基事故的处理要求，在不破坏建筑物结构的情况下对既有建筑的地基进行加固的技术，也在迅猛发展。选择加固方法时考虑的因素有：

（1）当地的水文地质条件。

（2）既有建筑物地基土的类型。

（3）既有建筑的场地条件对地基加固工艺的限制。

（4）当地的技术装备条件和经济水平。

建筑物改造工程的施工内容包括既有建筑楼地面、屋面面层的拆除，墙体内外饰面的拆除，非结构构件、结构构件的拆除及加固，增加结构及构件，水、暖气通风、强电弱电等设备的安装等。

一般情况下，先拆除既有建筑物的楼地面、屋面面层以及墙体内外饰面来卸荷，再对既有建筑结构进行加固，增加结构构件，然后再拆除非结构构件及结构构件。由于非结构构件及结构构件的拆除通常是局部的，非结构构件通常是结构的外荷载，而结构构件的内力是相互影响的，所以非结构构件及结构构件的拆除顺序不当会引起既有建筑结构构件内力的重分布，影响结构构件的承载力，甚至使结构计算模型与实际不符，严重者导致结构构件承载力局部失效，各个击破，危及整个既有建筑结构的安全。

4.6.1.3 改造工程施工特点

改造工程与新建工程相比，结构设计难度大，工程施工复杂，特别是设计上要考虑的问题较多。要考虑既有建筑结构现状，尽量不损伤既有建筑结构；要考虑新增结构与既有建筑结构的连接方案，考虑新增结构的传力路线以及整个结构的计算模型；要考虑施工方案，方便施工，以及施工过程中保证既有建筑结构加固安全。

既有建筑物的存在，使得工程施工方案不同于一般新建工程，确定施工方案时应全面考虑对既有建筑物的影响。具体来说，改造工程施工具有以下特点：

（1）要求在设计不断变更的情况下，争分夺秒地完成施工。

（2）要求在对原有建筑及相邻建筑不降低安全度的情况下，争分夺秒地完成施工。

（3）要求在施工障碍物繁多、场地异常狭窄的情况下，争分夺秒地完成施工。

（4）要求在不断存在干扰情况下，争分夺秒地完成施工。

（5）施工考虑因素较多，除了需要考虑新建工程的一般因素外，还需要考虑原有建筑结构、原有施工技术等。

（6）施工难度较大，改造工程需要按照原有图纸进行施工设计，并按照现有的施工技术及流程进行施工，确保施工顺利完成。

（7）要求较高的施工管理水平，改造工程的以上两个因素决定了这一特点。

4.6.2 改造工程安全策划重点及改造工程的必要性

4.6.2.1 安全策划重点

（1）应对已有构筑物的变形情况进行就地监测，并在一定的部位安设监测仪表，设置报警装置。变形状态的测定主要是指下沉、水平移动、倾斜、破损、开裂。

（2）对已有构筑物的上部结构或基础采取补强加固措施（例如设置拉杆、托换施工）。

（3）设置隔断防护措施，如打板桩、地下连续墙等。实践证明：在有地震和地下水较旺盛的地区，对相距很近的多个地下构筑物或者新建地下构筑物附近有既有建筑物时，应用地下连续墙施工工艺优于现行的其他各种施工方法。

（4）由设计采用安全性更好的施工方法。

4.6.2.2 旧工业建筑改造安全管理的必要性和特殊性的具体表现

（1）原设计标准的影响。我国房屋安全度设置水准经历了多次变迁，但目前总体上还处于一个较低的水平，房屋安全设置水准与发达国家相比，差距还较大。随着规范标准的修订完善，尤其是我国抗震设防等级的普遍提高，相当多的早期建成的在役房屋不能满足现行规范的要求，面临抗震鉴定和抗震加固的需要。我国部分地区在抗震设计规范颁布后，曾要求和督促当地企事业单位进行过抗震鉴定和加固。在实际操作中，其覆盖面集中在住宅、办公、教育等建筑物，而对工业建筑未作强制要求和督促。又如失陷性黄土的处理要求，在1976年黄土规范颁布前无强制规定，因此包括陕西在内的黄土地区，早期建筑物在服役期因地基浸水黄土湿陷后造成房屋开裂、沉陷、倾斜的案例非常普遍。

设计标准规范的安全度设置水准的提高是在总结经验教训、研究理论技术的基础上不断修正和发展的。对旧工业建筑再生利用项目来讲，依照现行规范要求加固改造既是最好的契机，又是必须采取的安全保障措施。

（2）施工质量的影响。新中国成立早期，我国房屋工程建设的施工质量水平和组织管理水平参差不齐，质量控制措施与质量保证制度极不健全。而我国旧工业建筑多为该时期的产物，其立项、设计、施工都是在上级主管部门的组织安排下进行，房屋质量受到建设期内经济形势和政治运动的影响比较严重，质量意识和监管措施缺失严重。

例如，原陕西钢厂的房屋在施工过程中均无资料存档，其施工质量只能通过实体检测获得。尽管质量问题并不完全是由于施工原因造成的，但仅从填报和保存施工过程资料这一制度的缺失可以反映出，在较长的历史时期内我国对施工过程的监管是有环节缺失的。原陕西钢厂钢研所办公楼，为20世纪70年代中期建设的一栋三层砖混结构办公楼，检测人员对其设计资料调查和复核计算的结果达到了现行的抗震规范要求，但实体检测的结果却是原设计强度为M7.5的砌筑砂浆手捏即酥。

（3）服役环境的影响。旧工业建筑在长期使用过程中，在内部或外部的、人为或自然的因素作用下，发生材料劣化、结构损伤，损伤的累积势必造成结构性能退化。尤其是旧工业建筑在复杂的工业生产条件下，面临的外部因素影响特别多，影响程度特别大。

以原陕西钢厂为例，在不同的建筑物中，受高温烘烤、酸气腐蚀、化学试剂腐蚀、烟尘腐蚀、天车吊物撞击，堆积粉尘荷载等影响因素很多，加快了建筑物的老化，影响了建筑物的安全。如在原陕西钢厂再生利用改造中，原煤气发生站锅炉房为钢筋混凝土框架结构，原设计的混凝土标号为C20，经检测后发现仅为C12。虽然无法断定该混凝土标号与设计标号的巨大差异完全就是由于高温和粉尘腐蚀的影响造成的，但对此类特殊服役环境下的旧工业建筑的质量保持状态，无疑应该得到尤其的关注。

（4）功能变化。旧工业建筑的再生利用，即使对原结构不作任何改造，但功能变化引起的结构受力将发生变化。在很多情况下的再生利用，是完全改变其原来的工业用途，这类改造可能涉及建筑物竖向增层、竖向分层、平面分割、新结构附加、建筑装修、保护性维修等内容。改造、保护性维修改变了原有结构受力体系条件，通过安全性鉴定，对原有旧工业建筑的安全现状进行评估，对改造加固的可行性进行研究，才能制定科学、合理、经济的再生利用方案。

（5）市场经营模式发展的需要。随着我国市场经济体制的建立，房屋产权呈现多元化趋势，房屋使用方式的市场模式也在探索发展出很多新的类型。例如办公楼写字间的长期租赁经营模式，如酒店餐饮业的代营管理模式，如体育文化场馆设施的承包经营，如股份公司组建时以房屋产权作价入股等。旧工业建筑再生利用的功能改造模式有很多，包括办公楼写字间、酒店餐饮、体育场馆、艺术家创意工作室、博物馆、教学楼等，相应的其市场生产经营模式的类型也有很多。

4.6.3 改造工程施工风险控制措施

4.6.3.1 改造工程整体安全管理思路

A 改造工程施工安全特点分析

建筑物改造工艺一般分为四部分：第一部分为对原有建筑物的结构状况进行检测评估，必要时在装饰面层拆除后进行二次检测，确定改造方案；第二部分为拆除施工；第三部分为改造施工；第四部分为修复或装饰施工。安全事故主要发生在第二部分和第三部分阶段，因此必须引起我们的关注。改造工程是指在基本保留旧有房屋主要结构的前提下，提高其使用功能完善程度和构件、设施的完好程度，而使旧有房屋的住用水平和条件接近于新建的同类房屋标准，并延长其使用年限。在建筑单位的技术改造中，各种建筑也常常需要进行相应的改造。这种改造工程受许多因素的制约，比较复杂，因而其设计与施工都和新建工程不同，具有一定的特点和技术政策问题。

B　目前改造施工安全存在的问题

（1）安全保障措施方面。制定的规定、依据与施工安全内在规律所要求的科学管理模式得不到有效的实施。对于建筑业这样一个生产特点较为特殊的行业，安全生产的保障体制在制定时也应该考虑因地制宜的因素。同时，政府的监管力度要加大，监管体系要完善，除开突击性的安全生产大检查外，还要强调日常的监督管理制度和措施的落实。同时，加大群众监督的力量，群众监督是保证国家建筑施工安全管理目标得以实现的基础；而科学合理的建筑安全管理组织机构和高素质的执法人员也是保证政府高效实施安全管理的基础。

（2）施工技术安全防护方面。改造施工生产安全管理的方针也是"安全第一，预防为主"，而由于施工存在工序多、施工场地露天作业多、不安全因素多等特点，加上建筑业本身的安全生产科技相对落后，而一些新技术、新材料、新工艺在原有老工程上的应用，都加大了施工的难度和危险性。

（3）人员培训方面。目前，我国建筑行业整体素质不高。在近4000万建筑从业人员中，农民工占了近85%。这些工人大多文化水平低，其安全防护意识和操作技能差，其职业技能培训远远不够；同时，全行业技术、管理人员偏少，而专职的安全管理人员更少，还达不到施工安全管理的需要。尽管各级政府或企业已经在人员培训方面下了一些功夫，但是在培训体制、培训计划、培训方式、考核标准等方面还有待进一步深化和提高；而对于异地务工人员的医疗保险、社会福利、子女上学等问题也亟需相关单位解决。

（4）施工安全预警和评估方面。预防改造工程安全生产中的事故，是实现施工安全的基本保障。目前，我们还缺乏施工安全危险预警和评估方面的行之有效的机制。通过对一些施工中已发事故的分析、评价，能给事故预警带来有效的借鉴作用，但一些企业为了私利或名誉，封杀安全事故信息，使得整个行业的安全生产信息流通不畅。对已发事故缺少认真、深入和科学的分析、研究；缺少安全信息，特别是近发事故和施工安全科学发展信息的不及时传播，也使得一定时期的施工安全预警和评估方面的工作停滞不前。

C　改造工程安全管理策略

（1）正确提出和使用安全措施。安全技术措施是执行"安全第一，预防为主"方针的具体体现，即能把事故消灭于萌芽之中。如漏电保护器，在电气线路出现漏电现象时，可以自动断电，能防止触电事故发生。安全技术措施还可以减轻操作失误的危害，如建筑施工中，工人在高层作业，万一发生坠落事故就性命难保，若事前我们按照要求架设了安全网，就可以挽救失足坠落者的生命。因此，安全技术措施是改善劳动条件，确保安全的重要手段。施工企业应抓住本单位安全生产和工业卫生方面危害较大的关键问题，根据迫切程度，制定当前和今后的安全措施项目计划，集中力量在资金、材料和设备等方面尽快逐步解决。

（2）切实做好培训教育工作。安全培训的目的是改变操作人员的不安全行为，施工现场的安全管理水平应随着对管理人员、检查人员和操作人员的培训而逐步提高。特别是对企业的新增人员和农民工，在上岗前必须经过安全培训，同时企业的安全管理人员对培训计划与实施情况应定期进行检查，并有针对性地制定培训内容。

（3）完善改造工程安全保障体系。建立健全严格而完整的安全保障体系。安全保障体系是保障生产安全的重要手段，是安全管理的重要内容。完善安全保障体系并且有效的实行是减少改造工程安全事故的有效措施。只有有效的安全保障体系，"安全第一，预防为主"才能得以有效实行。

4.6.3.2 前期工作

（1）改造设计前，应认真收集原有建筑设计文件、施工记录及勘察资料，并应在现场对建筑物现状进行勘测，对业主提供的有关图纸、数据资料进行核对，弄清各上部荷载的传递方式和主要受力构件的受力状态，并对建筑物完好情况进行了解。必要时应按现状重新绘制建筑结构图并进行相应的测试工作。

（2）若部分结构需拆除，应遵循先加固后拆除、自上而下拆除的施工顺序，即对保留结构进行加固、构件达到设计强度后，方可进行相关的清拆工作；同时做好加固前保护原有结构的临时支撑。

（3）加固前，应尽量卸除活荷载，如无法卸荷时应及时向设计人员报告；在加固工程中若发现原结构构件有开裂、腐蚀、锈蚀、老化及与图纸不一致的情况，施工单位应检查记录结构损坏的程度，并向设计人员报告，以便及时调整设计方案。

（4）加固项目往往处于人员较多的区域，施工中要重视安全防护，并应设置安全通道。

（5）加大构件截面所用混凝土应比原截面混凝土提高一个强度等级，并掺入一定比例的膨胀剂；植筋胶产品应满足抗震性能要求，并应提供相关测试报告；碳纤维布、配套树脂类粘贴材料及表面防护材料的性能应满足《碳纤维片材加固修复混凝土结构技术规程》的要求。

4.6.3.3 关键工序的施工方法

A 缺陷的修补

（1）所采用的细石混凝土，其强度等级宜比原构件的混凝土强度等级高一级，且不应低于 C20。

（2）修补前，损伤处松散的混凝土和杂物应剔除，钢筋应除锈，并采取措施使新、旧混凝土可靠结合。

（3）压力灌浆的浆料可灌性和固化性应满足设计和施工要求；灌浆前应对裂缝进行处理，并埋设灌浆嘴，灌浆时，可根据裂缝的范围和大小选用单孔灌浆或分区群孔灌浆，并应采取措施使浆液饱满密实。

B 现浇混凝土叠合层

（1）宜采用呈梅花形布置的 L 形锚筋或锚栓与原楼板相连；当原楼板为预制板时，锚筋、锚栓应通过钻孔并采用胶粘剂锚入预制板缝内，锚固深度不小于 80～100mm。

（2）施工时，应去掉原有装饰层，板面应凿毛、涂刷界面剂，并注意养护。

C 采用钢筋网砂浆面层加固墙体

（1）钢筋网片砂浆面层按下列顺序施工：原墙面清底→钻孔并用水冲刷→铺设钢筋网并安设锚筋→浇水湿润墙面→抹砂浆并养护→墙面装饰。原墙面碱蚀严重时，应先清除松散部分，并用 1∶3 水泥砂浆抹面，已松动的勾缝砂浆剔除。原墙体清底后应做好墙体质量的原始记录。

（2）原墙面为开裂墙体时，应先剔除裂缝两侧 1m 范围内砖缝，清除缝内浮渣，用砂浆灌注封闭裂缝，并用 1∶3 水泥砂浆重新勾缝。开裂墙体裂缝须处理。

（3）墙面钻孔时，应标出穿墙筋位置，并用电钻打孔，锚筋孔直径为锚筋直径的1.5～2.5倍，双面加固时需贯通墙面，单面加固时深度为120mm，锚筋插入空洞后，可采用结构胶填实。

（4）墙体水泥砂浆优先采用喷射施工，喷射前应调整砂浆流动性，以保证砂浆上墙后与墙体能较好的粘接。

（5）采用人工抹水泥砂浆时，应在墙面刷水泥浆一道，再分层抹灰，每层厚度不超过15mm。

（6）面层应及时浇水养护，防止阳光暴晒，冬季应采取防冻措施。加固施工顺序为先楼下后楼上。

D　植筋要求

（1）新老混凝土结合处原混凝土面凿毛，凹凸面深度不少于6mm，清洗表面并刷水泥净浆一遍。

（2）在植筋相应位置钻直径为 $d+4mm$ 的孔，孔内用空压机清灰。

（3）植入前要将植入部分的钢筋用钢丝刷除锈至基层。

（4）凿除和打孔过程中应避开原钢筋，避免遇到和破坏原结构钢筋，如遇到要重新选孔。

（5）钢筋植入深度不应小于15倍钢筋直径，钢筋宜先焊后种植；若后焊，焊点距基材混凝土表面应大于15倍钢筋直径。

（6）按设计要求进行植筋拉拔试验。

E　碳布粘贴施工要求

（1）加固区域梁、板面打磨平整，并将浮灰清除干净，转角处磨成圆角，曲率半径不小于20mm。

（2）用丙酮清洗混凝土表面以清除油脂，涂一层饱满均匀的粘接剂。

（3）将碳布粘贴上去并沿碳布受力方向按压赶出气泡，反复滚压，以使碳布与混凝土表面紧密结合。

（4）碳布搭接长度及搭接位置应满足规范要求。

（5）梁面需粘贴2层及以上时，重复上述第（2）、（3）步施工。

（6）碳布粘贴完毕后须刷面胶一遍，粘抹粗砂，胶体凝固后再分两次涂抹25mm高强砂浆作为防护材料。

F　粘贴钢板施工要求

（1）对粘合面打磨时，必须露出混凝土新面并保证表面平整，四周磨出小圆角，半径 $r \geqslant 7mm$，用钢丝刷刷毛，并用压缩空气吹净。

（2）型钢及钢板粘结面须进行除锈和粗糙处理，打磨粗糙度越大越好，打磨纹路应与钢板受力方向垂直。

（3）用丙酮或酒精清洗混凝土、钢板表面，要求混凝土、钢板表面无灰尘、无油污。

（4）钢构件表面涂刷一层均匀的粘接剂并安装至梁面处，然后拧紧安装螺栓，保证外粘型钢的胶缝厚度控制在3～5mm。

（5）钢构件外点焊钢丝网片，粉25mm厚1：2高强水泥砂浆防护层，并润水养护。

G　钢构套的施工要求

（1）加固前应卸除全部或大部分作用在梁上的活荷载。

（2）原有的梁柱表面应清洗干净，缺陷应修补，角部应磨出小圆角。

（3）楼板凿洞时，应避免损伤原有钢筋。

（4）构架的角钢应采用夹具在两个方向夹紧，缀板应分段焊接。注胶应在构架焊接完成后进行，胶缝厚度宜控制在 3～5mm。

（5）钢材表面应涂刷防锈漆，或在构架外围抹 25mm 厚的 1∶3 水泥砂浆保护层，也可采用其他具有防腐蚀和防火性能的饰面材料加以保护。

H　消能支撑

消能支撑与主体结构的连接，应符合普通支撑构件与主体结构的连接构造和锚固要求。消能支撑在安装前应按规定进行性能检测，检测的数量应符合相关标准的要求。

加固工程的施工是一个动态管理、信息化施工的过程，施工单位应及时向设计单位报告现场情况，需要双方密切配合才能保证项目的顺利完成；施工单位尚应编制完整的施工方案，对拆除的顺序、加固构件的卸载方法、原有结构的保护、工程质量缺陷的检查、新老结合面的处理、后浇混凝土的养护、施工安全通道设置等关键工序提出明确的要求，以保证施工质量满足规范要求和设计要求。

4.6.3.4　改造工程施工安全控制措施

改造工程施工管理不仅要达到合同内建设单位提出的质量、工期、投资等要求，而且必须落实对整个工程施工安全的全方位控制，正确处理好"安全与危险并存，安全与生产的统一，安全与质量的包含，安全与速度互保，安全与效益兼顾"的关系，坚持工程施工安全管理的基本原则，有效遏止生产事故的发生。

A　建立健全的改造施工安全责任体系

（1）明确建设单位在改造建设中安全生产的职责和地位。按照"管生产必须管安全"的原则。建设单位应对整个工程建设的安全生产进行监督管理，督促施工单位制定和落实施工路段安全管理方案，并利用管理职能进行协调。施工单位认真做好安全管理工作，并积极配合公路路政部门，加强对施工路段的管理。

（2）强化现场监理的安全生产职责，充分发挥监理人员现场旁站的监督作用，要求他们在对质量、进度等进行检查监督的同时，对施工单位的安全生产、现场施工安全管理等一并监督。

（3）施工单位应该认真按照《中华人民共和国安全生产法》和地方制定的各项法律法规，认真做好改造施工中的安全管理工作，努力杜绝生产安全事故的发生。

B　建立改造施工安全管理制度

（1）制定安全检查制度。安全检查是发现隐患、消除隐患、防止事故、改善劳动条件和环境的重要措施，是企业预防安全生产事故的一项重要手段。

（2）制定各工种安全操作规程。工种安全操作规程，可以消除和控制劳动过程中的不安全行为，预防伤亡事故，确保作业人员的安全和健康，是企业安全管理的重要制度之一。对特殊工种，应建立《特种作业人员的安全教育规定》、《持证上岗管理规定》等制度。

（3）制定施工现场安全管理规定。施工现场安全管理规定是施工现场安全管理制度的基础，目的是规范施工现场安全防护设施的标准化、定型化。对日常安全管理工作，应建立相应的《安全生产巡视制度》、《安全生产交接班制度》、《安全技术交底制度》、《有毒有害作业管理制度》等管理制度。

（4）制定《特种设备管理责任制度》、《危险设备管理制度》、《手持电动工具管理制度》、《吊索具安全管理规程》等。由于机械设备，特别是特种设备本身存在一定的危险性，如果管理不当，可能造成机毁人亡，所以它是目前施工安全管理的重点。

（5）制定施工现场临时用电安全管理制度。施工现场临时用电是目前施工现场相对薄弱的环节，由于其使用广泛、危险性较大，牵涉到每个劳动者的安全，也是施工现场一项重要的安全管理制度。

（6）建立《劳动防险用品管理制度》。劳动防险用品是为了减轻或避免劳动过程中劳动者受到的伤害和职业危害，是一项保护劳动者安全健康的预防性辅助措施，对于减少职业危害起着相当重要的作用。

（7）制定《生产安全事故报告和调查处理办法》，目的是规范生产安全事故的报告和调查处理，主要为查明事故原因、吸取教训、采取改进措施，防止事故重复发生。生产安全事故报告和调查处理办法也是企业安全管理的一项重要内容。

（8）制定安全生产奖惩办法。施工企业必须制定安全生产奖惩办法，目的是不断提高劳动者进行安全生产的自觉性，调动劳动者的积极性和创造性，防止和纠正违反法律、法规和劳动纪律的行为，确保改造工程安全有序。

C　加强安全生产培训与考核

生产经营单位的安全培训与考核，是企业提高职工安全意识和安全技能的重要手段。其中加强"三类人员"（企业主要负责人、项目负责人、专职安全生产管理人员）的安全生产知识的教育和培训考核工作尤为重要，只有进一步提高施工企业"三类人员"及其从业人员的安全知识水平和安全管理能力，才能有效地为企业的安全发展保驾护航。

（1）单位主要负责人、项目负责人和安全生产管理人员的安全培训教育。重点培训内容为国家有关安全生产的法律法规、行政规章和各种技术标准、规范，让他们通过培训了解企业安全生产管理的基本脉络，掌握对整个企业进行安全生产管理的能力，取得安全管理岗位的资格证书。

（2）从业人员的安全培训教育在于了解安全生产知识。熟悉有关的安全生产规章制度和安全操作规程，掌握本岗位的安全操作技能。

（3）特种作业人员的安全培训在于必须按照国家有关规定通过专门的安全作业培训，取得特种作业操作资格证书。

（4）新职工必须经过严格的三级安全教育和专业培训，并通过考试后方可上岗。对转岗、复工人员应参照新职工的办法进行培训和考试。

（5）重大危险岗位作业人员还需要进行专门的安全技术训练。有条件的单位最好能对该类作业人员进行身体素质、心理素质、技术素质和职业道德的测定，避免由于作业人员先天性素质缺陷而造成安全事故。

D　加大安全投入与完善安全设施

建立改造施工项目安全生产投入的长效保障机制，从资金和设施装备等方面保障安全生产工作的正常进行。

（1）安排安全生产专项资金，加强安全生产技术改造，尽可能地使用具有本质安全性能、高度自动化的生产装置。施工单位应根据安全管理的需要，配备必要的安全卫生管理、检查、事故调查分析、检测检验等设施、设备；配备必要的训练、急救、抢险的设施、设备；配备必要的应急抢救仪器、人员和设施，如设置卫生室并配置相应的急救药品；高温作业需要设置有空调的休息室，采取必要的降温措施。

（2）规范设置施工安全警示标志、标牌。完善安全防护设施，现场派专职安全人员进行巡视检查。所有现场人员要时刻注意过往车辆动态，确保安全施工。

（3）夜间施工时应在上游过渡区内设置黄色频闪警示信号，作业区内设置充分照明灯。一般禁止夜晚或雨、雾等不良天气施工。

E 开展安全管理的监督与日常检查

（1）安全管理坚持动态管理的原则。安全管理措施的动态表现就是监督与检查，一是对有关安全施工方面的国家法律法规、技术标准、规范和行政规章执行情况的监督与检查；二是对本单位所制定的各类安全生产规章制度和责任制的落实情况的监督与检查。通过监督检查，保证本单位各层面的安全教育和培训能正常有效地进行，安全设施、安全技术装备能正常发挥作用。

（2）设备的不安全状态是诱发事故的物质基础。保持设备、设施的完好状态，是实现工程施工安全的前提。因此，要加强对设备运行时的监视、检查以及定期维修保养等工作。经常进行安全分析。对发生过的事故或未遂事件、故障、异常工艺条件和操作失误等，应做详细记录和原因分析，并制定改进措施。积极采取安全技术、管理等方面的有效措施，防止类似事故的发生。经常对主要设备故障处理方案进行修订，使之不断完善。

（3）加强施工作业环境的日常检查。重视作业环境及条件的改善，冬寒、暑热、风、霜、雨、雪、雷电等环境气候条件，会影响操作人员做出正确的判断和操作，间接或直接影响到作业人员的安全和健康。

F 提高施工安全技术

认真落实安全技术交底制度。有针对性地提出各个施工阶段的安全要求，重要临时设施、重要施工工序、特殊作业、季节性施工、多工种交叉等施工项目的安全施工措施须经施工技术、安监管理等部门审查，总工程师批准后执行。重大的起重、运输作业、特殊高处作业及带电作业、爆破等危险作业项目的安全施工措施及方案，须经施工技术、机械管理和安监部门审查，经总工程师批准，办理相关作业票后执行。制定和下达雨季施工、防雷、防暑、防台风等季节性专项安全措施，保证安全教育普及到施工现场的每一位从业人员。另外，要增加技术投入，提高安全防范能力，从源头抓起，从基础管理抓起，创立全过程信息沟通。建立企业的技术标准、操作工法，建立施工过程结构安全的监控手段与方法。加强教育培训，建立健全相关制度。对职工，尤其是一线从业人员进行安全知识培训，增强安全及自我防范意识。

G 建立事故应急救援预案

《中华人民共和国安全生产法》规定，生产经营单位必须建立应急救援组织，目的是一旦发生生产安全事故，就可以迅速地启动预案，采取有效措施，组织抢救，防止事故扩大，减少人员伤亡和财产损失。

    H　推行改造工程施工安全生产条件验收评审制度

为了进一步加强安全生产管理，有效防范工程建设中的安全事故，建议由建设单位对改造工程在开工前实施安全生产条件验收评审制度。安全生产条件验收评审内容主要包括：安全生产管理组织机构、人员配备与责任制是否相符，安全生产管理规章制度及措施是否完备有效，施工单位安全生产"三类人员"和特种作业人员是否具备上岗资格，现场专职安全员、安全生产技术交底是否到位，安全警示标志和防护设施是否按规定配齐等。安全生产条件验收评审由工程项目办公室按照相关规定，做好必要的安全措施之后向市局（业主）提出申请。由市局安全部门组织专家现场评审，做出评审结论性意见。只有经过安全生产条件评审合格的项目，工程项目办公室才可以下达开工指令。

改造工程施工的安全管理是一项系统工程，涉及系统内及社会的方方面面，需要全体参与者的共同努力，这就要求施工企业思想重视、措施得力、评价科学，严格规范安全管理行为，牢固树立"安全第一，预防为主"的思想，层层落实安全生产责任。建立系统安全生产管理网络，并覆盖到项目部、施工班组，加强对工程项目的安全监管力度。

4.6.3.5　原陕西钢厂改造实例

旧工业建筑（群）涉及的各建筑物、构筑物，以及其外部环境系统，包括平面交通路网、地下雨污系统、空间运输系统（架空管道、支架）、配套生产设施场地等原规划设计是服务和满足工业生产的工艺流程和交通流线的要求，生产功能性强，空间尺度大，对人的活动不进行专门充分的考虑。改造规划中，根据建筑（群）整体功能的重新定位，充分利用已有设施，对外部环境系统重构，形成与新功能相匹配的，人与人、人与自然交往的外部空间。

西安建筑科技大学华清学院是根据国家教育部对独立学院的有关政策的规定设置的一所独立学院。华清学院一期占地面积约 600 亩，建设于 2002 年 12 月启动，经过对旧工业建筑的再生利用改造，满足了基本办学条件后，第一批学生于 2003 年 9 月开始入学。根据学生规模的扩大逐步建成共 13 栋学生公寓、教学综合楼、培训中心等新建建筑，教学条件日趋完善。旧工业园区面貌焕然一新，发展成为教学环境优雅，文化氛围浓厚，办学质量一流的大学。

华清学院立足于旧工业建筑（群）的再生利用，校区的规划和重点工程的设计由西安建筑科技大学组织专家教授精心设计。在合理利用原有建筑的情况下，对园区进行了大规模的拆除，对原有建筑物的改造进行了大胆新颖的设计，不拘一格，部分地方保持原有风貌。凸显其由盛至衰、由衰而至焕然一新的历史过程。截止 2009 年 10 月经过 7 年的建设，在原钢厂北区规划布局、建筑、交通、地下管网和设施的基础上，陆续完成具有一定规模的工程项目近 50 个，建筑面积达 50 余万平方米。其中学院办公楼，1、2、3 号教学楼，教研楼，大学生活动中心、学生餐厅、综合服务楼、计算机网络中心、图书馆、实验室、音乐舞蹈教室等等均利用旧工业建筑改建而成，旧工业建筑再生利用项目建成面积约 30 万平方米。一个可容纳 15000 名学生的设施先进，功能齐全，环境优雅，景观独特，文化氛围浓郁的新型大学校园全面投入正常使用。

华清学院的规划设计按照整体功能协调的原则，对旧工业建筑进行了合理改造再生，同时保留了原状路网和大量的原生树木，利用原构件或设备形成了独特的工业景观。

（1）原状分区。原陕西钢厂同国内所有的国有企业一样，在企业生产经营中大多经历了从厂矿的一体化经营，到以车间为单位相对独立经营，再到车间或分公司承包经营，直至车间或分公司独立运营等改革发展模式。因此其工业建筑的布局既体现了布局之初的完整生产交通流线，又形成了相对独立的发展格局。其建（构）筑物也因此而呈现出不同分区的功能特点。

（2）校区功能分区。针对原陕西钢厂建筑物的分布情况，结合原交通路网形成的功能分区，按大学校园的基本功能要求划分为教学区、运动区、综合服务区、住宿区，对建筑体量大的一、二轧等车间所在区域规划为教学区；原煤场所在区域规划为运动区；中部体量适中，造型独特的原煤气发生站片区规划为综合服务区，对原铁路专运线及东部仓储区（简易建筑居多）规划为住宿区，有效地契合了学生住宿、教学、运动等动静分区的规划思想。

（3）道路与景观设计。原陕西钢厂历尽50年的建设，由于重工业运输的需要厂区规划布局整体规则，交通道路设施宽敞便利，保存较好。同时，原厂区内树木已经适应环境，高大成林。另外，工业味浓厚的各类设备、建（构）筑物也成为不可多得的景观元素。原陕西钢厂作为特种钢生产厂，原材料的进场和成品的出场需要宽敞的进出口通道和较大的回车半径，以及足够的承载能力。因此，厂区内道路的设计施工维护程度高，设施保存较好。尤其需要说明的是，厂区主干道的两侧已经形成的高大行道树，是所有新建校区无法获取的稀缺资源。

华清学院在建设过程中，尤其注重了原厂区路网的利用和行道树的保留修剪。同时根据旧工业建筑改造再生后的通道设置，增设部分支干道与主干道路连同。同时，对园区内所有成林树木进行了测量定位编号，在新建设施的设计中加以考虑，尽量减少损坏。对占地范围内确实需要避让的树木采取修剪后移栽的办法重新选定位置利用建筑物改造再生设计的功能需求，精心设计层次多样，形式变化的楼梯，设置于建筑物室内公共空间或室外空间，既有效解决了交通疏散，同时为公共空间增添了景观元素，丰富了公共空间的美观视野。

华清学院旧工业建筑改造工程，是在完全改变工业生产用途的基础上建设的。因此，在地基加固施工中对设备工艺的选择上有较大的余地。但由于湿陷性黄土地质的特点，地基与基础的加固主要在于消除湿陷性影响和适度纠偏。在建造过程中，灰土井、灰土挤密桩、人工挖孔灌注桩使用较多，此外对于已经发生湿陷而引起的均匀沉降而产生的纠偏要多采用静压桩顶升纠偏，而在湿陷性黄土地采用静压桩必须考虑再次浸水后的负摩阻力的影响，可以采用强化防水措施，杜绝漏水的办法。在华清学院的改造实践中，是在建筑物外侧改造管网，对管网统一设防水地沟；建筑物顶升加固完成后，在临基础部分的散水以下换填2m左右宽深的3:7灰土。

华清学院行政楼、办公楼、学生6号公寓（改造）、水电中心的不均匀沉降中均使用了静压桩，并采取了上述防水加强措施，建筑物改造加固后已使用5~8年，无新的地基缺陷出现，实践证明效果良好。

（4）构件与结构加固。华清学院在各改造再生项目的构件与加固中应用了多种改造加固技术。具体讲有如下几种主要方式：

1）外包钢筋混凝土技术。在学生餐厅和服务综合楼改造中，对部分原框架柱采用外包钢筋混凝土方案，扩大柱截面、梁截面。钢筋连接方式使用德国进口加固专用结构胶在相邻连接构件中植入钢筋后，按钢筋连接要求连接扩大部分的钢筋。在一、二号教学楼人工挖孔灌注桩因为大型设备基础不能开挖时，在设备基础上植入框架柱的钢筋。

2）外包钢技术：学生餐厅和服务综合楼的部分构件由于其原构件混凝土质量严重缺陷，采用全钢板包闭加固方案，大幅加强混凝土的横向约束强度。

3）碳纤维加固技术。对厂房屋架，由于其高度高不宜施工，截面尺寸小以及其受力特点不宜采用包钢技术增加自重，碳纤维加固是最佳选择。一、二号教学楼等建筑物屋架的局部加固就是采用的碳纤维加固。

4）增设构件技术。在部分项目中，如摄影实验室、综合服务楼中由于其部分楼板从中部断裂，采用了在断裂部位增设框架梁柱的方案。如图书馆外墙则是以新增型钢框架作为悬空墙面的支撑体系。

总之，加固改造技术必须结合构件和结构体系的特点综合选用，往往在一个改造加固工程中会存在多种加固技术。

复习思考题

4-1 简述高层建筑施工的特点。

4-2 高层建筑主体工程施工过程中主要危险源有哪些？

4-3 如何针对高层建筑施工的特点进行安全控制？

4-4 简述大型公共建筑施工的特点及安全控制要点。

4-5 简述特种构筑物的类型、施工特点及安全控制要点。

4-6 简述道路工程施工过程中安全管理控制要点。

4-7 简述桥梁工程施工危险源类型及安全管理控制要点。

4-8 简述改造工程安全策划要点。

5 土木工程安全评价

5.1 土木工程安全评价的意义

5.1.1 土木工程安全评价的定义

土木工程安全评价是利用系统工程方法对拟建或已有工程的系统可能存在的危险性及其可能产生的后果进行综合评价和预测，并根据可能导致的事故风险的大小，提出相应的安全对策措施，以达到工程、系统安全的过程。土木工程安全评价应贯穿于工程、系统的设计、建设、运行和退役整个生命周期的各个阶段。对工程、系统进行土木工程安全评价既是企业、生产经营单位搞好安全生产的重要保证，也是政府安全监督管理的需要。

土木工程安全评价是以系统安全为目的，应用安全系统工程的原理和方法辨别分析系统、生产经营活动中的危险有害因素，预测系统发生危险的可能性和严重程度，提供安全、合理、可靠的安全对策措施，并做出评价结论。

土木工程安全评价可在同一工程、系统中用来比较风险的大小，但不能用来证明必要的安全设施未投入使用的工程、系统的状态是安全的。这样的证明既是方法的滥用，也会得出不符合逻辑的结果。

5.1.2 土木工程安全评价的目的

土木工程安全评价的目的是查找、分析和预测工程、系统中存在的危险、有害因素及可能导致的危险危害后果和程度，提出合理可行的安全对策措施，指导危险源控制和事故预测，以达到降低事故率，减少事故损失和最优的安全投资效益。其主要目的包括以下几个方面：

（1）实现全过程安全控制。在设计之前进行土木工程安全评价，其目的是避免选用不安全的工艺流程、危险的原材料以及不合适的设备、设施；或当必须采用时，提出降低或消除危险的有效方法。设计之后进行土木工程安全评价，其目的是查出设计中的缺陷和不足，及早采取改进和预防措施。系统建成以后运行阶段进行的土木工程安全评价，其目的是了解系统的现实危险性，为进一步采取降低危险性的措施提供依据。

（2）为选择系统安全的最优方案提供依据。通过分析系统存在的危险源的数量及分布、事故的概率、事故严重程度，预测并提出应采取的安全对策措施等，为决策者和管理者根据评价结果选择系统安全最优方案提供依据。

（3）为实现安全技术、安全管理的标准化和科学化创造条件。通过对设备、设施或系统在生产过程中的安全性是否符合有关技术标准和规范规定的评价，对照技术标准、规范找出存在的问题和不足，以实现安全技术和安全管理的标准化、科学化。

（4）促进实现生产经营单位本质安全化。系统地从工程规划、设计、建设、运行等过程，对事故和事故隐患进行科学分析，针对事故和事故隐患发生的各种可能原因事件和条件，提出消除危险的最佳技术措施方案。特别是从设计上采取相应措施，实现生产过程的本质安全化，做到即使发生误操作或设备故障时，系统存在的危险因素也不会导致重大事故发生。

5.1.3　土木工程安全评价的意义及作用

土木工程安全评价的意义在于有效地预防事故发生，减少财产损失和人员伤亡。土木工程安全评价与日常安全管理和安全监督监察工作不同。土木工程安全评价着眼于技术方面，对产生的损失和伤害的可能性、影响范围、严重程度及应采取的对策措施等方面进行分析论证和评估。

（1）有助于政府安全监督管理部门对生产经营单位实施安全监督。"安全第一，预防为主"是安全生产的基本方针。作为预测、预防事故重要手段的土木工程安全评价，在贯彻安全生产方针中有着十分重要的作用。通过土木工程安全评价可确认生产经营单位是否具备了安全生产条件。

（2）有助于政府安全监督管理部门对生产经营单位实施宏观安全管理。根据国家有关法律法规、技术标准及规范对生产经营单位的工艺系统、设备、设施的安全技术、安全管理、安全教育等进行符合性评价，可客观地对生产经营单位安全水平做出结论。这不但使生产经营单位了解本单位安全生产条件可能存在的危险性，明确如何改进安全状况，同时也为安全监督管理部门了解生产经营单位安全生产现状、实施宏观管理提供基础资料和管理依据。

（3）有助于生产经营单位安全投资的合理性选择。土木工程安全评价不仅能确认系统的危险性，而且还能进一步考虑危险性发展为事故的可能性及事故造成损失的严重程度。进而计算事故造成的危害，即风险率。并以此说明系统危险可能造成负效益的大小，为生产经营单位合理选择控制、消除事故发生的措施，确定安全措施投资的方向和多少提供依据，从而使安全投入更加合理。

（4）有助提高生产经营单位的安全管理水平。土木工程安全评价可以使生产经营单位安全管理事后处理变为事先预测、预防。通过土木工程安全评价，可以预先识别系统的危险性，分析生产经营单位的安全状况，全面地评价系统及各部分的危险程度和安全管理状况，促进生产经营单位达到规定的安全要求。通过土木工程安全评价可以使生产经营单位的安全管理变纵向单一管理为全面系统管理。即将安全管理范围扩大到生产经营单位各个部门、各个环节，使生产经营单位的安全管理实现全员、全面、全过程、全时空的系统化管理。通过土木工程安全评价可以使生产经营单位安全管理变经验管理为目标管理，使各个部门、每一名职工明确各自的安全指标要求。在明确的目标下，统一步调，分头实施，从而使安全管理工作做到科学化、统一化和标准化。

（5）有助于生产经营单位提高经济效益。安全预评价可减少项目建成后由于安全措施不到位引起的调整和返工建设。安全验收评价可将一些潜在的事故消除在装置开工运行前。安全现状综合评价可使生产经营单位更好地了解系统中可能存在的危险并为安全管理提供依据。生产经营单位的安全生产水平的提高无疑可带来经营效益的提高，使生产经营单位真正实现安全、生产和经济的同步增长。

（6）有助于提高生产经营单位管理人员及员工的安全意识。通过评价过程中危险、有害因素分析、危险源辨识及危害后果分析、各危险源定性定量表征、安全对策措施建议的提出等环节，使生产经营单位安全管理、安全技术人员及其他员工对本单位的事故隐患及安全生产状况有一个全面清晰的认识，提高安全管理人员和员工的安全防范意识。通过评价人员在现场的查看、询问、座谈、交流，可以进一步向管理人员和员工宣传安全生产政策与知识，起到很好的宣传教育作用。

（7）有助于保险公司对生产经营单位进行风险管理。保险公司为客户承担各种风险，必然要收取一定的费用，而收取费用的多少，是由风险大小来决定的，因此，就存在衡量风险程度的问题。土木工程安全评价的结果可以作为衡量客户风险程度的重要依据。

5.1.4 土木工程安全评价的分类

5.1.4.1 按土木工程安全评价的不同阶段分类

目前国内将土木工程安全评价通常根据工程、系统生命周期和评价的目的分为安全预评价、安全验收评价、安全现状评价和专项土木工程安全评价四类。

A 安全预评价

安全预评价是根据建设项目可行性研究报告的内容，分析和预测该建设项目可能存在的危险、有害因素的种类和程度，提出合理可行的安全对策措施及建议。

安全预评价实际上就是在项目建设前应用土木工程安全评价的原理和方法对系统（工程、项目）的危险性、危害性进行预测性评价。

安全预评价以拟建建设项目作为研究对象，根据建设项目可行性研究报告提供的生产工艺过程、使用和产出的物质、主要设备和操作条件等，研究系统固有的危险及有害因素，应用系统安全工程的方法，对系统的危险性和危害性进行定性、定量分析，确定系统的危险、有害因素及其危险、危害程度；针对主要危险、有害因素及其可能产生的危险、危害后果提出消除、预防和降低的对策措施；评价采取措施后的系统是否能满足规定的安全要求，从而得出建设项目应如何设计、管理才能达到安全指标要求的结论。总之，对安全预评价可概括为以下四点：

（1）安全预评价是一种有目的的行为，它是在研究事故和危害为什么会发生、是怎样发生的和如何防止发生等问题的基础上，回答建设项目依据设计方案建成后的安全性如何、是否能达到安全标准的要求及如何达到安全标准、安全保障体系的可靠性如何等至关重要的问题。

（2）安全预评价的核心是对系统存在的危险、有害因素进行定性、定量分析，即针对特定的系统范围，对发生事故、危害的可能性及其危险、危害的严重程度进行评价。

（3）安全预评价用有关标准（土木工程安全评价标准）对系统进行衡量，分析、说明系统的安全性。

（4）安全预评价的最终目的是确定采取哪些优化的技术、管理措施，使各子系统及建设项目整体达到安全标准的要求。

经过安全预评价形成的安全预评价报告，将作为项目报批的文件之一，同时也是项目最终设计的重要依据文件之一（具体地说，安全预评价报告主要提供给建设单位、设计单位、业主、政府管理部门。在设计阶段，必须落实安全预评价所提出的各项措施，切实做到建设项目在设计中的"三同时"）。

　　B　安全验收评价

　　安全验收评价是在建设项目竣工验收之前、试生产运行正常之后，通过对建设项目的设施、设备、装置实际运行状况及管理状况的土木工程安全评价，查找该建设项目投产后存在的危险、有害因素，确定其程度，提出合理可行的安全对策措施及建议。

　　安全验收评价是运用系统安全工程原理和方法，在项目建成试生产正常运行后，在正式投产前进行的一种检查性土木工程安全评价。它通过对系统存在的危险和有害因素进行定性和定量的评价，判断系统在安全上的符合性和配套安全设施的有效性，从而做出评价结论并提出补救或补偿措施，以促进项目实现系统安全。

　　安全验收评价是为安全验收进行的技术准备，最终形成的安全验收评价报告将作为建设单位向政府安全生产监督管理机构申请建设项目安全验收审批的依据。另外，通过安全验收，还可检查生产经营单位的安全生产保障，确认《中华人民共和国安全生产法》的落实。

　　在安全验收评价中，要查看安全预评价在初步设计中的落实，初步设计中的各项安全措施落实的情况，施工过程中的安全监理记录，安全设施调试、运行和检测情况等，以及隐蔽工程等安全落实情况，同时落实各安全管理制度措施等。

　　C　安全现状评价

　　安全现状评价是针对系统、工程的（某一个生产经营单位总体或局部的生产经营活动的）安全现状进行的土木工程安全评价，通过评价查找其存在的危险、有害因素，确定其程度，提出合理可行的安全对策措施及建议。

　　这种对在用生产装置、设备、设施、储存、运输及安全管理状况进行的全面综合土木工程安全评价，是根据政府有关法规的规定或是根据生产经营单位职业安全、健康、环境保护的管理要求进行的，主要包括以下内容：

　　（1）全面收集评价所需的信息资料，采用合适的土木工程安全评价方法进行危险识别，给出量化的安全状态参数值。

　　（2）对于可能造成重大后果的事故隐患，采用相应的数学模型，进行事故模拟，极端情况下的影响范围，分析事故的最大损失，以及发生事故的概率。

　　（3）对发现的隐患，根据量化的安全状态参数值、整改的优先度进行排序。

　　（4）提出整改措施与建议。评价形成的现状综合评价报告的内容应纳入生产经营单位安全隐患整改和安全管理计划，并按计划加以实施和检查。

　　D　安全专项评价

　　安全专项评价是根据政府有关管理部门的要求进行的，是对专项安全问题进行的专题安全分析评价，如危险化学品专项土木工程安全评价，非煤矿山专项土木工程安全评价等。

　　安全专项评价一般是针对某一项活动或场所，如一个特定的行业、产品、生产方式、生产工艺或生产装置等，存在的危险、有害因素进行的土木工程安全评价，目的是查找其存在的危险、有害因素，确定其程度，提出合理可行的安全对策措施及建议。

　　如果生产经营单位是生产或储存、销售剧毒化学品的企业，评价所形成的安全专项评价报告则是上级主管部门批准其获得或保持生产经营营业执照所要求的文件之一。

5.1.4.2 按土木工程安全评价的量化程度来分类

定性土木工程安全评价是指根据经验对系统的工艺、设备、环境及人员管理等状况进行定性判断。

定量土木工程安全评价是指用量化的指标评价设备、设施或系统的事故概率和事故的严重程度。如概率风险评价法、DOW 法、ICI 法、中国化工厂危险性分级等。

5.1.4.3 按评价的内容分类

工厂设计的土木工程安全评价；安全管理的有效性评价；人的行为的土木工程安全评价；生产设备的土木工程安全评价；作业环境的评价；化学物质危险性的评价。

5.1.4.4 根据评价性质分类

系统固有危险性评价和系统现实危险性评价。

5.2 土木工程安全评价程序

5.2.1 土木工程安全评价的原则

土木工程安全评价是关系到被评价项目能否符合国家规定的安全标准，能否保障劳动者安全与健康的关键性工作。由于这项工作不但具有较复杂的技术性，而且还有很强的政策性，所以，要做好这项工作，必须以被评价项目的具体情况为基础，以国家安全法规及有关技术标准为依据，用严肃的科学态度，认真负责的精神，强烈的责任感和事业心，全面、仔细、深入地开展和完成评价任务。在土木工程安全评价工作中必须自始至终遵循政策性、科学性、公正性和针对性原则。

（1）政策性。土木工程安全评价是国家以法规形式确定下来的一种安全管理制度。政策、法规、标准是土木工程安全评价的依据，政策性是土木工程安全评价工作的灵魂。

（2）科学性。为保证土木工程安全评价能准确地反映被评价项目的客观实际和结论的正确性，在开展土木工程安全评价的全过程中，必须依据科学的方法、程序。以严谨的科学态度全面、准确、客观地进行工作，提出科学的对策措施，做出科学的结论。

（3）公正性。评价结论是评价项目的决策依据、设计依据、能否安全运行的依据，也是国家安全生产监督管理部门在进行安全监督管理的执法依据。因此，对于土木工程安全评价的每一项工作都要做到客观和公正，既要防止受评价人员主观因素的影响，又要排除外界因素的干扰，避免出现不合理、不公正。

（4）针对性。进行土木工程安全评价时，首先应针对被评价项目的实际情况和特征，收集有关资料，对系统进行全面的分析；其次要对众多的危险、有害因素及单元进行筛选，对主要的危险、有害因素及重要单元应进行有针对性的重点评价，并辅以重大事故后果和典型案例进行分析、评价；最后要从实际的经济、技术条件出发，提出有针对性的、操作性强的对策措施。对被评价项目做出客观、公正的评价结论。

5.2.2 土木工程安全评价的内容

土木工程安全评价的程序主要包括：签订委托协议、编制评价方案、现场勘查、收集资料、按评价内容进行评价、编制评价报告、评价报告评审、评价报告交接过程，如

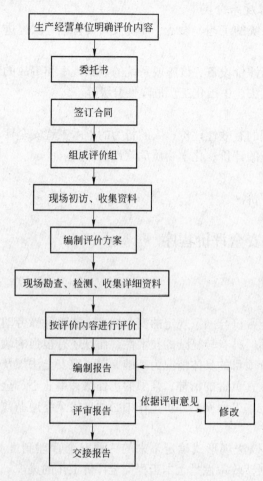

图 5 - 2 - 1 土木工程安全评价的基本程序

图 5 - 2 - 1 所示。

5.2.3 土木工程安全评价的限制因素

根据经验和预测技术、方法进行的土木工程安全评价，在理论和实践上都还存在很多限制，应该认识到在土木工程安全评价结果的基础上做出的安全管理决策的质量，与对被评价对象的了解程度、对危险可能导致事故的认识程度、对评价经验的积累和采用土木工程安全评价方法的适应性等有关。土木工程安全评价的限制因素主要来自以下两个方面：

（1）评价方法。土木工程安全评价方法多种多样，各有其适用对象，各有其优缺点，各有其局限性。例如，许多评价方法是利用过去发生过的事件的概率和危害程度做出推断，而这些事件往往是高风险事件，高风险事件通常发生概率很小，概率值误差很大，如果利用高风险事件概率和危险度预测低风险事件概率和危险度很可能会得出不符合实际的判断。又如，在利用定量评价方法计算绝对风险度时，选取的事件的发生频率和事故的严重度的基准标准不准，得出的结果可能会有高达数倍的不准确性。另外，方法的误用也会导致错误的评价结果。

（2）评价人员的素质和经验。许多土木工程安全评价结论具有高度主观的性质，评价结果与假设条件密切相关。不同的评价人员使用相同的资料评价同一个对象，可能会由于评价人员的业务素质不同，而得出不同的结果。只有训练有素且经验丰富的土木工程安全评价从业人员，才能得心应手地使用各种土木工程安全评价方法辅以丰富的经验，得出正确的评价结论。

由于许多事故在评价前并未发生过，土木工程安全评价采用定性方法来确定潜在事故的危险性，依靠评价人员个人或集体的智慧来判断可能导致事故的原因及其产生的后果，评价结果的可靠性往往与评价人员的技术素质和经验相关。

5.3 土木工程安全评价方法

5.3.1 土木工程安全评价方法的分类

土木工程安全评价方法分类的目的是为了根据土木工程安全评价对象选择适用的评价

方法。土木工程安全评价的分类方法很多，常用的有按评价结果的量化程度分类法、按评价的推理过程分类法、按针对的系统性质分类法、按土木工程安全评价要达到的目的分类法等。

5.3.1.1 按评价结果的量化程度分类法

按照土木工程安全评价结果的量化程度，土木工程安全评价方法可分为定性土木工程安全评价方法和定量土木工程安全评价方法。

A 定性土木工程安全评价方法

定性土木工程安全评价方法主要是根据经验和直观判断能力对生产系统的工艺、设备、设施、环境、人员和管理等方面的状况进行定性的分析，土木工程安全评价的结果是一些定性的指标，如是否达到了某项安全指标、事故类别和导致事故发生的因素等。属于定性土木工程安全评价方法的有安全检查表、专家现场询问观察法、因素图分析法、事故引发和发展分析、作业条件危险性评价法、故障类型和影响分析、危险可操作性研究等。

定性土木工程安全评价方法的特点是容易理解、便于掌握，评价过程简单。在国内外土木工程安全管理工作中被广泛使用。但定性土木工程安全评价方法往往依靠经验，带有一定的局限，土木工程安全评价结果有时因参加评价人员的经验和经历等有相当的差异。同时由于土木工程安全评价结果不能给出量化的危险度，所以不同类型的对象之间土木工程安全评价结果缺乏可比性。

B 定量土木工程安全评价方法

定量土木工程安全评价方法是运用基于大量的实验结果和广泛的事故资料统计分析获得的指标或规律（数学模型），对生产系统的工艺、设备、设施、环境、人员和管理等方面的状况进行定量的计算，土木工程安全评价的结果是一些定量的指标，如事故发生的概率、事故的伤害（或破坏）范围、定量的危险性、事故致因因素的事故关联度或重要度等。

按照土木工程安全评价给出的定量结果的类别不同，定量土木工程安全评价方法还可以分为概率风险评价法、伤害（或破坏）范围评价法和危险指数评价法。

（1）概率风险评价法。概率风险评价法是根据事故的基本致因因素的事故发生概率，应用数理统计中的概率分析方法，求取事故基本致因因素的关联度（或重要度）或整个评价系统的事故发生概率的土木工程安全评价方法。故障类型及影响分析、故障树分析、逻辑树分析、概率理论分析、马尔可夫模型分析、模糊矩阵法、统计图表分析法等都可以用基本致因因素的事故发生概率计算整个评价系统的事故发生概率。

概率风险评价是建立在大量的实验数据和事故统计的基础上的，且能够直接给出系统的事故风险率，因此不仅评价结果的可信度较高，而且便于各系统事故可能性大小的比较。但该类评价方法要求数据准确、充分，分析过程完整，假设和判断合理，特别是需要准确地给出基本致因因素的事故发生概率，显然这对一些复杂且存在不确定性因素的系统十分困难。因此该类评价方法不适用于基本致因因素不确定或基本致因因素事故概率不能给出的系统。

（2）伤害（或破坏）范围评价法。伤害（或破坏）范围评价法是根据事故的数学模型，应用计算数学方法，求取事故对人员的伤害范围或对物体的破坏范围的评价方法。液体泄漏模型、气体泄漏模型、气体绝热扩散模型、池火火焰与辐射强度评价模型、火球爆炸伤害模型、爆炸冲击波超压伤害模型、蒸汽云爆炸超压破坏模型、毒物泄漏扩散模型和锅炉爆炸伤害 TNT 当量法等都属于伤害（或破坏）范围评价法。

伤害（或破坏）范围评价法是应用数学模型进行计算，只要计算模型以及计算所需要的初值和边值选择合理，就可以获得可信的评价结果。评价结果是事故对人员的伤害范围或对物体的破坏范围，因此评价结果直观、可靠。评价结果可用于危险性分区，同时还可以进一步计算伤害区域内的人员及其伤害程度、破坏范围内物体损坏程度和直接经济损失。但该类评价方法计算量比较大，一般需要借助于计算机，特别是计算时初值和边值的选取往往比较困难，而评价结果对评价模型、初值和边值的依赖性又很大，因此评价模型、初值和边值选择稍有不当或偏差，评价结果就会出现较大的失真。故该类评价方法适用于事故模型、初值和边值比较确定的系统的土木工程安全评价。

（3）危险指数评价法。危险指数评价法是较为成熟的一种方法。一般是将有机联系的复杂系统，按照一定原则划分为相对独立的若干评价单元。应用系统的事故危险指数模型，根据系统及其物质、设备、设施和工艺的基本性质和状态，逐步推算单元的事故可能损失和事故危险性、引起事故发生或使事故扩大的设备，以及采取安全措施的有效性，再比较不同单元的评价结果，确定系统最危险的设备和条件。常用危险指数评价方法有危险度评价法，DOW 化学火灾、爆炸危险指数评价法，ICI/蒙德火灾、爆炸、毒性指数评价法，化工厂危险程度分级法，易燃、易爆、有毒重大危险源辨识、评价法等等。

危险指数评价法使用起来可繁可简，形式多样，既可定性又可定量。可以运用在工程项目的各个阶段（可行性研究、设计、运行等），或在详细的设计方案完成之前，或在现行装置危险分析计划制订之前。当然它也可用于在役装置，作为确定工艺操作危险性的依据。

5.3.1.2　其他土木工程安全评价分类法

按照土木工程安全评价的逻辑推理过程，土木工程安全评价方法可分为归纳推理评价法和演绎推理评价法。归纳推理评价法是从事故原因推论结果的评价方法，即从最基本危险、有害因素开始，逐渐分析导致事故发生的直接因素，最终分析出可能的事故。演绎推理评价法是从结果推论原因的评价方法，即从事故开始，推论导致事故发生的直接因素，再分析与直接因素相关的间接因素，最终分析和查找出致使事故发生的最基本危险、有害因素。

按照土木工程安全评价要达到的目的，土木工程安全评价方法可分为事故致因因素土木工程安全评价方法、危险性分级土木工程安全评价方法和事故后果土木工程安全评价方法。事故致因因素土木工程安全评价方法是采用逻辑推理的方法，由事故推论最基本危险、有害因素或由最基本危险、有害因素推论事故的评价法，该类方法适用于识别系统的危险、有害因素和分析事故，这类方法一般属于定性土木工程安全评价法。危险性分级土木工程安全评价方法是通过定性或定量分析给出系统危险性的土木工程安全评价方法，该类方法适应于系统的危险性分级，该类方法可以是定性土木工程安全评价法，也可以是定量土木工程安全评价法。事故后果土木工程安全评价方法可以直接给出定量的事故后果，给出的事故后果可以是系统事故发生的概率、事故的伤害（或破坏）范围、事故的损失或定量的系统危险性等。

此外，按照评价对象的不同，土木工程安全评价方法可分为设备（设施或工艺）故障率评价法、人员失误率评价法、物质系数评价法、系统危险性评价法等。

5.3.2　土木工程安全评价方法的选择

任何一种土木工程安全评价方法都有其适用条件及范围，在土木工程安全评价中如果使用了不适用的土木工程安全评价方法，不仅浪费工作时间，影响评价工作正常开展，而且可能导致评价结果严重失真，使土木工程安全评价失败。因此，在土木工程安全评价中，合理选择土木工程安全评价方法是十分重要的。

5.3.2.1　土木工程安全评价方法的选择原则

在进行土木工程安全评价时，应该在认真分析并熟悉被评价系统的前提下，选择土木工程安全评价方法。选择土木工程安全评价方法应遵循充分性、适应性、系统性、针对性和合理性的原则。

（1）充分性原则。充分性是指在选择土木工程安全评价方法之前，应该充分分析评价的系统，掌握足够多的土木工程安全评价方法，并充分了解各种土木工程安全评价方法的优缺点、适应条件和范围，同时为土木工程安全评价工作准备充分的资料。

（2）适应性原则。适应性是指选择的土木工程安全评价方法应该适应被评价的系统。

（3）系统性原则。系统性是指土木工程安全评价方法获得的可信的土木工程安全评价结果，是必须建立在真实、合理和系统的基础数据之上的，被评价的系统应该能够提供所需的系统化数据资料。

（4）针对性原则。针对性是指所选择的土木工程安全评价方法应该能够提供所需的结果。

（5）合理性原则。在满足土木工程安全评价目的、能够提供所需的土木工程安全评价结果的前提下，应该选择计算过程最简单、所需基础数据最少和最容易获取的土木工程安全评价方法，使土木工程安全评价工作量和要获得的评价结果都是合理的，不要使土木工程安全评价出现无用的工作和不必要的麻烦。

5.3.2.2　选择土木工程安全评价方法应注意的问题

选择土木工程安全评价方法时应根据土木工程安全评价的特点、具体条件和需要，针对被评价系统的实际情况、特点和评价目标，经过认真地分析、比较。必要时，要根据评价目标的要求，选择几种土木工程安全评价方法进行土木工程安全评价，互相补充、分析综合和相互验证，以提高评价结果的可靠性。在选择土木工程安全评价方法时应该特别注意以下几方面的问题：

（1）充分考虑被评价系统的特点。根据被评价系统的规模、组成、复杂程度、工艺类型、工艺过程、工艺参数以及原料、中间产品、产品、作业环境等，选择安全评价方法。

（2）评价的具体目标和要求的最终结果。在土木工程安全评价中，由于评价目标不同，要求的评价最终结果是不同的，因此需要根据被评价目标选择适用的安全评价方法。

（3）评价资料的占有情况。如果被评价系统技术资料、数据齐全，可进行定性、定量评价并选择合适的定性、定量评价方法。反之，如果是一个正在设计的系统、缺乏足够的数据资料或工艺参数不全，则只能选择较简单的、需要数据较少的安全评价方法。

（4）土木工程安全评价的人员。土木工程安全评价人员的知识、经验、习惯，对土木工程安全评价方法的选择是十分重要的。

在选择土木工程安全评价方法时，应首先详细分析被评价的系统，明确通过土木工程安全评价要达到的目标，根据土木工程安全评价要达到的目标以及所需的基础数据、工艺和其他资料，选择适用的土木工程安全评价方法。

5.3.3 常用的土木工程安全评价方法

5.3.3.1 预先危险分析方法（preliminary hazard analysis，PHA）

预先危险分析方法是一种起源于美国军用标准安全计划要求方法，主要用于对危险物质和装置的主要区域等进行分析，包括设计、施工和生产前，首先对系统中存在的危险性类别、出现条件、导致事故的后果进行分析，其目的是根据系统中的潜在危险，确定其危险等级，防止危险发展成事故。

预先危险性分析（PHA）包括以下三个步骤：分析准备、完成分析、编制分析结果文件。

预先危险分析可以达到以下四个目的：（1）大体识别与系统有关的主要危险。（2）鉴别产生危险原因。（3）预测事故发生对人员和系统的影响。（4）判别危险等级，并提出消除或控制危险性的对策措施。

预先危险性分析是进一步进行危险分析的先导，是一种宏观的概略定性分析方法。在项目发展初期使用 PHA 有以下优点：

它能识别可能的危险，有较少的费用或时间就能改正。

它能帮助项目开发人员分析或设计操作指南。

该方法简单易行，经济、有效。

预先危险分析方法通常用于对潜在危险了解较少和无法凭经验觉察的工艺项目的前期阶段。通常用于初步设计或工艺装置的研究和开发阶段，使得从一开始就能消除、减少或控制主要的危险。

5.3.3.2 专家评议法

专家评议法是一种组织专家参加，根据事件的过去、现在及发展趋势，进行积极的创造性思维活动，对事物的未来进行分析、预测的方法。主要分为以下两类：

（1）专家评价法。它是根据一定规则，组织相关专家进行积极的创造性思维，对具体的问题通过共同讨论，集思广益的一种专家评价方法。

（2）专家质疑法。专家质疑法需要先后进行两次会议。第一次会议是专家对具体问题进行直接讨论，第二次会议则是专家对第一次会议提出的问题进行质疑（挑毛病）。最后由分析小组将专家直接讨论及质疑结果进行分析，编制一个评价意见一览表；并再对质疑过程中提出的评价意见，形成实际可行的最终设想一览表。

专家评议法的步骤：明确分析评价、预测的具体问题；组成专家评议分析小组；举行专家会议，对提出的问题进行分析、预测；分析、归纳出专家会议的结果。

专家评议法由于简单易行，比较客观，被人们广泛采用。由于被邀请的专家是在专业理论上造诣较深、实践经验丰富的专家，将专家的意见运用逻辑推理的方法进行综合、归纳，这样所得出的结论比较全面。特别是专家质疑通过正反两方面的讨论，问题更深入、更全面透彻，所形成的结论性意见更加具有科学性。但是，此方法对选择邀请的专家要求比较高，不一定适合所有项目的评价。

5.3.3.3 安全检查表分析（safety checklist analysis，SCA）

安全检查表分析（SCA）是依据相关的标准、规范，对工程、系统中已知的危险类别、设计缺陷以及与一般工艺设备、操作、管理有关的潜在危险性和有害性进行判别检查。为了避免检查项目的遗漏，事先把检查对象分割成若干个子系统，以提问和打分的形式，将检查项目列表，这种表称为安全检查表。它可以用于建设项目的任何阶段。对现有装置（在役装置）进行评价时，传统的安全检查主要包括巡视检查、正规日常检查或安全检查。

安全检查表分析方法包括三个步骤，即选择或拟定合适的安全检查表、完成分析和编制分析结果文件。

安全检查表分析（SCA）因简单、经济、有效而被经常使用，它适用于建设项目的任何阶段。但由于安全检查表分析只能做定性分析，故不能提供事故后果及危险性分级。安全检查表分析法是以经验为主的方法，使用其进行安全评价时，成功与否很大程度上取决于检查表编制人员的专业知识和经验水平。

安全检查方法的目的是辨识可能导致事故，引起伤害、重要财产损失或对公共环境产生重大影响的装置条件或操作规程。一般安全检查人员主要包括与装置有关的人员，即操作人员、维修人员、工程师、管理人员、安全员等等，具体依据评价项目的组织情况而定。

安全检查目的是为了提高整个装置的安全操作度，而不是干扰正常操作或对发现的问题进行处罚。完成了安全检查后，评价人员对亟待改进的地方应提出具体的措施、建议。

5.3.3.4 故障假设分析方法（what…if，WI）

故障假设分析方法是一种对系统工艺过程或操作过程的创造性分析方法。使用该方法的人员应对工艺熟悉，通过提出一系列"如果……怎么办？"的问题（故障假设）的方式来发现可能的潜在的事故隐患（实际上是假想系统中一旦发生严重的事故，找出促成事故的所有潜在因素，在最坏的条件下，这些导致事故发生的可能性），从而对系统进行彻底检查的一种方法。

故障假设分析方法由三个步骤组成，即分析准备、完成分析、编制分析结果报告。

与其他方法不同的是，要求评价人员了解基本概念并运用于提出的问题中，有关假设分析方法及应用的资料甚少，但是它在工程项目发展的各个阶段都可能经常采用。

故障假设分析方法一般要求评价人员用"what…if"作为开头，对有关问题进行考虑。任何与工艺安全有关的问题，即使它与之不太相关，也可提出加以讨论。例如：

提供的原料不对，如何处理？

如果在开车时泵停止运转、怎么办？

如果操作工打开阀 B 而不是阀 A，怎么办？

通常，将所有的问题都记录下来，然后将问题分门别类，例如：按照电气安全、消防、人员安全等问题分类，分头进行讨论。对正在运行的现役装置，或与操作人员进行交谈，所提出的问题要考虑到任何与装置有关的不正常的生产条件，而不仅仅是设备故障或工艺参数的变化。

故障假设分析方法使用的范围很广，可用于项目设计和操作的各个阶段。故障假设分析方法鼓励思考潜在的事故后果，它弥补了基于经验的安全检查表编制时经验的不足，相反，检查表可以把故障假设分析方法更系统化。以此出现了安全检查表与故障假设分析组合在一起的分析方法，以便发挥各自的优点，互相取长补短弥补各自单独使用时的不足。

5.3.3.5　危险和可操作性研究（hazard and operability study，HAZOP）

HAZOP 是一种定性的安全评价方法，基本过程以关键词为引导，分析讨论施工过程中工艺状态的变化（即偏差），然后分析找出偏差的原因，及这些偏差对整个系统产生的影响，并有针对性地提出必要的对策措施。

危险和可操作性研究技术是基于这样一种原理，即背景各异的专家们若在一起工作，就能够在创造性、系统性和风格上互相影响和启发，能够发现和鉴别更多的问题，要比他们独立工作并分别提供工作结果更为有效。虽然危险和可操作性研究技术起初是专门为评价新设计和新工艺而开发的，但是这一技术同样可以用于整个工程、系统项目生命周期的各个阶段。

危险和可操作性分析的本质，就是通过系列会议对工艺流程图和操作规程进行分析，由各种专业人员按照规定的方法对偏离设计的工艺条件进行过程危险和可操作性研究，是帝国化学工业公司（ICI，英国）最早确定要由一个多方面人员组成的小组执行危险和可操作性研究工作的。鉴于此，虽然某一个人也可能单独使用危险与可操作性分析方法，但这绝不能称为危险和可操作性分析。因此，危险和可操作性分析技术与其他土木工程安全评价方法的明显不同之处是其他方法可由某人单独去做，而危险和可操作性分析则必须由一个多方面的、专业的、熟练的人员组成的小组来完成。

危险可操作性研究可按照以下步骤进行：即分析准备、完成分析和编制分析结果报告。该方法主要设计用于新工程的设计审查阶段，用以查明潜在的危险源和操作难点，以便采取措施加以避免。

5.3.3.6　故障类型和影响分析（failure mode effects analysis，FMEA）

故障类型和影响分析（FMEA）是系统安全工程的一种方法，根据系统可以划分为子系统、设备和元件的特点，按实际需要将系统进行分割，然后分析各自可能发生的故障类型及其产生的影响，以便采取相应的对策，提高系统的安全可靠性。

故障类型、影响和危险度分析的几个基本概念：

（1）故障。元件、子系统、系统在运行期间达不到设计规定的要求，因而完不成规定的任务或完成得不好。

（2）故障类型。系统、子系统或元件发生的每一种故障的形式称为故障类型。例如：一个阀门故障可以有 4 种故障类型，即内漏、外漏、打不开、关不严。

（3）故障影响。故障类型对系统、子系统、单元的操作、功能状态所造成的影响。

（4）故障严重程度。考虑故障所能导致的最严重后果，并以伤害程度、财产损失或系统永久性破坏加以衡量。

（5）故障等级。根据故障类型对系统或子系统影响的程度不同而划分的等级称为故障等级。

故障类型、影响和危险度分析的基本程序：熟悉系统、确定层次分析、绘制系统功能框图和可靠性框图、列出所有故障类型并分析其影响、分析故障原因及故障检测方法、确定故障等级。

列出设备的所有故障类型对一个系统或装置的影响因素，这些故障模式对设备故障进行描述（开启、关闭、泄漏等），故障类型的影响由对设备故障有系统影响确定。FMEA辨识可直接导致事故或对事故有重要影响的单一故障模式。在FMEA中不直接确定人的影响因素，但通常把人失误操作影响作为一设备故障模式表示出来。一个FMEA不能有效地辨识引起事故的详尽的设备故障组合。

5.3.3.7　故障树分析（fault tree analysis，FTA）

故障树（FTA）是一种描述事故因果关系的有方向的"树"，把系统可能发生或已经发生的事故作为分析的起点，将导致事故的原因事件按照因果逻辑关系逐层列出，用树形图表示出来，构成一种逻辑模型，然后定性或定量地分析事件发生的各种可能途径及发生概率，找出避免事件发生的各种方案并优选出最佳安全对策。

故障树的分析步骤如图5-3-1所示。具体分析步骤为：构建事故树、故障树的定性分析、确定各基本事件的结构重要度、求出顶上事件的发生概率、定量分析，制定防灾对策，完善系统。

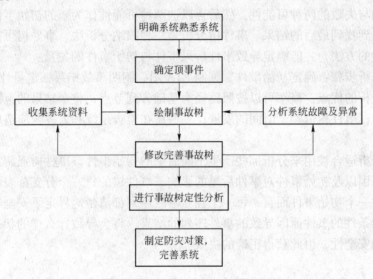

图5-3-1　故障树的分析步骤

故障树分析的特点：

（1）它能识别导致事故的基本事件与人为失误的组合，可为人们提供设法避免或减少导致事故基本原因的线索，从而降低事故发生的可能性。

（2）能对导致伤害事故的各种因素及逻辑关系做出全面、简单和形象的描述。

（3）便于查明系统内固有的或潜在的各种危险因素，为设计、施工和管理提供科学依据。

（4）使有关人员、作业人员全面了解和掌握各项防灾要点。

故障树分析能对各种系统的危险性进行识别评价，既适用于定性分析，又能进行定量分析。具有简明、形象化的特点，体现了以系统工程方法研究安全问题的系统性、准确性和预测性。FTA作为安全分析评价和事故预测的一种先进的科学方法，已得到国内外的公认和广泛采用。

20 世纪 60 年代初期，美国贝尔电话研究所为研究民兵式导弹发射控制系统的安全性问题开始对故障树进行开发研究，为解决导弹系统偶然事件的预测问题做出了贡献。随之波音公司的科研人员进一步发展了 FTA 方法，使之在航空航天工业方面得到应用。60 年代中期，FTA 由航空航天工业发展到以原子能工业为中心的其他产业部门。1974 年美国原子能委员会发表了关于核电站灾害性危险性评价报告——拉斯姆逊报告，对 FTA 大量和有效的应用，引起了全世界广泛的关注，目前，此种方法已在许多工业部门得到运用。

FTA 不仅能分析出事故的直接原因，而且能深入提示事故的潜在原因，因此在工程或设备的设计阶段、在事故查询或编制新的操作方法时，都可以使用 FTA 对它们的安全性做出评价。从 1978 年起，我国开始了 FTA 的研究和运用工作。实践证明 FTA 适合我国国情，应该在我国得到普遍推广使用。

5.3.3.8 事件树分析（event tree analysis，ETA）

事件树分析是用来分析普通设备故障或过程波动（称为初始事件）导致事故发生的可能性。它与故障树正好相反，是一种从原因到结果的分析方法。从一个初始事件开始，交替考虑成功与失败的两种可能性，然后再以这两种可能性作为新的初始事件，如此继续分析下去，直到找到最后的结果。事件树分析是一种归纳分析法，事件树可提供记录事故后果的系统性的方法，并能确定导致事件后果事件与初始事件的关系。

事件树分析步骤：确定初始事件、编制 ETA 图、阐明事故结果、定量计算分级。

事件树分析的优点：概率可以按照路径为基础分到节点；整个结果的范围可以在整个树中得到改善；事件树依赖于时间的发展；事件树在检查系统和人的响应造成潜在事故时是理想的。

事件树分析适合被用来分析那些产生不同后果的初始事件。事件树强调的是事故可能发生的初始原因以及初始事件对事件后果的影响，事件树的每一个分支都表示一个独立的事故序列，对一个初始事件而言，每一个独立事故序列都清楚地界定了安全功能之间的关系。分析初始条件的事件原因导致的事件序列的结果，将会导致什么样的状态，从而定性地评价系统的安全性，由此获得正确的决策。

5.4 土木工程安全评价报告

土木工程安全评价报告作为土木工程安全评价过程的鉴证，至少要完成两方面的基本任务：一是对评价对象要有一个客观真实的描述；二是要获得可信的评价结果。因此，要求评价报告应内容全面、条理清楚、数据完整、取值合理。提出的安全对策措施合理、具体、可行，评价结论客观正确。

5.4.1 土木工程安全评价资料、数据采集分析处理原则及方法

5.4.1.1 评价数据采集分析处理原则

土木工程安全评价资料、数据采集是进行土木工程安全评价必要的关键性基础工作。预评价与验收评价资料以可行性研究报告及设计文件为主。同时要求下列资料：可类比的安全卫生技术资料、监测数据，适用的法规、标准、规范、安全卫生设施及其运行效果；安全卫生的管理及其运行情况，安全、卫生、消防组织机构情况等。

安全现状评价所需资料要比预评价与验收评价复杂得多，它重点要求土木工程现场施工人员提供反映现实运行状况的各种资料与数据。土木工程安全评价资料、数据采集处理应遵循以下原则：首先应保证满足评价的全面、客观、具体、准确的要求；其次应尽量避免不必要的资料索取，以免给企业带来不必要的负担。根据这一原则，参考国外评价资料要求，结合我国对各类土木工程安全评价的各项要求，简单介绍准备阶段土木工程安全评价资料、数据应满足的一般要求。

5.4.1.2　评价数据的分析处理

（1）数据收集。数据收集是进行土木工程安全评价最关键的基础工作。所收集的数据要以满足土木工程安全评价需要为前提。数据收集时要做好协调工作，尽量使收集到的数据全面、客观、具体、准确。

（2）数据范围。收集数据的范围以已确定的评价边界为限，兼顾与评价项目相联系的接口。

（3）数据内容。土木工程安全评价要求提供的数据内容一般分为：人力与管理数据、材料数据、方法与工艺数据、环境与场所数据。

（4）数据来源。被评价单位提供的设计文件、生产系统实际运行状况和管理文件等；其他法定单位测量、检测、检验、鉴定、检定、判定或评价的结果或结论等；评价机构或其委托检测单位，通过对被评价项目或可类比项目实地检查、检测、检验得到的相关数据，以及通过调查、取证得到的安全技术和管理数据；相关的法律法规、相关的标准规范、相关的事故案例、相关的材料或物性数据、相关的救援知识。

（5）数据的真实性和有效性控制。收集的资料数据，要对其真实性和可靠度进行评估，必要时可要求资料提供方书面说明资料来源；对引用反映现状的资料必须在数据有效期限内。

（6）数据汇总及数理统计。通过现场检查、检测、检验及访问，得到大量数据资料，首先应将数据资料分类汇总，再对数据进行处理，保证其真实性、有效代表性，必要时可进行复测，经数理统计将数据整理成可以与相关标准比对的格式，采用能说明实际问题的评价方法，得出评价结果。

（7）数据处理。在安全检测检验中，通常用随机抽取的样本来推断总体。为了使样本的性质充分反映总体的性质，在样本的选取上遵循随机化原则。样本各个体选取要具有代表性，不得任意删留。样本各个体选取必须是独立的，各次选取的结果互不影响。

若采用了无效或无代表性的数据，会造成检查、检测结果错误，得出不符合实际情况的评价结论。对获得的数据在使用之前，要进行数据处理，消除或减弱不正常数据对检测结果的影响。

5.4.2　安全预评价

安全预评价的目的是贯彻"安全第一、预防为主"方针，为建设项目初步设计提供科学依据，以利于提高建设项目本质安全程度。

安全预评价是根据建设项目可行性研究报告内容，分析和预测该项目可能存在的危险、有害因素的种类和程度，提出合理可行的安全对策措施及建议。

5.4.2.1 安全预评价的内容和要求

安全预评价内容主要包括危险、有害因素辨识、危险度评价和安全对策措施及建议。

危险、有害因素辨识是指找出危险、有害因素，并分析其性质和状态的过程。

危险度评价是指评价危险、有害因素导致事故发生的可能性和严重程度，确定承受水平，并按照承受水平采取措施，使危险度降低到可承受水平的过程。

5.4.2.2 安全预评价程序

安全预评价程序一般包括：准备阶段；危险、有害因素辨识与分析；确定安全预评价单元；选择安全预评价方法；定性、定量评价；安全对策措施及建议；安全预评价结论；编制安全预评价报告。

（1）准备阶段。明确被评价对象和范围，进行现场调查和收集国内外相关法律法规、技术标准及建设项目资料。

（2）危险、有害因素辨识与分析。根据建设项目周边环境、生产工艺流程或场所的特点，识别和分析其潜在的危险、有害因素。

（3）确定安全预评价单元。在危险、有害因素识别分析的基础上，根据评价的需要，将建设项目分成若干个评价单元。

（4）选择安全预评价的方法。根据被评价对象的特点，选择科学、合理、适用的定性、定量评价方法。

（5）定性、定量评价。根据选择的评价方法，对危险、有害因素导致事故发生的可能性和严重程度进行定性和定量评价，以确定事故可能发生的部位、频次、严重程度的等级及相关结果，为制定安全对策措施提供科学依据。

（6）安全对策措施及建议。根据定性、定量评价的结果，提出消除或减少危险、有害因素的技术和管理措施及建议。

安全对策措施包括以下几个方面：1）总图布置和建筑方面安全措施。2）工艺和设备、装备方面安全措施。3）安全工程设计方面对策措施。4）安全管理方面对策措施。5）应采取的其他综合措施。

（7）安全预评价结论。简要列出主要危险、有害因素评价结果；指出建设项目应重点防范的重大危险、有害因素；明确应重视的重要安全对策措施；给出建设项目从安全生产角度是否符合国家有关法律、法规、技术标准的结论。

5.4.2.3 安全预评价报告的编制

安全预评价报告的主要内容包括概述、生产工艺简介、主要危险、有害因素分析、评价方法选择和单元划分、定性定量土木工程安全评价、安全对策措施及建议、评价结论。

（1）概述。概述包括编制预评价报告书的依据、建设单位简介、建设项目简介和评价范围等内容。

1）安全预评价的依据。内容包括有关的法律、法规及技术标准、建设项目（新建、改建、扩建工程项目）可行性研究报告、立项文件等建设项目相关文件和参考资料。

2）建设单位简介。内容包括单位性质、组织机构、员工构成、生产产品、自然地址位置、环境气象条件等。

3）建设项目简介。内容包括建设项目选址、总图及平面布置、建设规模、流程、主要设备、主要原材料、技术经济指标、公用工程及辅助设施等。

4）评价范围。一般来说，整个建设项目包括的生产装置、公用工程、辅助设施、物料储运、总图布置、自然条件及周围环境条件等均应在评价范围之内。但有些技术改造项目新老装置交错共存，有些新建项目分期实施，诸如此类建设项目就需要明确评价范围。

（2）主要危险、有害因素分析。在分析建设项目资料和对同类生产厂家初步调研的基础上，对建设项目建成投产后，在生产过程中所用原、辅材料及中间产品的数量、危险危害性及其储运，以及生产工艺、设备、公用工程、辅助工程、地理环境条件等方面危险、有害因素逐一进行分析。确定主要危险、有害因素的种类、产生原因、存在部位及可能产生的后果，以便确定评价对象和选用评价方法。

（3）评价方法的选择和评价单元的划分。根据建设项目主要危险、有害因素的种类和特征，选用评价方法。不同的危险、有害因素，选用不同的方法。对重要的危险、有害因素，必要时可选用两种（或多种）评价方法进行评价，相互补充、验证，以提高评价结果的可靠性。

在选择评价方法的同时，应明确所要评价的对象和进行评价的单元。

（4）定性、定量土木工程安全评价。定性、定量土木工程安全评价是预评价报告书的核心章节，分别运用所选取的评价方法，对相应的危险、有害因素进行定性、定量的评价计算和论述。根据建设项目的具体情况，对主要危险、有害因素分别采用相应的评价方法进行评价。对危险性大且容易造成群体伤亡事故的危险因素，也可以选用两种或几种评价方法进行评价，以相互验证和补充。并且要对所得到的评价结果进行科学的分析。

（5）安全对策措施及建议。由于安全方面的对策措施对建设项目的设计、施工和今后的安全生产及管理具有指导作用，因此备受建设、设计单位的重视，这是预评价报告书中的一个重要章节。要求提出的安全对策措施针对性要强、具体、合理、可行。一般情况下按下列几个方面分别列出可行性研究报告中已提出的和建议补充的安全对策措施：

1）总图布置和建筑方面的安全措施。

2）工艺和设备、装置方面的安全措施。

3）安全工程设计方面的对策措施。

4）安全管理方面的对策措施。

5）应采用的其他综合措施。

同时，应列出建设项目必须遵守的国家和地方安全方面的法规、标准、规范和规程。

（6）评价结论。主要内容应包括以下几个方面：

1）简要列出对主要危险、有害因素评价（计算）的结果。

2）明确指出本建设项目今后生产过程中应重点防范的重大危险因素。

3）指出建设单位应重视的重要安全卫生技术措施和管理措施，以确保今后的安全生产。

5.4.2.4 安全预评价报告书的格式

（1）封面。封面上应有建设单位名称、建设项目名称、评价报告名称、预评价报告编号、土木工程安全评价机构名称、安全预评价机构资质证书编号及报告完成日期。

（2）安全预评价机构资质证书影印件。

（3）著录项。著录项包括安全预评价机构法人代表、审核定稿人、课题组长等主要责任者姓名；评价人员、各类技术专家以及其他有关责任者名单；评价机构印章及报告完成日期。评价人员和技术专家均要手写签名。

（4）摘要。

（5）目录。

（6）前言。

（7）正文。正文包括概述、生产工艺简介、主要危险、有害因素分析、评价方法的选择和评价单元划分、定性定量土木工程安全评价、安全对策措施及建议、预评价结论等部分内容。

（8）附件。

（9）附录。

5.4.2.5 安全预评价建设单位应提供资料参考目录

（1）建设项目综合性资料。建设项目综合性资料包括建设单位概况；建设项目概况；建设工程总平面图；建设项目与周边环境关系位置图；建设项目工艺流程及物料平衡图；气象条件。

（2）建设项目设计依据。建设项目设计依据包括建设项目立项批准文件；建设项目设计依据的地质、水文资料；建设项目设计依据的其他有关安全资料。

（3）建设项目设计文件。建设项目设计文件包括建设项目可行性研究报告；改建、扩建项目相关的其他设计文件。

（4）安全设施、设备、工艺、物料资料。

（5）安全机构设置及人员配置。

（6）安全专项投资估算。

（7）历史性类比装置的监测数据和资料。

（8）其他可用于建设项目土木工程安全评价的资料。

5.4.3 安全验收评价

安全验收评价是运用系统安全工程原理和方法，在项目建成试生产正常运行后、正式投产前进行的一种检查性土木工程安全评价。它是对系统存在的危险、有害因素进行定性和定量检查，判断系统在安全上的符合性和配套安全设施的有效性，从而做出评价结论并提出补救或补偿的安全对策措施，以促进项目实现系统安全。其目的是验证系统安全，为安全验收提供依据。此外，安全验收评价还可以作为企业今后持续改进提高安全生产水平的基础。

5.4.3.1 安全验收评价的内容

安全验收评价的内容是检查建设项目中安全设施是否已与主体工程同时设计、同时施工、同时投入生产和使用；评价建设项目及与之配套的安全设施是否符合国家有关安全生产的法律法规和技术标准。

安全验收评价工作主要内容有以下三个方面：

（1）从安全管理角度检查和评价生产经营单位在建设项目中对《中华人民共和国安全生产法》的执行情况。

（2）从安全技术角度检查建设项目中安全设施是否已与主体工程同时设计、同时施工、同时投入生产和使用。检查与评价建设项目（系统）及与之配套的安全设施是否符合国家有关安全生产的法律、法规和技术标准。

（3）整体上评价建设项目的运行状况和安全管理是否正常、安全、可靠。

5.4.3.2　安全验收评价的工作要求

安全验收是安全"三同时"的最后一关。因此，安全验收评价工作要突出四个方面，即安全"三同时"过程完整性的检查；安全设施落实情况调查；安全设施有效性评价和生产经营单位安全生产保障状况的取证和评价。

（1）安全"三同时"过程完整性的检查。这种检查的实质是安全验收评价的"前置性检查"。由于建设项目未配套安全设施或配套设施不能投入生产和使用，将成为安全验收的否决条件，所以，"前置性检查"是判断安全验收评价可否正常进行的前提。

检查安全"三同时"过程完整性，就是检查建设项目在程序上、内容上是否按"三同时"的要求进行。避免项目设计施工阶段不考虑安全配套设施，仅以安全验收评价报告提出的整改意见事后再补安全设施。安全验收评价的改进对策，只是补救措施，不能替代安全设施与项目同时设计的要求。对安全验收评价来说，先进行"三同时"程序性检查，可以明确安全责任。

（2）安全设施落实情况调查。建设项目安全"三同时"的各过程都是环环相扣的。安全设施落实情况调查要从"同时设计"、"同时施工"、"同时投入生产和使用"三个方面展开。将调查结果形成证据文件，即解决安全设施"有没有"的问题。

（3）安全设施有效性评价。建设项目中的设施、设备、装置必须符合国家有关安全生产的法律、法规和相关标准。因此，还需对安全设施有效性进行评价。这是安全验收评价的核心。

安全设施有效性评价主要包括以下两个方面：

1）依据国家有关安全生产的法律、法规相关标准，用相应的评价方法，定性评价安全、卫生设施与系统是否匹配，即解决安全设施"对不对"的问题。

2）依据国家有关安全生产的法律、法规和相关标准，用检测、检验及资料统计等手段，定量评价安全设施是否能达到保障系统（单元）安全的效果，即解决安全设施"好不好"的问题。

（4）生产经营单位安全生产保障状况的取证和评价。建设项目安全"三同时"落实的各过程中，应对建筑生产经营单位安全生产保障状况及时进行取证和评价。

5.4.3.3　安全验收评价程序

安全验收评价工作程序一般包括：前期准备、编制安全验收评价计划、安全验收评价现场检查、编制安全验收评价报告、安全验收评价报告评审。

A　前期准备

前期准备的工作包括明确被评价对象和范围。进行现场调查、收集国内外相关法律法规、技术标准及建设项目的资料等。

（1）评价对象和范围。确定安全验收评价范围可界定评价责任范围。特别是增建、扩建及技术改造项目，与原建项目难以区别。这时可依据初步设计、投资或与企业协商划分，并写入工作合同。

（2）现场调查。安全验收评价现场调查包括"前置条件检查"和"工况调查"两个部分。

1）前置条件检查。前置条件检查主要是考察建设项目是否具备申请安全验收评价的条件，其中最重要的是进行安全"三同时"程序完整性的检查，可以通过核查安全"三同时"过程证据来完成。

2）工况调查。工况调查主要是了解建设项目的基本情况、项目规模、与企业建立联系和记录企业自述等。

（3）资料收集及核查。在熟悉企业情况的基础上，对企业提供的文件资料，进行详细核查。对项目资料缺项提出增补资料的要求。对未完成专项检测、检验或取证的单位提出补测或补证的要求。并将各种资料汇总成图表形式。文件核查的资料根据项目实际情况决定，一般包括以下内容：

1）法规标准收集。法规标准收集包括建设项目涉及的法律、法规、规章及规范性文件；项目所涉及的国内外标准（国标、行标、地标、企业标准）、规范（建设及设计规范）。

2）安全管理及工程技术资料收集。项目的基本资料包括项目平面布置、工艺流程、初步设计（变更设计）、安全预评价报告、各级批准（批复）文件、若实际施工与初步设计不一致时应提供"设计变更文件"或批准文件、项目平面布置简图、工艺流程简图、防爆区域划分图、项目配套安全设施投资表等；企业编写的资料包括项目危险源布控图、应急救援预案人员疏散图、安全管理机构网络图、安全管理制度、安全责任制、岗位（设备）安全操作规程等；专项检测、检验或取证资料包括特种设备取证资料汇总、避雷设施检测报告、消防检查意见书、防爆电气设备检验报告、可燃（或有毒）气体浓度检测报警仪检定报告、生产环境及劳动条件检测报告、专职安全员证、特种作业人员取证汇总资料等。

B　编制安全验收评价计划

在前期准备工作基础上，分析项目建成后存在的危险、有害因素分布与控制情况，依据有关安全生产的法律法规和技术标准，确定安全验收评价的重点和要求。依据项目实际情况选择验收评价方法，测算安全验收评价进度。评价机构根据建设项目安全验收评价实际运作情况，自主决定是否编制安全验收评价计划书。

安全验收评价计划书主要包括以下内容。

（1）安全验收评价主要依据。适用于安全验收评价的法律法规；相关安全标准及设计规范；建设项目初步设计和变更设计；安全预评价报告及批复文件等。

（2）建设项目概况。建设项目地址、总图及平面布置、生产规模、主要工艺流程、主要设备、主要原材料及其消耗量、技术经济指标、公用工程及辅助设施等；建设项目开工日期、竣工日期、试运行情况等。

（3）主要危险、有害因素及相关作业场所分析。参考安全预评价报告，根据项目建成后周边环境、生产工艺流程或场所特点，指出危险、有害因素存在的部位，分析并列出危险、有害因素。

（4）安全验收评价重点的确定。围绕建设项目危险、有害因素，按科学性、针对性和可操作性的原则，确定安全验收评价重点。

（5）安全验收评价方法的选择。依据建设项目实际情况选择安全验收评价方法，通常选择"安全检查表"方法。

有重大设计变更、前期未进行安全预评价的建设项目或评价机构认为有必要的情况下，可选择其他评价方法，或选择多种评价方法。

（6）安全验收评价安全检查表编制。安全验收评价需要编制的安全检查表（定性型、定量型、否决型、权值评分型等），一般包括：

1）建设项目周边环境安全检查表；

2）建（构）筑及场地布置安全检查表；

3）工艺及设备安全检查表；

4）安全工程设计安全检查表；

5）安全生产管理安全检查表；

6）其他综合性措施安全检查表。

C 安全验收评价现场检查与评价

安全验收评价现场检查与评价是按照安全验收评价计划对安全生产条件与状况独立进行验收评价现场检查与评价。评价机构对现场检查及评价中发现的隐患或尚存在的问题，提出改进措施及建议。

（1）土木工程安全评价。通过现场检查、检测、检验及访问，得到大量数据资料。首先要将数据资料分类汇总，再对数据进行处理，保证其真实性、有效性和代表性。经数理统计将数据整理成可以与相关标准比对的格式，考察各相关系统的符合性和安全设施的有效性，列出不符合项，按不符合项的性质和数量得出评价结论并采取相应措施。评价结论判别举例见表5-4-1。

表5-4-1 评价结论判别表

结论与措施	不符合项率			
	>40%	40%~20%	20%~5%	<5%
评价结论	不具备安全条件	不合格	合格	优秀
相应措施	终止评价	整改后全面复查	对整改项复查	整改后备案

注：对所有不合格项（否决或非否决项），均应整改；整改结果由评价机构依据检查及整改的结果重新给出评级结论。

（2）安全对策措施。对检查、检测、检验得到的不符合项进行分析，对照相关法规和标准，提出安全技术及管理方面的安全对策措施。

对"否决项"符合，提出必须整改的意见；对"非否决项"不符合，提出要求改进的意见；对相关标准"宜"的要求，提出持续改进建议。

D 编制土木工程安全评价报告

根据"前期准备"、"评价计划"和"现场检查及评价"的工作成果，对照相关法律法规、技术标准，编制安全验收评价报告。

E 安全验收评价报告评审

建设单位按规定将安全验收评价报告送专家评审组进行技术评审，并由专家评审组提出书面评审意见。评价机构根据专家评审组的评审意见，修改、完善安全验收评价报告。

5.4.3.4 安全验收评价报告的编制

安全验收评价报告是安全验收评价工作过程形成的成果。安全验收评价报告的内容应能反映安全验收评价两方面的义务：一是为企业服务，帮助企业查出安全隐患，落实整改措施以达到安全要求；二是为政府安全生产监督管理部门服务，提供建议项目安全验收的依据。

安全验收评价报告编制的总体要求为：内容全面、重点突出、条理清楚、数据完善取值合理，整改意见具有可操作性，评价结论客观、公正。

A 安全验收评价报告的主要内容

（1）概述。

（2）主要危险、有害因素辨识。

（3）总体布局及常规防护设施措施评价。

（4）易燃易爆场所评价。

（5）有害因素安全控制措施评价。

（6）特种设备监督检验记录评价。

（7）强制检测设备设施情况检查。

（8）电气土木工程安全评价。

（9）机械伤害防护设施评价。

（10）工艺设施安全连锁有效性评价。

（11）安全生产管理评价。

（12）安全验收评价结论。

（13）安全验收评价报告附件：1）数据表格、平面图、流程图、控制图等土木工程安全评价过程中的图表文件；2）建设项目存在问题及改进建议汇总表及反馈结果；3）评价过程中专家意见及建设单位证明材料。

（14）安全验收评价报告附录：1）与建设项目有关的批复文件（影印件）；2）建设单位提供的原始资料目录；3）与建设项目相关的数据资料目录。

B 安全验收评价报告的格式

安全验收评价报告的格式一般包括以下几个方面：

（1）封面。封面上应有建设单位名称、建设项目名称、评价报告名称、土木工程安全评价机构名称和安全验收评价机构资质证书编号。

（2）安全预评价机构资质证书影印件。

（3）著录项。著录项包括土木工程安全评价机构法人代表、审核定稿人、课题组长等主要责任者姓名、评价人员、各类技术专家以及其他有关责任者名单、评价机构印章及报告完成日期。评价人员和技术专家均要手写签名。

（4）摘要。

（5）目录。

（6）前言。

（7）正文。

（8）附件。

（9）附录。

5.4.4 安全现状评价

安全现状评价是在系统生命周期内的生产运行期，通过对生产经营单位的生产设施、设备、装置实际运行状况及管理状况的调查、分析，运用安全系统工程的方法，进行危险、有害因素的辨识及其危险度的评价，查找该系统生产运行中存在的事故隐患并判定其危险程度，提出合理可行的安全对策措施及建议，使系统在生产运行期内的安全风险控制在安全、合理的程度内。

5.4.4.1 安全现状评价的内容与要求

安全现状评价是根据国家有关的法律、法规规定或者生产经营单位的要求进行的。应对生产经营单位生产设施、设备、装置、储存、运输及安全管理等方面进行全面、综合的土木工程安全评价。主要包括以下内容。

（1）收集评价所需的信息资料，采用恰当的方法进行危险、有害因素识别。

（2）对于可能造成重大后果的事故隐患，采用科学合理的土木工程安全评价方法建立相应的数学模型进行事故模拟，预测极端情况下事故的影响范围、最大损失，以及发生事故的可能性或概率，给出量化的安全状态参数值。

（3）对发现的事故隐患，根据量化的安全状态参数值，进行整改优先度排序。

（4）提出安全对策措施与建议。

生产经营单位应将安全现状评价的结果纳入生产经营单位事故隐患整改计划和安全管理制度中，并按计划加以实施和检查。

5.4.4.2 安全现状评价的工作程序

安全现状评价工作程序一般包括：前期准备、危险、有害因素和事故隐患的识别、定性和定量评价、安全管理现状评价、确定安全对策措施及建议、确定评价结论、安全现状评价报告完成。

（1）前期准备。明确评价的范围，收集所需的各种资料。重点收集与现实运行状况有关的各种资料与数据，包括涉及生产运行、设备管理、安全、职业危害、消防、技术检测等方面内容。评价机构依据生产经营单位提供的资料，按照确定的评价范围进行评价。

安全现状评价所需主要资料可以从工艺、物料、生产经营单位周边环境情况、设备相关资料、管道、电气、仪表自动控制系统、公用工程系统、事故应急救援预案、规章制度及企业标准、相关的检测和检验报告等方面进行收集。

（2）危险、有害因素和事故隐患的辨识。针对评价对象的生产运行情况及工艺、设备的特点，采用科学、合理的评价方法，进行危险、有害因素识别和危险性分析，确定主要危险部位、物料的主要危险特性、有无重大危险源，以及可能导致重大事故的缺陷和隐患。

（3）定性、定量评价。根据生产经营单位的特点，确定评价的模式及采用的评价方法。安全现状评价在系统生命周期内的生产运行阶段，应尽可能采用定量化的土木工程安全评价方法。通常采用"预先危险性分析——安全检查表检查——危险指数评价——重大事故分析与风险评价——有害因素现状评价"依次渐进、定性与定量相结合的综合性评价模式，进行科学、全面、系统地分析评价。

通过定性、定量土木工程安全评价，重点对工艺流程、工艺参数、控制方式、操作条件、物料种类与理化特性、工艺布置、总图、公用工程等内容，运用选定的分析方法对存在的危险、有害因素和事故隐患逐一分析。通过危险度与危险指数量化分析与评价计算，确定事故隐患部位、预测发生事故的严重后果，同时进行风险排序。结合现场调查结果以及同类事故案例，分析其发生的原因和概率。运用相应的数学模型进行重大事故模拟，模拟发生灾害性事故时的破坏程度和严重后果。为制订相应的事故隐患整改计划、安全管理制度和事故应急救援预案提供数据。

（4）安全管理现状评价。包括安全管理制度评价、事故应急救援预案的评价、事故应急救援预案的修改及演练计划。

（5）确定安全对策措施及建议。综合评价结果，提出相应的安全对策措施及建议。并按照安全风险程度的高低进行解决方案的排序，列出存在的事故隐患及整改紧迫程度。针对事故隐患提出改进措施及改善安全状态水平的建议。

（6）评价结论。根据评价结果，明确指出生产经营单位当前的安全生产状态水平，提出安全可接受程度的意见。

（7）安全现状评价报告完成。评价单位按安全现状评价报告内容和格式要求完成评价报告。生产经营单位应当依据土木工程安全评价报告编制事故隐患整改方案和实施计划。生产经营单位与土木工程安全评价机构对土木工程安全评价报告的结论存在分歧的，应当将双方的意见连同土木工程安全评价报告一并报安全生产监督管理部门。

5.4.4.3　安全现状评价报告的编制

安全现状评价报告应内容全面、重点突出、条理清楚、数据完整、取值合理、评价结论客观公正。特别是对危险、有害因素的分析要准确，提出的事故隐患整改计划要科学、合理、可行和有效。安全现状评价要由懂工艺和操作仪表电气、消防以及安全工程的专家共同参与完成。评价组成员的专业能力应涵盖评价范围所涉及的专业内容。

安全现状评价报告正文，建议参照如下所示的主要内容进行编制。不同行业在评价内容上有不同的侧重点，可根据实际需要进行部分调整或补充。

（1）摘要。

（2）前言。

（3）目录。

（4）评价项目概述。包括评价项目概况、评价范围、评价依据。

（5）评价程序和评价方法。

（6）危险、有害因素分析。包括施工过程、物料、设备、管道、电气、仪表自动控制系统、水、电、气、风、消防等公用工程系统、危险物品的储存方式、储存设施、辅助设施、周边防护距离及其他。

（7）定性、定量化评价及计算。对生产装置和辅助设施所涉及的内容进行危险、有害因素识别后，运用定性、定量的土木工程安全评价方法进行定性化和定量化评价，确定危险程度和危险级别以及发生事故的可能性和严重后果，为提出安全对策措施提供依据。

（8）事故原因分析与重大事故的模拟。包括重大事故原因分析，重大事故概率分析，重大事故预测、模拟。

（9）对策措施与建议。

（10）附件。附件包括：

1）数据表格、平面图、流程图、控制图等土木工程安全评价过程中制作的图表文件；

2）评价方法的确定过程和评价方法介绍；

3）评价过程中专家的意见；

4）评价机构和生产经营单位交换意见汇总表及反馈结果；

5）生产经营单位提供的原始数据资料目录及生产经营单位证明材料；

6）法定的检测检验报告。

5.4.4.4 安全现状评价报告格式

（1）封面（要求同安全验收评价报告）。

（2）评价机构资质证书影印件。

（3）著录项（要求同安全验收评价报告）。

（4）摘要。

（5）目录。

（6）前言。

（7）正文。

（8）附件及附录。

复习思考题

5-1　简述土木工程安全评价的目的及意义。

5-2　按照不同阶段可以将安全评价划分为哪几类？

5-3　土木工程施工现场适用的安全评价方法有哪些，各自的特点是什么？

5-4　简述安全现状评价的步骤及要点。

5-5　简述安全验收评价工作的主要内容。

参 考 文 献

[1] 邓琼，李明愉. 安全系统管理［M］. 西安：西北工业大学出版社，2012.

[2] 段淼，严琳. 建筑企业生产安全事故应急［M］. 北京：中国劳动社会保障出版社，2007.

[3] 吴穹，许开立. 安全管理学［M］. 北京：煤炭工业出版社，2002.

[4] 田水承，景国勋. 安全管理学［M］. 北京：机械工业出版社，2006.

[5] 林柏泉. 安全学原理［M］. 北京：煤炭工业出版社，2002.

[6] 国资委业绩考核局. 现代安全理念和创新实践［M］. 北京：经济科学出版社，2006.

[7] 李海龙. 安全生产监督管理及违法行为查处处罚标准责任追究实用手册（第1卷）［M］. 长春：
吉林音像出版社. 2005.

[8] 林柏泉，张景林. 安全系统工程［M］. 北京：中国劳动社会保障出版社，2010.

[9] 住房和城乡建设部工程质量安全监管司. 地铁工程施工安全管理与技术［M］. 北京：中国建筑工
业出版社，2012.

[10] 肖建平. 桥梁工程施工［M］. 北京：机械工业出版社，2007.

[11] 毕守一，钟汉华. 基础工程施工［M］. 郑州：黄河水利出版社，2009.

[12] 邵旭东. 桥梁工程［M］. 武汉：武汉理工大学出版社，2005.

[13] 赵存明，卢立波. 公路隧道施工安全技术管理［M］. 北京：人民交通出版社，2012.

[14] 严作人. 道路工程［M］. 北京：人民交通出版社，2005.

[15] 江苏省交通工程建设局. 公路工程建设现场安全管理标准化指南［M］. 北京：人民交通出版
社，2012.

[16] 常占利. 安全管理基本理论与技术［M］. 北京：冶金工业出版社，2007.

[17] 杨文柱. 建筑安全工程［M］. 北京：机械工业出版社，2003.

[18] 丛培经，张书行. 工程项目管理［M］. 北京：中国建筑出版社，2006.

[19] 金龙哲. 安全学原理［M］. 北京：冶金工业出版社，2010.

[20] 张景林. 安全学原理［M］. 北京：中国劳动社会保障出版社，2009.

[21] 武明霞. 建筑安全技术管理［M］. 北京：机械工业出版社，2007.

[22] 沈其明，刘燕. 公路工程施工安全管理手册［M］. 北京：人民交通出版社，2008.

[23] 罗凯. 建筑工程安全技术交底手册［M］. 北京：冶金工业出版社，2006.

[24] 陈连进，吴方靖，郭定国，林礼进. 建筑施工安全技术与管理［M］. 北京：气象出版社，2008.

[25] 简明特种结构设计施工资料集成编委会. 简明特种结构设计施工资料集成［M］. 北京：中国电力
出版社，2005.

[26] 闫富有. 地下工程施工［M］. 郑州：黄河水利出版社，2011.

[27] 郑刚. 地下工程［M］. 北京：机械工业出版社，2011.

[28] 关宝树. 地下工程［M］. 北京：高等教育出版社，2007.

[29] 姜玉松. 地下工程施工技术［M］. 武汉：武汉理工大学出版社，2008.

[30] 徐辉，李向东. 地下工程［M］. 武汉：武汉理工大学出版社，2009.

[31] 张庆贺. 地下工程［M］. 上海：同济大学出版社，2005.

[32] 张四平. 基础工程施工［M］. 北京：中国建筑工业出版社，2012.

[33] 孙文怀. 基础工程［M］. 郑州：黄河水利出版社，2012.

冶金工业出版社部分图书推荐

书　名	作　者	定价（元）
冶金建设工程	李慧民　主编	35.00
建筑工程经济与项目管理	李慧民　主编	28.00
建筑施工技术（第2版）（国规教材）	王士川　主编	42.00
现代建筑设备工程（第2版）（本科教材）	郑庆红　等编	59.00
土木工程材料（本科教材）	廖国胜　主编	40.00
混凝土及砌体结构（本科教材）	王社良　主编	41.00
岩土工程测试技术（本科教材）	沈　扬　主编	33.00
工程地质学（本科教材）	张　荫　主编	32.00
工程造价管理（本科教材）	虞晓芬　主编	39.00
土力学地基基础（本科教材）	韩晓雷　主编	36.00
建筑安装工程造价（本科教材）	肖作义　主编	45.00
高层建筑结构设计（第2版）（本科教材）	谭文辉　主编	39.00
施工企业会计（第2版）（国规教材）	朱宾梅　主编	46.00
工程荷载与可靠度设计原理（本科教材）	郝圣旺　主编	28.00
流体力学及输配管网（本科教材）	马庆元　主编	49.00
土木工程概论（第2版）（本科教材）	胡长明　主编	32.00
土力学与基础工程（本科教材）	冯志焱　主编	28.00
建筑装饰工程概预算（本科教材）	卢成江　主编	32.00
建筑施工实训指南（本科教材）	韩玉文　主编	28.00
支挡结构设计（本科教材）	汪班桥　主编	30.00
建筑概论（本科教材）	张　亮　主编	35.00
土木工程施工组织（本科教材）	蒋红妍　主编	26.00
Soil Mechanics（土力学）（本科教材）	缪林昌　主编	25.00
SAP2000结构工程案例分析	陈昌宏　主编	25.00
理论力学（本科教材）	刘俊卿　主编	35.00
岩石力学（高职高专教材）	杨建中　主编	26.00
建筑设备（高职高专教材）	郑敏丽　主编	25.00
岩土材料的环境效应	陈四利　等编著	26.00
混凝土断裂与损伤	沈新普　等著	15.00
建设工程台阶爆破	郑炳旭　等编	29.00
计算机辅助建筑设计	刘声远　编著	25.00
建筑施工企业安全评价操作实务	张　超　主编	56.00
现行冶金工程施工标准汇编（上册）		248.00
现行冶金工程施工标准汇编（下册）		248.00